テキスト
電気回路

庄 善之 著

共立出版

まえがき

　本書は，電気系学部の一年生を対象とした「電気回路」の教科書である．二年次以降で学ぶ各種専門科目は電気回路が基礎となっており，電気回路の習得は専門分野を深く理解するために大変重要である．しかしながら，初めて学ぶ学生にとって電気回路は，その理論を理解することが困難な科目と感じるようである．

　本書では，電気回路の理論的説明より，例題の解法に多くの紙面を割いた．電気回路では，例題を解くことによって，その理論が理解できるためである．また，欄外には理解を助けるためのヒントを多く記述した．このように本書では，例題を丁寧に読み解くことで，電気回路を理解するように工夫をした．

　本書では，紙面が限られているため，電気回路の基本的な例題のみを解説している．本書の例題を理解した後は，他の演習書等でより高度な問題の解法に挑戦してほしい．その際には，本書で学んだ電気回路の知識が生かされるはずである．

2012 年 7 月

著　者

目　　次

第1章　電気回路の基本　　1
- 1.1　電気回路　　1
- 1.2　電圧，電流，抵抗　　1
- 1.3　オームの法則　　3
- 1.4　電力　　3
- 1.5　合成抵抗　　5
- 1.6　分圧の定理　　11
- 1.7　分流の定理　　12
- 　　　演習問題　　14

第2章　キルヒホッフの法則　　17
- 2.1　キルヒホッフの電流則（第一法則）　　17
- 2.2　キルヒホッフの電圧則（第二法則）　　18
- 2.3　閉回路，開回路および枝　　19
- 2.4　キルヒホッフの法則を用いた回路解析（枝電流法）　　20
- 　　　演習問題　　26

第3章　閉路方程式を用いた回路解析　　29
- 3.1　閉路方程式を用いた回路解析　　29
- 　　　演習問題　　35

第4章　等価電圧源，等価電流源　　39
- 4.1　電圧源（現実に存在する電源）　　39
- 4.2　等価電圧源　　39
- 4.3　電流源（現実に存在する電源）　　43
- 4.4　等価電流源　　43
- 4.5　等価電圧源と等価電流源の変換方法　　47
- 4.6　等価電圧源の最大電力供給の条件　　49
- 　　　演習問題　　51

第5章　正弦波交流回路　55

- 5.1 直流と正弦波交流 55
- 5.2 正弦波交流の時間 t に対する電圧 $v(t)$ の変化 56
- 5.3 正弦波交流の時間と位相の変化 57
- 5.4 正弦波交流の初期位相 58
- 5.5 正弦波交流の実効値と平均値 59
- 5.6 交流の電源と各種回路素子 61
- 5.7 単一の回路素子に交流電圧を印加した場合に流れる電流 64
- 5.8 複数の回路素子で構成されている交流回路を流れる電流 70
- 5.9 抵抗およびリアクタンスの周波数特性 75
- 演習問題 77

第6章　複素数を用いた交流回路解析　81

- 6.1 複素数を用いた電圧，電流，インピーダンスの表記法 81
- 6.2 交流電圧を印加した各種回路素子を流れる電流の複素数表示 82
- 6.3 複素インピーダンス 84
- 6.4 複素インピーダンスの合成 86
- 6.5 抵抗-コイル-コンデンサ (RLC) 直列共振回路 98
- 6.6 複素アドミッタンス 101
- 6.7 複素アドミッタンスを用いたオームの法則 102
- 6.8 複素アドミッタンスの合成 103
- 演習問題 105

第7章　フェーザ軌跡　109

- 7.1 フェーザ図 109
- 7.2 フェーザ軌跡 109
- 演習問題 113

第8章　交流電力　117

- 8.1 抵抗で消費される瞬時電力 117
- 8.2 コイルで発生する瞬時電力 118
- 8.3 コンデンサで発生する瞬時電力 119
- 8.4 負荷 Z で発生する瞬時電力 120
- 8.5 複素数を用いた電力の計算 121
- 8.6 複素電力 125
- 8.7 交流電源の最大電力供給条件 126
- 演習問題 129

第9章　相互誘導回路　133

- 9.1 自己インダクタンス 133
- 9.2 相互誘導回路と相互インダクタンス 133

9.3	抵抗を含む相互誘導回路	*136*
9.4	相互誘導回路の等価回路	*139*
9.5	密結合変成器	*142*
9.6	理想変成器	*143*
9.7	理想変成器のインピーダンス変換	*144*
	演習問題	*147*

第 10 章　三相交流回路　*149*

10.1	単相交流と三相交流回路	*149*
10.2	対称三相電圧および平衡三相負荷	*150*
10.3	Y-Y 平衡三相交流回路	*150*
10.4	Y-Y 平衡三相交流での線間電圧と相電圧の関係	*151*
10.5	平衡三相交流で消費される電力	*152*
10.6	Δ-Δ 平衡三相交流回路	*155*
10.7	Δ-Δ 平衡三相交流での線電流と相電流の関係	*155*
10.8	対称三相電圧源の Y → Δ, Δ → Y 変換	*158*
10.9	三相負荷の Y → Δ, Δ → Y 変換	*159*
10.10	平衡三相負荷の Y → Δ, Δ → Y 変換	*160*
10.11	不平衡三相交流	*166*
10.12	三相交流回路の電圧と電流のまとめ	*171*
	演習問題	*172*

第 11 章　一般線形回路　*175*

11.1	テブナンの定理	*175*
11.2	ノートンの定理	*176*
11.3	ミルマンの定理	*178*
11.4	重ね合わせの定理	*179*
11.5	ブリッジ回路	*181*
11.6	補償の定理	*184*
	演習問題	*185*

第 12 章　二端子対回路　*189*

12.1	二端子回路と二端子対回路	*189*
12.2	Z パラメータ	*189*
12.3	Z パラメータの直列接続	*192*
12.4	Y パラメータ	*192*
12.5	Y パラメータの並列接続	*195*
12.6	F パラメータ	*195*
12.7	F パラメータの縦続接続	*199*
12.8	入力端子および出力端子から見たインピーダンス	*201*
12.9	影像インピーダンス	*202*

12.10	伝達定数	203
	演習問題	205

第13章　分布定数回路　　209

13.1	集中定数回路	209
13.2	分布定数回路	209
13.3	伝送線路の分布定数回路モデル	210
13.4	分布定数回路の電圧と電流の変化	212
13.5	距離による電圧，電流の変化	213
13.6	無限長線路での特性インピーダンスおよび伝搬定数	215

第14章　過渡現象解析　　221

14.1	時間による電圧，電流の変化	221
14.2	RC 直列回路の過渡現象解析	222
14.3	RL 直列回路の過渡現象解析	224

第1章

電気回路の基本

本章では，電気回路で用いられる回路素子の性質とその回路記号を学ぶ．また，電気の最も基本的な物理量である電圧，電流，抵抗について学び，さらにそれらの関係を表すオームの法則についても学ぶ．

1.1 電気回路

電気回路は，図1.1に示すような図である．図1.1の電気回路は，定電圧源と抵抗器，それぞれを接続する導線で構成されている．定電圧源は，乾電池のような回路素子（部品）であり，電圧を発生させる．抵抗器は，電気を流れづらくする回路素子である．定電圧源と抵抗器は，電気が流れる導線で繋がっている．

この電気回路は，電流が一周できる形（閉回路）になっているため，定電圧源を出た電流は，導線と抵抗器を流れて，定電圧源に戻ることが出来る．この回路に流れる電流 $I(\mathrm{A})$ は，定電圧源の電圧値 $E(\mathrm{V})$ と抵抗器の値 $R(\Omega)$ で決定される．

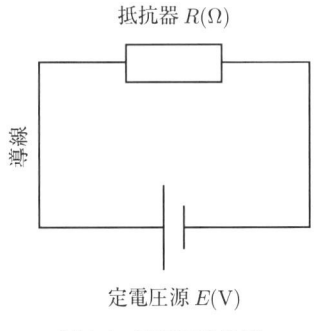

図 1.1 電気回路の例

1.2 電圧，電流，抵抗

電気回路では，(1) 電圧，(2) 電流，(3) 抵抗という物理量がある．以下にその内容を示す．

本書は分かり易さを優先しているため，その説明は物理的な厳密さに欠けている．そのため，必要に応じて専門書を参照することを薦める．

(1) 電圧

電圧とは，電気を流す力である．その代数記号は E または V が使われ，単位はボルト (V) である．電圧を発生する回路素子は，定電圧源と呼ばれ，回路記号は図1.2である．定電圧源は，$E(V)$ の電圧を発生し，電気回路に電流を流す働きをする．

定電圧源の回路記号では，長い棒線（左側）は電圧が高いプラス (+) を示し，短い棒線はマイナス (−) を表している．また，電圧の向き（プラスとマイナス）を矢印で表すことも多い．矢印で電圧の向きを示す場合，矢尻 (◀) の付いている側がプラスとなる．定電圧源からの電流は，プラス側から出て，電気回路を通り，マイナス側に戻るように流れる．

> 電圧を表す代数記号は，電源の電圧を E とし，回路素子の両端で発生する電圧を V とする場合が多い．
>
> 定電圧源などで発生する電圧は，起電力とも呼ばれる．

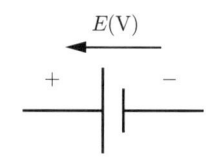

図1.2　定電圧源の回路記号

(2) 電流

電流とは，電気が流れる量である．その代数記号は J または I が用いられ，単位はアンペア (A) である．電流は，電源によって回路を流れる．一定の電流値を流す（出力する）電源は，定電流源と呼ばれ，回路記号は図1.3である．

定電流源の記号では，矢印の方向に電流が流れ出ることを示している．そのために，図中の定電流源では，矢尻側（左側）が電圧が高くプラス，反対側がマイナスとなる．

> 電流を表す代数記号は，電源から出力される電流を J とし，回路素子に流れる電流を I とする場合が多い．
>
> 定電流源の出力電圧は，接続されている抵抗などの回路素子に，電流が流れることで決定される．

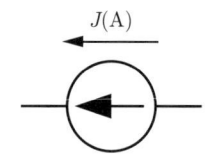

図1.3　定電流源の回路記号

(3) 抵抗

抵抗とは，電流の流れづらさ示した値である．その代数記号は R が用いられ，単位はオーム (Ω) である．電気を流れづらくする素子は抵抗器と呼ばれ，回路記号は図1.4である．

抵抗器に電圧が加えられた場合に流れる電流は，次節で説明するオームの法則に従う．

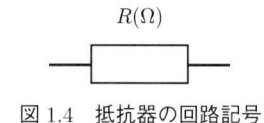

> 抵抗器の回路記号は，現在JIS規格によって図1.4に決められている．しかし，従来から用いられている以下のギザギザ線も，抵抗器の回路記号として用いられている．
> $R(\Omega)$

図1.4　抵抗器の回路記号

1.3 オームの法則

オームの法則は，電気回路で電圧 $E(\mathrm{V})$，電流 $I(\mathrm{A})$，抵抗 $R(\Omega)$ の関係を表している．オームの法則は，一般的に式 (1.1) の形で記述される．この式は，図 1.1 に示すような回路で，抵抗器 $R(\Omega)$ に電圧 $E(\mathrm{V})$ が印加された場合に流れる電流 $I(\mathrm{A})$ を示している．

電圧を印加するとは，抵抗器などに電源を接続し，電圧を加えることを示す．

オームの法則（電流値計算の式）

$$\text{電流 } I(\mathrm{A}) = \frac{\text{電圧 } E(\mathrm{V})}{\text{抵抗 } R(\Omega)} \tag{1.1}$$

式 (1.1) のオームの法則は，式 (1.2) に変形することが出来る．この式は，ある抵抗器に電圧 $E(\mathrm{V})$ を印加し，そのときに流れた電流の値 $I(\mathrm{A})$ から，その抵抗器の値 $R(\Omega)$ が計算できることを示している．

オームの法則（抵抗値計算の式）

$$\text{抵抗 } R(\Omega) = \frac{\text{電圧 } E(\mathrm{V})}{\text{電流 } I(\mathrm{A})} \tag{1.2}$$

さらにオームの法則は，式 (1.3) の形で表すことも可能である．この式は，抵抗器 $R(\Omega)$ に電流 $I(\mathrm{A})$ が流れたとき，その両端には電圧 $E(\mathrm{V})$ が発生することを示している．

電圧は，定電圧源などの電源によって出力されるほかに，抵抗に電流が流れることでも発生する．

オームの法則（電圧値計算の式）

$$\text{電圧 } E(\mathrm{V}) = \text{抵抗 } R(\Omega) \cdot \text{電流 } I(\mathrm{A}) \tag{1.3}$$

1.4 電力

電力とは，電気のエネルギー（仕事）の量である．その代数記号は P が用いられ，単位はワット (W) である．電力は抵抗器などで発生する．

電力は，抵抗器などの両端の電圧 $V(\mathrm{V})$ とそこに流れる電流 $I(\mathrm{A})$ の積として求められる (式 (1.4))．

電気回路では，電気ストーブは抵抗器として表現される．電気ストーブの消費電力 P が大きいほど，部屋の温度は高くなる．このことは，電気がより多くの仕事をしたことを示している．

電力の計算式

$$\text{電力 } P(\mathrm{W}) = \text{電圧 } V(\mathrm{V}) \cdot \text{電流 } I(\mathrm{A}) \tag{1.4}$$

【例題 1.1】抵抗回路

図 1.5 に示す回路に流れる電流 I，抵抗 R の両端で発生する電圧 V_R，抵抗で消費される電力 P_R を求めよ．

V_R

$R = 5 (\Omega)$

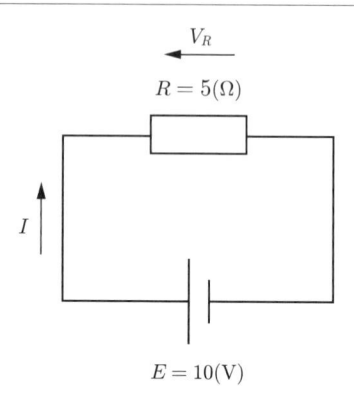

I

$E = 10 (\mathrm{V})$

図 1.5 抵抗器と定電圧源の回路

【例題解答】

(a) 回路に流れる電流 I を求める

抵抗 $R = 5(\Omega)$ には電圧 $E = 10(\mathrm{V})$ が印加されているため，回路に流れる電流 I は，オームの法則 (式 (1.1)) を用いて，以下となる．

$$I = \frac{E}{R} = \frac{10}{5} = 2 \ (\mathrm{A}) \tag{1.5}$$

この回路で電流は，定電圧源のプラスからマイナスの方向（時計回り）に流れる．

> 電気回路では，電流の矢印の向きは，電流が流れる方向を示している．

(b) 抵抗 R で発生する電圧 V_R を求める

抵抗 R には，電流 $I = 2(\mathrm{A})$ の電流が流れているため，そこで発生する電圧 V_R は，オームの法則 (式 (1.3)) を用いて，以下となる．

$$V_R = R \cdot I = 5 \cdot 2 = 10 \ (\mathrm{V}) \tag{1.6}$$

この抵抗器には電流が右向きに流れているので，そこで発生する電圧 V_R は左がプラス，右がマイナスとなる（電流は，電圧の高い方から低い方に流れる）．

図 1.6 に，抵抗 R に流れる電流 I とそれによって発生する電圧 V_R を矢印を用いて表現した．電流 I は右向きに流れているので，電流の矢印は右向きである．一方，電圧 V_R は左が高いため，電圧の矢印は左向きである．抵抗では，電流 I と V_R の矢印が逆向きになる．

> 図 1.5 の回路では，電流によって抵抗の両端に発生した電圧 V_R は，定電圧源が抵抗に印加した電圧 E と等しくなる．

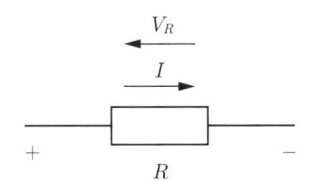

図 1.6 矢印を用いた抵抗に流れる電流と電圧の表記

電源では，電圧と電流の矢印は同方向になる．

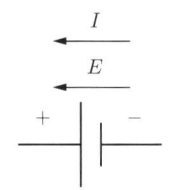

(c) 抵抗 R で消費される電力 P を求める

抵抗には，電流 $I = 2(A)$ が流れ，$V_R = 10(V)$ の電圧が発生している．このことから，抵抗で消費される電力 P_R は，電力の計算式 (式 (1.4)) を用いて，以下となる．

$$P = V_R \cdot I = 10 \cdot 2 = 20 \ (W) \tag{1.7}$$

抵抗で消費される電力 P_R を求めるためには，抵抗に流れる電流 I と抵抗両端の電圧 V_R を用いる（電圧源の値 E ではない）．

1.5 合成抵抗

2つ以上の抵抗器を接続する場合，その方法は (1) 直列接続と (2) 並列接続に分けられる．以下では，抵抗器をそれぞれの方法で接続した場合に，電気の流れづらさがどのように変化するかを示す．このような2つ以上の抵抗器で決まる電気の流れづらさは，合成抵抗と呼ばれる．

(1) 直列接続の合成抵抗

2つの抵抗器 R_1, R_2 が直列に繋がっている場合（直列接続），これらの抵抗器の合成抵抗 R は式 (1.8) で求められる．

図 1.7 抵抗器の直列接続

抵抗器を直列接続すると，合成抵抗は個々の抵抗値より高くなる．

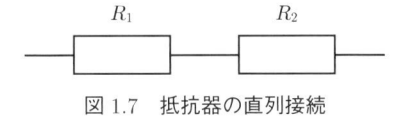

直列接続された抵抗の合成

$$R = R_1 + R_2 \tag{1.8}$$

(2) 並列接続の合成抵抗

2つの抵抗器 R_1, R_2 が並列に繋がっている場合（並列接続），これらの抵抗器の合成抵抗 R は式 (1.9) で求められる．

抵抗器を並列接続すると，合成抵抗は個々の抵抗値より低くなる．

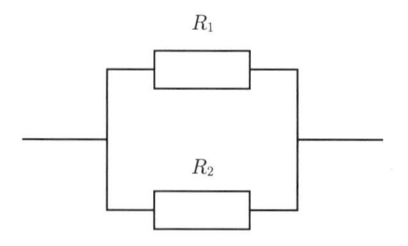

図 1.8　抵抗器の並列接続

並列接続された抵抗の合成

$$\frac{1}{R} = \frac{1}{R_1} + \frac{1}{R_2} \qquad R = \frac{R_1 \cdot R_2}{R_1 + R_2} \tag{1.9}$$

【例題 1.2】直列接続した抵抗回路

図 1.9 の回路に流れる電流 I，抵抗 R_1, R_2 に流れる電流 I_1, I_2 を求めよ．また，それぞれの抵抗両端に発生する電圧 V_1, V_2 を求めよ．さらに，それぞれの抵抗で消費される電力 P_1, P_2 と回路全体で消費される電力 P を求めよ．

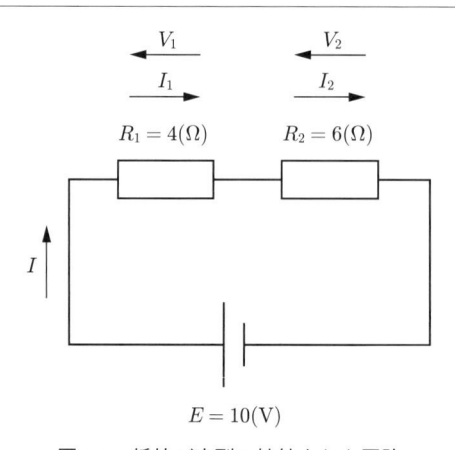

図 1.9　抵抗が直列に接続された回路

【例題解答】

(a) 抵抗 R_1, R_2 の合成抵抗 R を求める

抵抗 R_1, R_2 は直列に接続されているため，それらの合成抵抗 R は，式 (1.8) を用いて，以下となる．

$$R = R_1 + R_2 = 4 + 6 = 10 \ (\Omega) \tag{1.10}$$

合成抵抗を求めることで，図 1.9 の回路は，図 1.10 に示す合成抵抗 R に定電圧源 E が接続された回路と等しくなる（等価回路）．

$$R = R_1 + R_2 = 10 \, (\Omega)$$

$$E = 10 \, (\text{V})$$

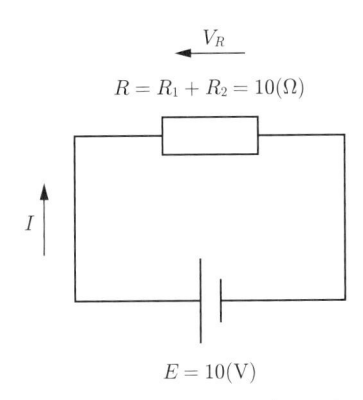

図 1.10 電気回路 1.9 の等価回路

図 1.10 の等価回路は，回路全体に流れる電流 I (定電圧源から出力される電流) および回路全体で消費される電力 P の計算に用いる．

(b) 回路全体に流れる電流 I を求める

回路全体に流れる電流 I は，図 1.10 の等価回路を用いて，定電圧源 E と合成抵抗 R から，以下の式で求められる．

$$I = \frac{E}{R} = \frac{10}{10} = 1 \, (\text{A}) \tag{1.11}$$

(c) 抵抗 R_1, R_2 に流れる電流 I_1, I_2 を求める

図 1.9 の回路で，抵抗 R_1, R_2 は直列に接続されているため，それらに流れる電流は回路全体に流れる電流 I と等しい．そのため，抵抗 R_1, R_2 を流れる電流 I_1, I_2 は，以下となる．

$$I_1 = I_2 = I = 1 \, (\text{A}) \tag{1.12}$$

(d) 抵抗 R_1, R_2 の両端に発生する電圧 V_1, V_2 を求める

抵抗 R_1 には電流 I_1 が流れているため，その両端に発生する電圧 V_1 は以下の式で求められる．また，抵抗 R_2 で発生する電圧 V_2 も同様に求められる．

$$V_1 = R_1 \cdot I_1 = 4 \cdot 1 = 4 \, (\text{V})$$
$$V_2 = R_2 \cdot I_2 = 6 \cdot 1 = 6 \, (\text{V}) \tag{1.13}$$

抵抗で発生する電圧の計算では，その抵抗に流れる電流を用いる．

2 つの抵抗の両端電圧の合計は 10(V) となり，電圧源の値 E と等しくなる．

(e) 抵抗 R_1, R_2 で消費される電力 P_1, P_2 を求める

抵抗 R_1 には電流 I_1 が流れ，その両端には電圧 V_1 が発生している．そのため，抵抗 R_1 で消費される電力 P_1 は，以下の式で求められる．また，抵抗 R_2 で消費される電力 P_2 も同様に求められる．

$$P_1 = V_1 \cdot I_1 = 4 \cdot 1 = 4 \, (\text{W})$$
$$P_2 = V_2 \cdot I_2 = 6 \cdot 1 = 6 \, (\text{W}) \tag{1.14}$$

抵抗で消費される電力の計算では，その抵抗の両端電圧とその抵抗に流れている電流を用いる．

抵抗の直列接続回路では，抵抗値の高い抵抗器が，低い抵抗器より，多くの電力を消費する．

$$R_1 < R_2$$
$$P_1 < P_2$$

(f) 回路全体で消費される電力 P を求める

回路全体で消費される電力 P は，抵抗 R_1, R_2 がそれぞれ消費する電力 P_1, P_2 の和である．

$$P = P_1 + P_2 = 4 + 6 = 10 \text{ (W)} \tag{1.15}$$

抵抗 R に電流 I が流れている場合に消費される電力 P は，以下の式で求められる．

$$P = R \cdot I^2$$

■**別解** 図 1.10 の等価回路を用いて回路全体の消費電力を求める．等価回路では，抵抗 R_1, R_2 の合成抵抗 R に電流 I が流れている．この場合，合成抵抗の両端には $V_R = R \cdot I$ の電圧が発生する．このことから，回路全体で消費される電力 P は，以下の式を用いて求めることも出来る．

$$P = V_R \cdot I = (R \cdot I) \cdot I = R \cdot I^2 = 10 \cdot 1^2 = 10 \text{ (W)} \tag{1.16}$$

【例題1.3】 並列接続した抵抗回路

図 1.11 の回路に流れる電流 I，抵抗 R_1, R_2 に流れる電流 I_1, I_2 を求めよ．また，それぞれの抵抗両端に発生する電圧 V_1, V_2 を求めよ．さらに，それぞれの抵抗で消費される電力 P_1, P_2 と回路全体で消費される電力 P を求めよ．

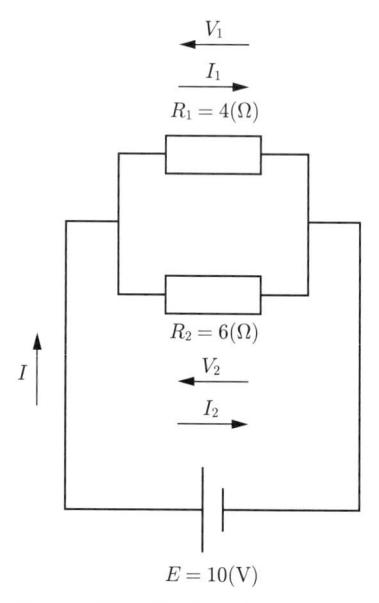

図 1.11 抵抗が並列に接続された回路

【例題解答】

(a) 抵抗 R_1, R_2 の合成抵抗 R を求める

抵抗 R_1, R_2 は並列に接続されているため，これらの合成抵抗 R は，式 (1.9) を用いて，以下となる．

$$R = \frac{R_1 \cdot R_2}{R_1 + R_2} = \frac{4 \cdot 6}{4 + 6} = 2.4 \text{ (Ω)} \tag{1.17}$$

合成抵抗 R を求めることで，図 1.11 の回路は，図 1.12 の等価回路に変換できる．

図 1.12 の等価回路は，回路全体に流れる電流 I（電圧源から出力される電流）および回路全体で消費される電力 P の計算に用いる．

$$R = \frac{R_1 \cdot R_2}{R_1 + R_2} = 2.4 (\Omega)$$

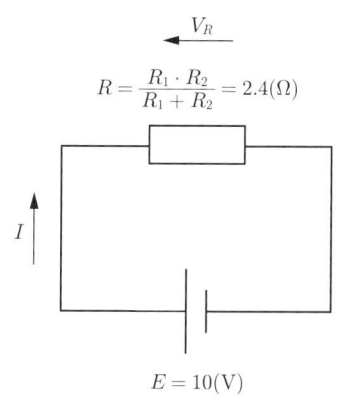

$E = 10 (V)$

図 1.12 電気回路 1.11 の等価回路

(b) 回路全体に流れる電流 I を求める

回路全体に流れる電流は，図 1.12 の等価回路を用いて，定電圧源 E と合成抵抗 R から，以下の式で求められる．

$$I = \frac{E}{R} = \frac{10}{2.4} = 4.2 \text{ (A)} \tag{1.18}$$

(c) 抵抗 R_1, R_2 に流れる電流 I_1, I_2 を求める

図 1.11 の回路で，抵抗 R_1, R_2 には，電圧 E がそれぞれ印加されている．このことから，各抵抗に流れる電流 I_1, I_2 は，以下の式で求められる．

各抵抗に流れる電流の合計は 4.2(A) となり，回路全体に流れる電流 I と等しくなる．

$$I_1 = \frac{E}{R_1} = \frac{10}{4} = 2.5 \text{ (A)}$$
$$I_2 = \frac{E}{R_2} = \frac{10}{6} = 1.7 \text{ (A)} \tag{1.19}$$

(d) 抵抗 R_1, R_2 の両端に発生する電圧 V_1, V_2 を求める

抵抗 R_1 には電流 I_1 が流れているため，その両端に発生する電圧 V_1 は以下の式で求められる．また，抵抗 R_2 で発生する電圧 V_2 も同様に求められる．

抵抗 R_1, R_2 に流れている電流 I_1, I_2 の値は異なっているが，それぞれの抵抗で発生する両端電圧は同じ 10(V) となる．これらの両端電圧 V_1, V_2 は，電圧源の値 E と等しくなる．

$$V_1 = R_1 \cdot I_1 = 4 \cdot 2.5 = 10 \text{ (V)}$$
$$V_2 = R_2 \cdot I_2 = 6 \cdot 1.7 = 10 \text{ (V)} \tag{1.20}$$

(e) 抵抗 R_1, R_2 で消費される電力 P_1, P_2 を求める

抵抗 R_1 には電流 I_1 が流れ，その両端には電圧 V_1 が発生している．そのため，抵抗 R_1 で消費される電力 P_1 は，以下の式で求められる．また，抵抗 R_2 で消費される電力 P_2 も同様に求められる．

抵抗の並列接続回路では，抵抗値の低い抵抗器が，高い抵抗器より，多くの電力を消費する．

$$R_1 < R_2$$
$$P_1 > P_2$$

$$P_1 = V_1 \cdot I_1 = 10 \cdot 2.5 = 25 \text{ (W)}$$
$$P_2 = V_2 \cdot I_2 = 10 \cdot 1.7 = 17 \text{ (W)} \tag{1.21}$$

(f) 回路全体で消費される電力 P を求める

回路全体で消費する電力 P は，抵抗 R_1, R_2 がそれぞれ消費する電力 P_1, P_2 の和である．

$$P = P_1 + P_2 = 25 + 17 = 42 \text{ (W)} \tag{1.22}$$

抵抗の直列回路と並列回路で消費される電力を比較すると（式 (1.15) と (1.22)），並列回路の方が回路全体で消費される電力が大きくなる．

■**別解** 図 1.12 の等価回路を用いて回路全体の消費電力 P を求める．等価回路では，抵抗 R_1, R_2 の合成抵抗 R に電流 I が流れている．この場合，合成抵抗の両端には $V_R = R \cdot I$ の電圧が発生する．このことから，回路全体で消費される電力 P は以下の式で求めることが出来る．

$$P = V_R \cdot I = (R \cdot I) \cdot I = R \cdot I^2 = 2.4 \cdot 4.2^2 = 42 \text{ (W)} \tag{1.23}$$

【例題 1.4】定電流源を接続した抵抗回路

図 1.13 の回路で，各抵抗 R_1, R_2 に発生する電圧 V_1, V_2 および各抵抗で消費される電力 P_1, P_2 を求めよ．また，定電流源の両端電圧 E_{out} を求めよ．

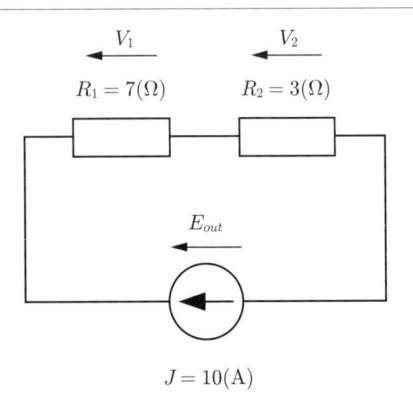

図 1.13 定電流源を接続した抵抗回路

【例題解答】

(a) 抵抗 R_1, R_2 の両端に発生する電圧 V_1, V_2 を求める

抵抗 R_1, R_2 は直列接続されているため，それぞれの抵抗には定電流源からの電流 J が流れる．このとき，各抵抗で発生する電圧 V_1, V_2 は，以下となる．

$$V_1 = R_1 \cdot J = 7 \cdot 10 = 70 \text{ (V)}$$
$$V_2 = R_2 \cdot J = 3 \cdot 10 = 30 \text{ (V)} \tag{1.24}$$

(b) 抵抗 R_1, R_2 で消費される電力 P_1, P_2 を求める

抵抗 R_1, R_2 には電流 J が流れ，それらの両端には電圧 V_1, V_2 が発生している．このことから，それぞれの抵抗で消費される電力 P_1, P_2 は以下となる

$$P_1 = V_1 \cdot J = 70 \cdot 10 = 700 \text{ (W)}$$
$$P_2 = V_2 \cdot J = 30 \cdot 10 = 300 \text{ (W)} \tag{1.25}$$

■**別解** 各抵抗の消費電力 P_1, P_2 は，抵抗値 R_1, R_2 と電流値 J を用いて，以下のように求めることも出来る．

$$P_1 = V_1 \cdot J = (R_1 \cdot J) \cdot J = R_1 \cdot J^2 = 7 \cdot 10^2 = 700 \text{ (W)}$$
$$P_2 = V_2 \cdot J = (R_2 \cdot J) \cdot J = R_2 \cdot J^2 = 3 \cdot 10^2 = 300 \text{ (W)} \tag{1.26}$$

(c) 定電流源の両端電圧 E_{out} を求める

抵抗 R_1, R_2 の合成抵抗 R は，$R = R_1 + R_2$ である．この合成抵抗 R に電流 J が流れることで発生する電圧 V_R は以下となる．

$$V_R = R \cdot J = (R_1 + R_2)J = (7 + 3) \cdot 10 = 100 \text{ (V)} \tag{1.27}$$

この電圧 V_R は，回路に電流 J を流すために必要な電圧であり，定電流源の両端電圧 E_{out} に等しい．よって，E_{out} は以下となる．

$$E_{out} = V_R = 100 \text{ (V)} \tag{1.28}$$

> 定電流源の両端電圧 E_{out} は，接続されている抵抗 R によって変化する．
> $$E_{out} = R \cdot J$$

1.6 分圧の定理

直列接続された抵抗 R_1, R_2 の両端 a-b 間に電圧 E が印加されている（図1.14）．このとき電圧 E は，各抵抗の両端電圧 V_1, V_2 に分けられる（分圧）．全体の電圧 E と各抵抗の電圧 V_1, V_2 の間には，関係式 (1.29) が成り立ち，分圧の定理と呼ばれる．

分圧の定理

$$V_1 = \frac{R_1}{R_1 + R_2} E \qquad V_2 = \frac{R_2}{R_1 + R_2} E \tag{1.29}$$

> 直列接続された抵抗 R_1, R_2 に，電圧 E が印加されているため，電流
> $$I = \frac{E}{R_1 + R_2}$$
> が流れる．この電流 I が各抵抗を流れることで，電圧 V_1, V_2 が発生する．このことから，分圧の定理の式 (1.29) が導かれる．

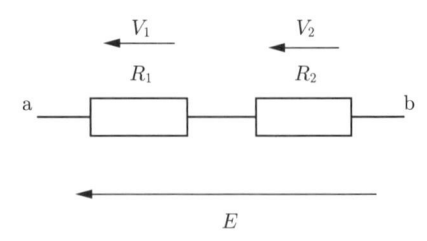

図 1.14　直列抵抗回路に印加された電圧 E と各抵抗の両端電圧 V_1, V_2

【例題 1.5】分圧の定理

図 1.15 の回路で，抵抗 R_1, R_2 の両端に発生する電圧 V_1, V_2 を分圧の定理を用いて求めよ．

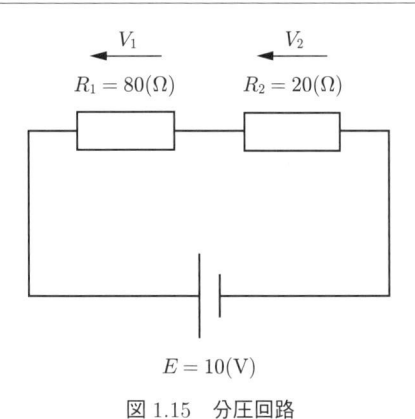

図 1.15　分圧回路

【例題解答】

分圧の定理では，抵抗値の高い抵抗器が，低い抵抗器より，両端電圧が高い．

$$R_1 > R_2$$
$$V_1 > V_2$$

抵抗 R_1, R_2 の両端電圧 V_1, V_2 は，分圧の定理 (式 (1.29)) から以下となる．

$$V_1 = \frac{R_1}{R_1 + R_2} E = \frac{80}{80 + 20} 10 = 8 \text{ (V)}$$
$$V_2 = \frac{R_2}{R_1 + R_2} E = \frac{20}{80 + 20} 10 = 2 \text{ (V)} \quad (1.30)$$

並列接続された抵抗 R_1, R_2 に，電流 I が流れることで，抵抗両端には電圧

$$V = \frac{R_1 R_2}{R_1 + R_2} I$$

が発生する．この電圧 V が各抵抗に印加されることで，電流 I_1, I_2 が流れる．このことから，分流の定理の式 (1.31) が導かれる．

分圧と分流の定理式は，よく似ているが，分子が異なる．

1.7　分流の定理

並列接続された抵抗 R_1, R_2 の接続点 a に電流 I が流れ入っている (図 1.16)．この電流 I は，接続点 a で各抵抗に流れる電流 I_1, I_2 に分けられる (分流)．流れ入る電流 I と各抵抗に流れる電流 I_1, I_2 には，関係式 (1.31) が成り立ち，分流の定理と呼ばれる．

分流の定理

$$I_1 = \frac{R_2}{R_1 + R_2}I \qquad I_2 = \frac{R_1}{R_1 + R_2}I \qquad (1.31)$$

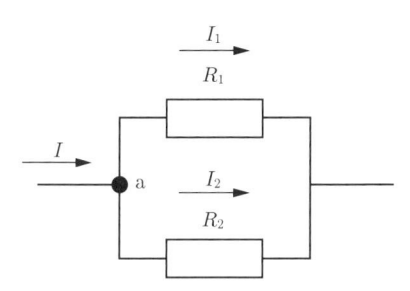

図 1.16　並列抵抗回路に流される電流 I と各抵抗の電流 I_1, I_2

【例題 1.6】分流の定理

図 1.17 の回路で，抵抗 R_1, R_2 に流れる電流 I_1, I_2 を分流の定理を用いて求めよ．

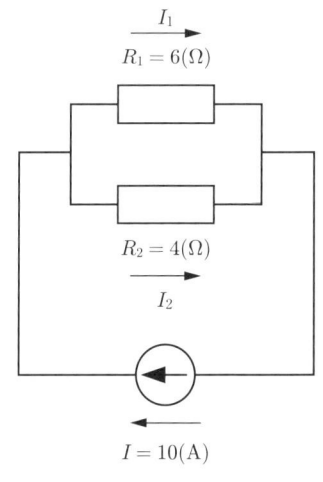

図 1.17　分流回路

【例題解答】

抵抗 R_1, R_2 に流れる電流 I_1, I_2 は，分流の定理 (式 (1.31)) から以下となる．

$$\begin{aligned} I_1 &= \frac{R_2}{R_1 + R_2}I = \frac{4}{6+4}10 = 4 \text{ (A)} \\ I_2 &= \frac{R_1}{R_1 + R_2}I = \frac{6}{6+4}10 = 6 \text{ (A)} \end{aligned} \qquad (1.32)$$

分流の定理では，抵抗値の高い抵抗器が，低い抵抗器より，流れる電流が低い．

$$R_1 > R_2$$
$$I_1 < I_2$$

演習問題

【演習 1.1】
演習図 1.1 の回路で,抵抗 R_1, R_2, R_3 の合成抵抗 R を求めよ.また,回路全体に流れる電流 I および各抵抗に流れる電流 I_1, I_2, I_3 を求めよ.さらに,各抵抗の両端電圧 V_1, V_2, V_3 を求めよ.

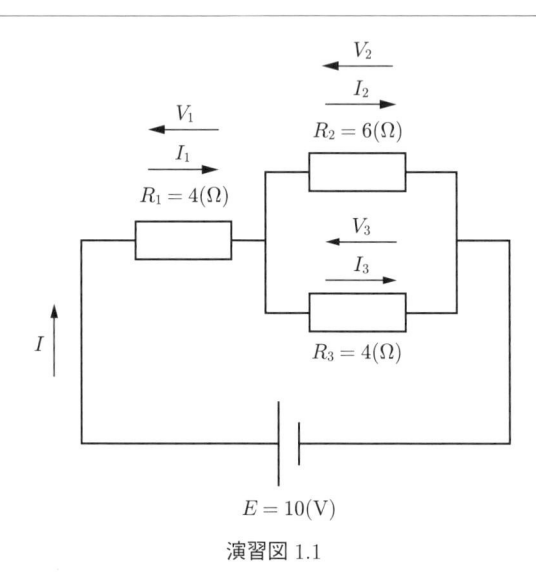

演習図 1.1

【演習解答】

$$R = R_1 + \frac{R_2 \cdot R_3}{R_2 + R_3} = 6.4 \ (\Omega)$$

$$I = \frac{E}{R} = 1.6 \ (\text{A}), \quad I_1 = I = 1.6 \ (\text{A})$$

$$I_2 = \frac{R_3}{R_2 + R_3} I_1 = 0.64 \ (\text{A}), \quad I_3 = \frac{R_2}{R_2 + R_3} I_1 = 0.96 \ (\text{A})$$

$$V_1 = R_1 \cdot I_1 = 6.4 \ (\text{V}), \quad V_2 = R_2 \cdot I_2 = 3.8 \ (\text{V})$$

$$V_3 = R_3 \cdot I_3 = 3.8 \ (\text{V})$$

電流 I_2, I_3 は,分流の定理を用いて求める.

なお,$V_1 + V_2 = V_1 + V_3 = 10.2(\text{V})$ となるのは,計算過程での丸め誤差による.

【演習 1.2】
演習図 1.2 の回路で,抵抗 R_1, R_2, R_3 の合成抵抗 R を求めよ.また,各抵抗に流れる電流 I_1, I_2, I_3 を求めよ.さらに,各抵抗の両端電圧 V_1, V_2, V_3,定電流源の両端電圧 E_{out} を求めよ.

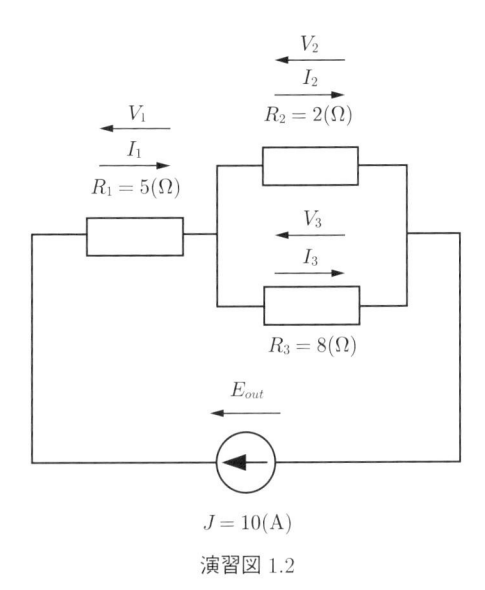

演習図 1.2

【演習解答】

$$R = R_1 + \frac{R_2 \cdot R_3}{R_2 + R_3} = 6.6 \ (\Omega)$$

$$I_1 = J = 10 \ (A)$$

$$I_2 = \frac{R_3}{R_2 + R_3} I_1 = 8 \ (A), \quad I_3 = \frac{R_2}{R_2 + R_3} I_1 = 2 \ (A)$$

$$V_1 = R_1 \cdot I_1 = 50 \ (V), \quad V_2 = R_2 \cdot I_2 = 16 \ (V)$$

$$V_3 = R_3 \cdot I_3 = 16 \ (V)$$

$$E_{out} = R \cdot J = 66 \ (V)$$

電流 I_2, I_3 は，分流の定理を用いて求める．

【演習 1.3】
演習図 1.3 の回路で，抵抗 R_2 の両端電圧は $V_2 = 10(V)$ であった．各抵抗に流れる電流 I_1, I_2 および回路全体に流れる電流 I を求めよ．また，抵抗 R_1 の両端電圧 V_1，定電圧源の電圧 E を求めよ．

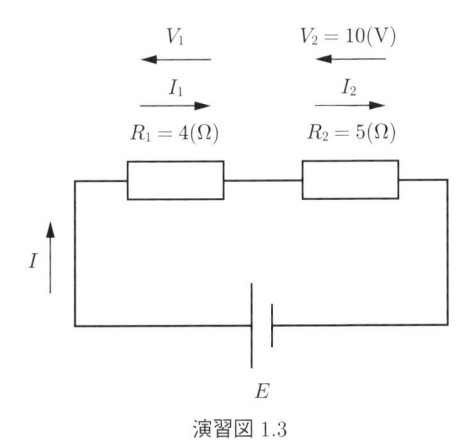

演習図 1.3

【演習解答】

$$I_2 = \frac{V_2}{R_2} = 2 \text{ (A)}, \quad I_1 = I_2 = 2 \text{ (A)}, \quad I = I_2 = 2 \text{ (A)}$$

$$V_1 = R_1 \cdot I_1 = 8 \text{ (V)}$$

$$E = V_1 + V_2 = 18 \text{ (V)}$$

【演習 1.4】
演習図 1.4 の回路で，端子 ab 間の電圧 V_{ab} を求めよ．

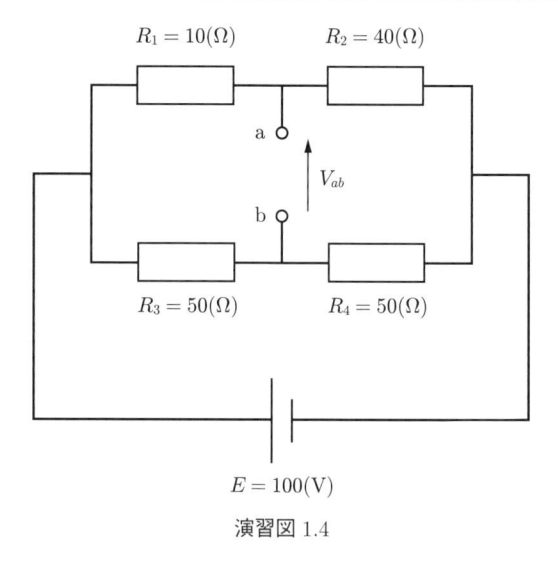

演習図 1.4

【演習解答】 抵抗 R_2, R_4 の両端電圧 V_2, V_4 は，分圧の定理を用いて以下となる．その電圧差が端子 ab 間の電圧 V_{ab} となる．

$$V_2 = \frac{R_2}{R_1 + R_2} E = 80 \text{ (V)}, \quad V_4 = \frac{R_4}{R_3 + R_4} E = 50 \text{ (V)}$$

$$V_{ab} = V_2 - V_4 = 30 \text{ (V)}$$

第2章

キルヒホッフの法則

電気回路で，電流の流れと電圧の分布を示した法則が，キルヒホッフの電流則（第一法則）と電圧則（第二法則）である．これらは，オームの法則を拡張し，電流の分流の定理と電圧の分圧の定理を一般化した法則である．

本章では，キルヒホッフの法則について学び，それを用いて電気回路中の各回路素子に流れる電流，発生する電圧等を計算（解析）する方法を修得する．

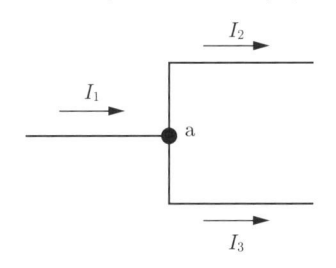

2.1 キルヒホッフの電流則（第一法則）

図 2.1 の回路は，左側からの導線が点 a で 2 本の導線に分かれている．この回路で，左側から点 a に流れている電流を I_1 とする．この電流 I_1 は，点 a で右側の上下の導線を流れる電流 I_2 と I_3 に分かれる（分流の定理）．このとき，点 a に入ってくる電流 I_1 と点 a から出て行く電流 I_2, I_3 の和は等しい．この関係がキルヒホッフの電流則（第一法則）である．

キルヒホッフの電流則では，ある点に流入する電流を正とし，流出する電流を負とした場合，それらの和は 0 であると表現される（式 (2.1),(2.2)）．

> キルヒホッフの電流則は，二股に分かれている川に例えると分かりやすい．左からの 1 本の川が点 a で 2 つの川に分かれるとき，分岐点で川の水量は 2 つに分かれる．このとき，分岐点に入ってくる水量は，2 つに分かれてそれぞれの川に流れ出ていく水量の和と等しい．

図 2.1 キルヒホッフの電流則（第一法則）

キルヒホッフの電流則（第一法則）
$$\sum_{i=1}^{n} I_i = 0 \tag{2.1}$$

式 (2.1) はキルヒホッフの電流則（第一法則）の一般的な表現であり，図 2.1 の回路で電流 I_1, I_2, I_3 の関係は，式 (2.2) となる．

$$^{①}I_1 - {}^{②}(I_2 + I_3) = 0 \tag{2.2}$$

①の項は点 a への電流の流入を表し，②の項は流出を表している．これらの和が 0 である．

2.2 キルヒホッフの電圧則（第二法則）

図 2.2 は，定電圧源と抵抗器の基本的な電気回路である．定電圧源は左がプラス（+），右がマイナス（−）であるため，この回路に流れる電流は，時計回りである．抵抗器には，電流が左から右に流れるので，抵抗の両端電圧 V_R は左がプラス，右がマイナスとなる（電流は電圧の高い方から低い方に流れる）．

キルヒホッフの電圧則（第二法則）では，回路上の一点（例えば点 a）から，各電圧 (V_R, E) を加算し，元の点（点 a）に戻るとき，それらの和は 0 であると表現される（式 (2.3),(2.4)）．

> キルヒホッフの電圧則は，遊園地にあるジェットコースターに例えると分かりやすい．ジェットコースターは，高い場所，低い場所を通過し，コースを一周すると元の高さの場所に戻る（各点での高さの加算は 0）．

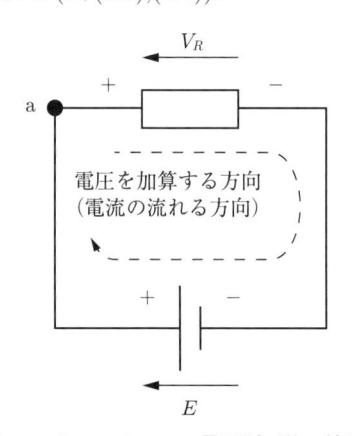

図 2.2 キルヒホッフの電圧則（第二法則）

キルヒホッフの電圧則（第二法則）
$$\sum_{i=1}^{n} V_i = 0 \tag{2.3}$$

式 (2.3) は，キルヒホッフの電圧則（第二法則）の一般的な表現であり，図 2.2 の回路で電圧 V_R, E の関係は式 (2.4) となる．

$$^{①}V_R - {}^{②}E = 0 \tag{2.4}$$

点 a から時計回りに各電圧を加算する場合，①抵抗器の電圧 V_R はプラスからマイナスに向いており，加算する方向（点線で描いた矢印の方向）と同じである．そのため，キルヒホッフの電圧則では，抵抗器の両端電圧 V_R の符号は正となる．②定電圧源 E は，電圧を加算する方向から見るとマイナスからプラスに加算するので，符号は負となる．

2.3 閉回路，開回路および枝

キルヒホッフの2つの法則および3章で示す閉路方程式を用いて，電気回路に流れる電流および各素子の両端に発生する電圧などを計算（解析）する場合，(1) 閉回路と開回路および (2) 節点と枝について理解する必要がある．

(1) 閉回路と開回路

図 2.3(a) は閉回路であり，(b) が開回路である．回路 (a) は，定電圧源からの電流が抵抗器を通り，定電圧源に戻って一周する（閉じている）回路であるため，閉回路と呼ばれる．一方，回路 (b) は，回路の左側が開いた状態にあるため，電流が流れず，開回路と呼ばれる．

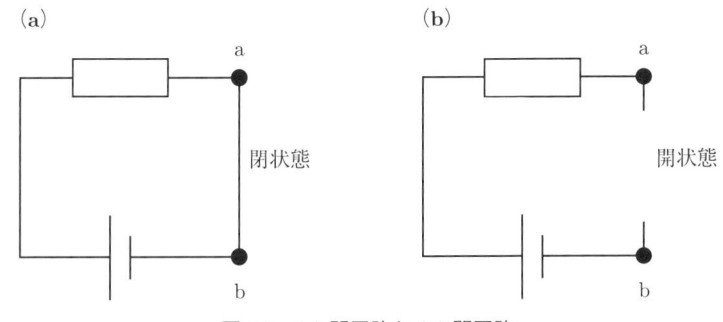

図 2.3　(a) 閉回路と (b) 開回路

回路 (a) と (b) の違いは，点 ab 間が (a) 閉じているか，(b) 空いているかである．導線の開閉が出来る回路素子は開閉器（スイッチ）と呼ばれ，その (a) 閉状態（オン）および (b) 開状態（オフ）の回路記号は図 2.4 となる．

図 2.4　開閉器（スイッチ）の回路記号，(a) 閉（オン）状態と (b) 開（オフ）状態

(2) 節点と枝

図 2.5 は，2つの定電圧源と3つの抵抗器で構成されている電気回路である．回路解析では，2つ以上の回路素子が接続されている点を節点と呼び，本回路で節点は点 a〜d である．また，節点と節点を結ぶ部分を枝と呼ぶ．本回路は枝①〜⑤で構成されている．

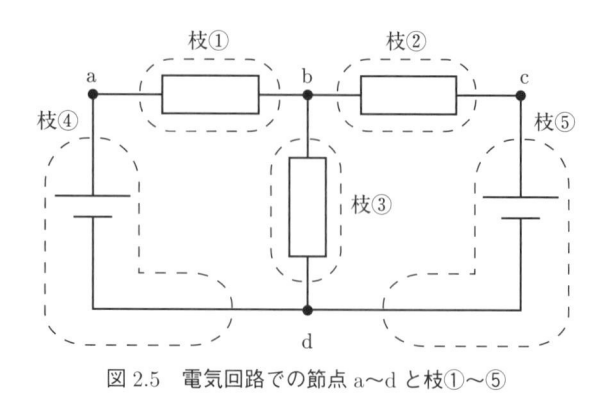

図 2.5　電気回路での節点 a～d と枝①～⑤

2.4　キルヒホッフの法則を用いた回路解析（枝電流法）

各回路素子に流れる電流を個々に設定し、キルヒホッフの法則を用いて各電流を求める方法を枝電流法と呼ぶ．

キルヒホッフの法則を用いると、複雑な回路でも各回路素子に流れる電流、発生する電圧を計算（解析）することが出来る．以下では、その例として、図 2.6 の回路の各抵抗 R_1, R_2, R_3 に流れる電流 i_1, i_2, i_3 を求める方法を示す．

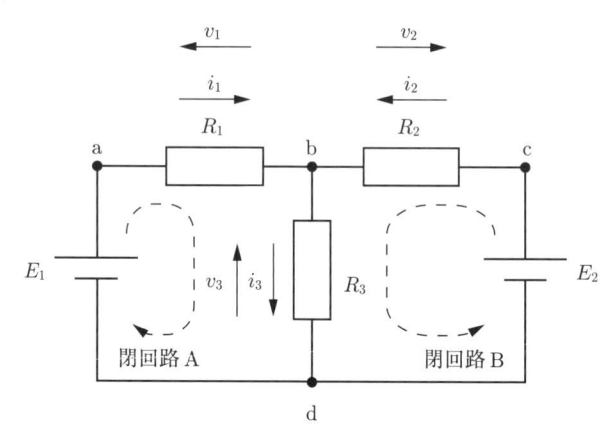

図 2.6　2 つの定電圧源と 3 つの抵抗器で構成された回路

(a) 点 b でキルヒホッフの電流則（第一法則）を適用する

点 b には、電流 i_1, i_2 が流れ入り、電流 i_3 が流れ出している．この関係をキルヒホッフの電流則を用いて表すと式 (2.5) となる．この式は、点 b への電流の①流入をプラス、②流出をマイナスとし、その③合計が 0 であることを示している．

$$^{①}i_1 + i_2 - {}^{②}i_3 = {}^{③}0 \tag{2.5}$$

閉回路 A に a→b→c→d→a を設定することも可能である．しかし、この閉回路には 2 つの電圧源が含まれており、計算が複雑になる．

(b) 閉回路を設定する

キルヒホッフの電圧則を用いるためには、本回路を構成する閉回路を見出す必要がある (図 2.6)．本回路では、2 つの閉回路 A(a → b → d → a)

と B(c → b → d → c) を設定できる．

(c) 各回路素子の両端電圧 v_1, v_2, v_3 を求める

キルヒホッフの電圧則を各閉回路に適用するためには，各回路素子の両端で発生する電圧を知る必要がある．

閉回路 A および B 内にある定電圧源は，それぞれ E_1 および E_2 である．抵抗 R_1, R_2, R_3 に発生する両端電圧 v_1, v_2, v_3 は，それぞれの抵抗に電流が流れることで発生する．そのため，各両端電圧は以下となる．

$$v_1 = R_1 \cdot i_1 \qquad v_2 = R_2 \cdot i_2 \qquad v_3 = R_3 \cdot i_3 \tag{2.6}$$

(d) 閉回路 A,B にキルヒホッフの電圧則（第二法則）を適用する

閉回路 A でキルヒホッフの電圧則を適用した結果は，以下となる．なお，電圧の加算は，a → b → d → a の順路とした．

$$\overset{①}{v_1} + \overset{②}{v_3} - \overset{③}{E_1} = \overset{④}{0} \tag{2.7}$$

式 (2.7) を構成する各項①〜④は，以下の方法で作成されている．

①,② a → b 間および b → d 間には，それぞれ抵抗 R_1, R_3 があり，それぞれの電圧は v_1, v_3 である．また，それぞれの電圧の極性は，順路に対してプラスからマイナスであるため，v_1, v_3 はともに符号が正となる．

③ d → a 間には，定電圧源 E_1 がある．この電圧の極性は，順路に対してマイナスからプラスであるため，E_1 の符号は負となる．

④ キルヒホッフの電圧則から，閉回路上の各電圧を合計すると 0 となる．

式 (2.7) の v_1, v_3 に，式 (2.6) で求めた各抵抗の両端電圧を代入すると以下になる．

$$\overset{①}{R_1 i_1} + \overset{②}{R_3 i_3} - \overset{③}{E_1} = \overset{④}{0} \tag{2.8}$$

同様にして，閉回路 B でのキルヒホッフの電圧則は，以下の式となる．

$$R_2 i_2 + R_3 i_3 - E_2 = 0 \tag{2.9}$$

(e) 電流 i_1, i_2, i_3 の連立方程式を立てる

キルヒホッフの電流則の式 (2.5) を，i_3 について解くと以下になる．

$$i_3 = i_1 + i_2 \tag{2.10}$$

この式 (2.10) を，式 (2.8) に代入すると，以下の式になる．

$$R_1 i_1 + R_3 (i_1 + i_2) - E_1 = 0$$

$$(R_1 + R_3) i_1 + R_3 i_2 = E_1 \tag{2.11}$$

キルヒホッフの法則で立てた式 (2.5),(2.8),(2.9) は独立な連立方程式であるため，各電流 i_1, i_2, i_3 を求めることが出来る．

同様に，式 (2.10) を，式 (2.9) に代入すると，以下の式になる．

$$R_2 i_2 + R_3(i_1 + i_2) - E_2 = 0$$

$$R_3 i_1 + (R_2 + R_3) i_2 = E_2 \tag{2.12}$$

(f) 連立方程式をクラメルの公式を用いて解く

電流 i_1, i_2 を求めるために，連立方程式 (2.11),(2.12) を行列に変換する．

$$\begin{pmatrix} R_1 + R_3 & R_3 \\ R_3 & R_2 + R_3 \end{pmatrix} \begin{pmatrix} i_1 \\ i_2 \end{pmatrix} = \begin{pmatrix} E_1 \\ E_2 \end{pmatrix} \tag{2.13}$$

> 連立方程式の解は，クラメルの公式を用いて求めることが出来る．
>
> 連立方程式が以下の行列であるとき，その解 I_1 および I_2 は以下となる．
> $$\begin{pmatrix} R_{11} & R_{12} \\ R_{21} & R_{22} \end{pmatrix} \begin{pmatrix} I_1 \\ I_2 \end{pmatrix} = \begin{pmatrix} E_1 \\ E_2 \end{pmatrix}$$
> $$I_1 = \frac{\begin{vmatrix} E_1 & R_{12} \\ E_2 & R_{22} \end{vmatrix}}{\begin{vmatrix} R_{11} & R_{12} \\ R_{21} & R_{22} \end{vmatrix}}$$
> $$= \frac{E_1 R_{22} - R_{12} E_2}{R_{11} R_{22} - R_{12} R_{21}}$$
> $$I_2 = \frac{\begin{vmatrix} R_{11} & E_1 \\ R_{21} & E_2 \end{vmatrix}}{\begin{vmatrix} R_{11} & R_{12} \\ R_{21} & R_{22} \end{vmatrix}}$$
> $$= \frac{R_{11} E_2 - E_1 R_{21}}{R_{11} R_{22} - R_{12} R_{21}}$$

抵抗 R_1, R_2 に流れる電流 i_1, i_2 は，クラメルの公式を用いて，以下の式で求められる．

$$i_1 = \frac{\begin{vmatrix} E_1 & R_3 \\ E_2 & R_2 + R_3 \end{vmatrix}}{\begin{vmatrix} R_1 + R_3 & R_3 \\ R_3 & R_2 + R_3 \end{vmatrix}} = \frac{E_1(R_2 + R_3) - R_3 E_2}{(R_1 + R_3)(R_2 + R_3) - R_3^2} \tag{2.14}$$

$$i_2 = \frac{\begin{vmatrix} R_1 + R_3 & E_1 \\ R_3 & E_2 \end{vmatrix}}{\begin{vmatrix} R_1 + R_3 & R_3 \\ R_3 & R_2 + R_3 \end{vmatrix}} = \frac{(R_1 + R_3) E_2 - E_1 R_3}{(R_1 + R_3)(R_2 + R_3) - R_3^2} \tag{2.15}$$

(g) 電流 i_3 を求める

抵抗 R_3 を流れる電流 i_3 は，(f) で得られた電流 i_1, i_2 から，式 (2.10) を用いて求められる．

$$\begin{aligned} i_3 &= i_1 + i_2 \\ &= \frac{E_1(R_2 + R_3) - R_3 E_2}{(R_1 + R_3)(R_2 + R_3) - R_3^2} + \frac{(R_1 + R_3) E_2 - E_1 R_3}{(R_1 + R_3)(R_2 + R_3) - R_3^2} \\ &= \frac{R_2 E_1 + R_1 E_2}{(R_1 + R_3)(R_2 + R_3) - R_3^2} \end{aligned} \tag{2.16}$$

【例題 2.1】キルヒホッフの法則 1

図 2.7 の回路で，抵抗 R_1, R_2, R_3 に流れる電流 i_1, i_2, i_3 をキルヒホッフの法則を用いて求めよ．

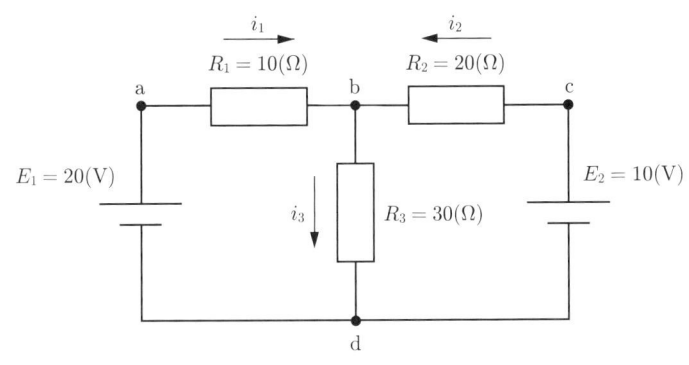

図2.7 2つの定電圧源と3つの抵抗器で構成された回路

【例題解答】

(a) キルヒホッフの電流則と電圧則を適用する

図2.7の回路にキルヒホッフの電流則および電圧則を適用すると，以下の式となる．

キルヒホッフの電流則：
$$i_1 + i_2 - i_3 = 0 \quad (\text{点 } b \text{ に適用}) \tag{2.17}$$

キルヒホッフの電圧則：

閉回路 abda：$R_1 i_1 + R_3 i_3 - E_1 = 0$
$$10 i_1 + 30 i_3 - 20 = 0 \tag{2.18}$$

閉回路 cbdc：$R_2 i_2 + R_3 i_3 - E_2 = 0$
$$20 i_2 + 30 i_3 - 10 = 0 \tag{2.19}$$

各抵抗の両端電圧は，以下である．
$$v_1 = R_1 i_1$$
$$v_2 = R_2 i_2$$
$$v_3 = R_3 i_3$$

式(2.17)は $i_3 = i_1 + i_2$ となる．この式を，式(2.18),(2.19)に代入すると，以下の連立方程式に変形できる．

$$40 i_1 + 30 i_2 = 20$$
$$30 i_1 + 50 i_2 = 10 \tag{2.20}$$

(b) 連立方程式を解く

電流 i_1, i_2 を求めるために，連立方程式(2.20)を行列に書き換えると以下になる．

$$\begin{pmatrix} 40 & 30 \\ 30 & 50 \end{pmatrix} \begin{pmatrix} i_1 \\ i_2 \end{pmatrix} = \begin{pmatrix} 20 \\ 10 \end{pmatrix} \tag{2.21}$$

抵抗 R_1, R_2 に流れる電流 i_1, i_2 は，クラメルの公式を用いて，以下の式で求められる．

電流の単位 mA は，10^{-3} A である．

電流 i_2 の符号が負（マイナス）であるのは，この電流が，図中の矢印と反対方向（左から右）に流れていることを示している．

$$i_1 = \frac{\begin{vmatrix} 20 & 30 \\ 10 & 50 \end{vmatrix}}{\begin{vmatrix} 40 & 30 \\ 30 & 50 \end{vmatrix}} = \frac{20 \cdot 50 - 30 \cdot 10}{40 \cdot 50 - 30 \cdot 30} = 636 \text{ (mA)} \qquad (2.22)$$

$$i_2 = \frac{\begin{vmatrix} 40 & 20 \\ 30 & 10 \end{vmatrix}}{\begin{vmatrix} 40 & 30 \\ 30 & 50 \end{vmatrix}} = \frac{40 \cdot 10 - 20 \cdot 30}{40 \cdot 50 - 30 \cdot 30} = -182 \text{ (mA)} \qquad (2.23)$$

式 (2.17) から，電流 i_3 を求める．

$$i_3 = i_1 + i_2 = 636 + (-182) = 454 \text{ (mA)}$$

【例題 2.2】キルヒホッフの法則 2

図 2.8 の回路で，抵抗 R_1, R_2, R_3 に流れる電流 i_1, i_2, i_3 をキルヒホッフの法則を用いて求めよ．

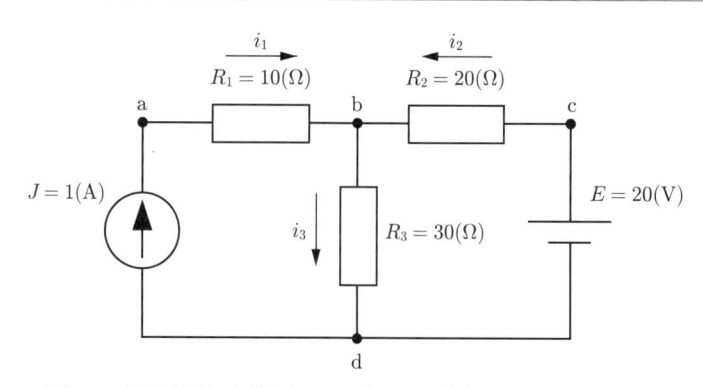

図 2.8 定電流源と定電圧源および 3 つの抵抗器で構成された回路

【例題解答】

(a) キルヒホッフの電流則と電圧則を適用する

抵抗 R_1 は，定電流源 J と直列に繋がっているので，$i_1 = J = 1$(A) となる．このことから，キルヒホッフの電流則は以下となる．

キルヒホッフの電流則：

$$i_1 + i_2 - i_3 = 0 \quad \text{(点 b に適用)} \qquad (2.24)$$

$$i_1 = J = 1 \text{ (A)} \quad \text{(抵抗 } R_1 \text{ は，定電流源 } J \text{ と直列接続)}$$
$$(2.25)$$

$$\therefore \ i_2 - i_3 = -1 \qquad (2.26)$$

閉回路 cbdc に，キルヒホッフの電圧則を適用すると以下となる．

定電流源の出力電圧 E_{out} は不明のため，閉路 abda に対してはキルヒホッフの電圧則の式を立てることが出来ない．なお，定電流源の出力電圧 E_{out} は，電流 i_1, i_2 が決まることで求められる．

$$E_{out} = R_1 i_1 + R_3 i_3$$
$$= 34 \text{ (V)}$$

各抵抗の両端電圧は，以下である．

$$v_2 = R_2 i_2$$
$$v_3 = R_3 i_3$$

キルヒホッフの電圧則：

閉回路 cbdc：$R_2 i_2 + R_3 i_3 - E = 0$

$$20 i_2 + 30 i_3 - 20 = 0 \tag{2.27}$$

これらをまとめると以下の連立方程式になる．

$$i_2 - i_3 = -1$$
$$20 i_2 + 30 i_3 = 20 \tag{2.28}$$

(b) 連立方程式を解く

電流 i_2, i_3 を求めるために，連立方程式 (2.28) を行列に書き換えると以下になる．

$$\begin{pmatrix} 1 & -1 \\ 20 & 30 \end{pmatrix} \begin{pmatrix} i_2 \\ i_3 \end{pmatrix} = \begin{pmatrix} -1 \\ 20 \end{pmatrix} \tag{2.29}$$

抵抗 R_2, R_3 に流れる電流 i_2, i_3 は，クラメルの公式を用いて，以下の式で求められる．

電流の単位 mA は，10^{-3} A である．

電流 i_2 の符号が負（マイナス）であるのは，この電流が，図中の矢印と反対方向（左から右）に流れていることを示している．

$$i_2 = \frac{\begin{vmatrix} -1 & -1 \\ 20 & 30 \end{vmatrix}}{\begin{vmatrix} 1 & -1 \\ 20 & 30 \end{vmatrix}} = \frac{-1 \cdot 30 - (-1) \cdot 20}{1 \cdot 30 - (-1) \cdot 20} = -200 \text{ (mA)} \tag{2.30}$$

$$i_3 = \frac{\begin{vmatrix} 1 & -1 \\ 20 & 20 \end{vmatrix}}{\begin{vmatrix} 1 & -1 \\ 20 & 30 \end{vmatrix}} = \frac{1 \cdot 20 - (-1) \cdot 20}{1 \cdot 30 - (-1) \cdot 20} = 800 \text{ (mA)} \tag{2.31}$$

演習問題

【演習 2.1】
演習図 2.1 の回路で,各抵抗に流れる電流 i_1, i_2, i_3 を求めよ.それらの電流から,各抵抗の両端に発生する電圧 v_1, v_2, v_3 を求めよ(解答では,図中の電圧表示の矢印の向きに従って,電圧の極性を決定すること).

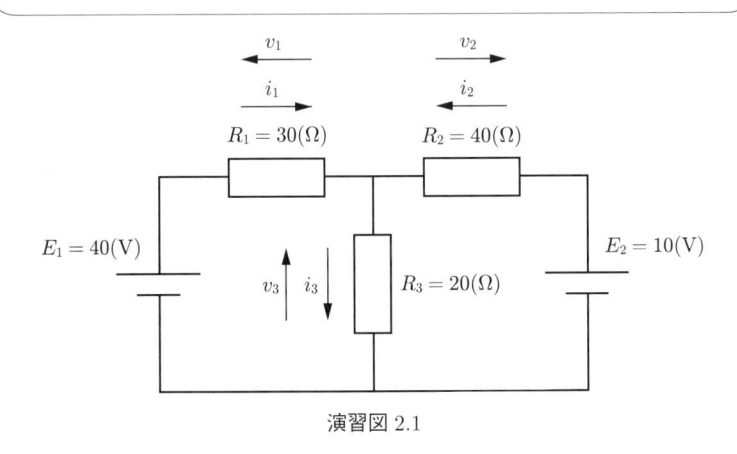

演習図 2.1

【演習解答】
各抵抗に流れる電流は,例題 1 に示した解法で,以下となる.

$$i_1 = 846 \text{ (mA)}, \quad i_2 = -115 \text{ (mA)}, \quad i_3 = 731 \text{ (mA)}$$

各抵抗の両端で発生する電圧は,以下で求められる.

$$v_1 = R_1 i_1$$
$$v_2 = R_2 i_2$$
$$v_3 = R_3 i_3$$

これらの電流が抵抗に流れることで,電圧が発生するので,それぞれの値は以下となる.

$$v_1 = 25.4 \text{ (V)}, \quad v_2 = -4.6 \text{ (V)}, \quad v_3 = 14.6 \text{ (V)}$$

v_2 は負の値であるため,矢印と逆方向の電圧が発生する(左がプラス,右がマイナス).

【演習 2.2】
演習図 2.2 の回路で,各抵抗に流れる電流 i_1, i_2, i_3 を求めよ.

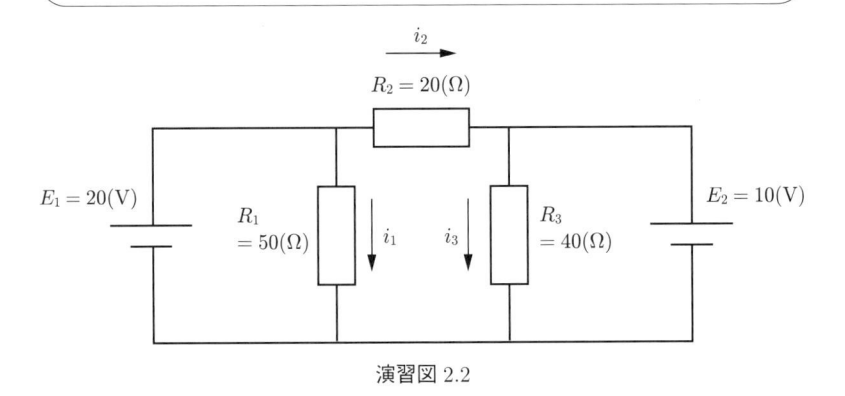

演習図 2.2

【演習解答】

以下の3つのキルヒホッフの電圧則の式が成り立つ．

$$R_1 i_1 - E_1 = 0$$

$$R_2 i_2 + R_3 i_3 - R_1 i_1 = 0$$

$$R_3 i_3 - E_2 = 0$$

各電流は以下となる．

$$i_1 = 400 \text{ (mA)}, \quad i_2 = 500 \text{ (mA)}, \quad i_3 = 250 \text{ (mA)}$$

【演習 2.3】

演習図 2.3 の回路で，各抵抗に流れる電流 $i_1, i_2, i_3, i_4, i_5, i_6$ を求めよ．

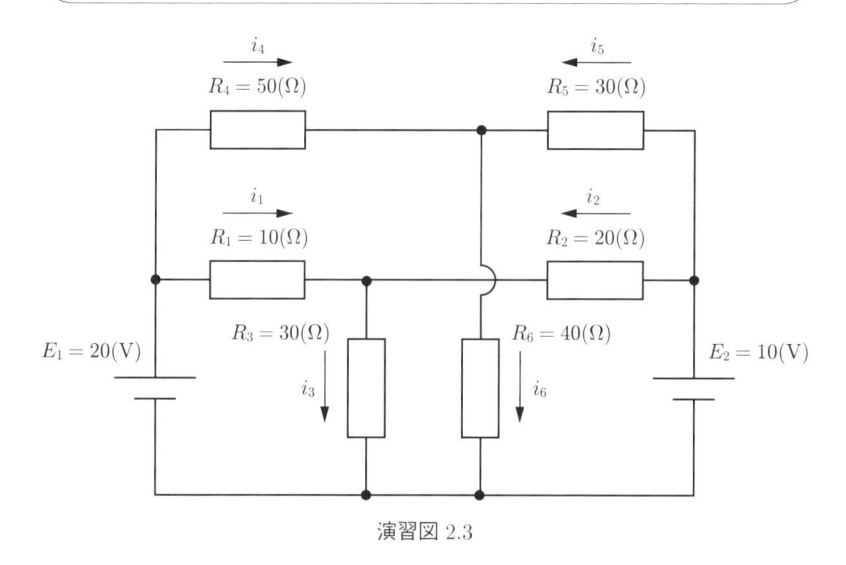

演習図 2.3

【演習解答】

演習図 2.3 の回路は，以下の2つの回路 (a),(b) に分けられる．分けたそれぞれの回路について，各電流を求める．

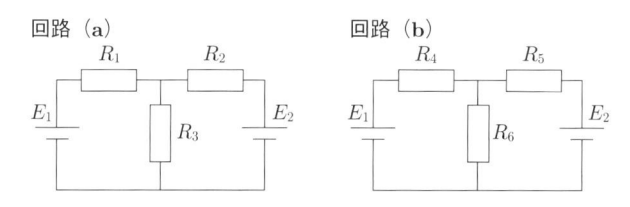

回路 (a)　　　　　回路 (b)

$$i_1 = 636 \text{ (mA)}, \quad i_2 = -182 \text{ (mA)}, \quad i_3 = 454 \text{ (mA)}$$

$$i_4 = 213 \text{ (mA)}, \quad i_5 = 21 \text{ (mA)}, \quad i_6 = 234 \text{ (mA)}$$

第3章

閉路方程式を用いた回路解析

第2章のキルヒホッフの法則を用いた回路解析では，各枝に対して個々の電流を設定し，それぞれの電流を求めた（枝電流法）．この方法では，電気回路中の枝（回路素子）が増えると，設定する電流の数も増え，計算が困難になる．そこで，電気回路中の各閉回路に個々の電流を設定し，それぞれの閉回路に対してキルヒホッフの電圧則（第二法則）の式を立てると計算が容易になる．このような式は，閉路方程式と呼ばれる．

> このような方法で行なう回路解析は，網目電流法と呼ばれる．

3.1 閉路方程式を用いた回路解析

図 3.1 の各抵抗に流れる電流 i_1, i_2, i_3 を，閉路方程式を用いて求める方法は，以下のとおりである．

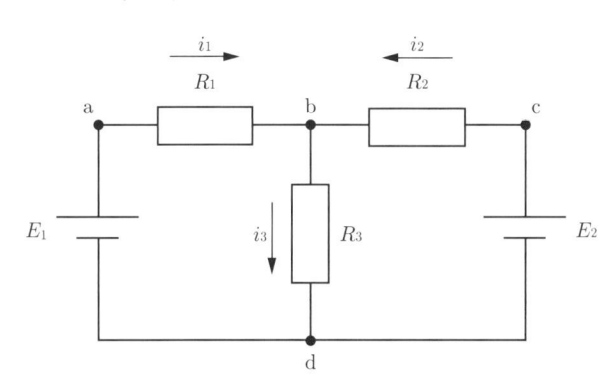

図 3.1 2つの定電圧源と3つの抵抗器で構成された回路

(a) 閉回路を設定する

本回路では，2つの閉回路 A($a \to b \to d \to a$) と B($c \to b \to d \to c$) が設定できる．なお，各回路素子が1つ以上の閉回路に含まれるように，閉回路を設定する必要がある．

> 閉回路 A を $a \to b \to c \to d \to a$ と設定することも可能である．しかし，この閉回路には2つの電圧源が含まれており，計算が複雑になる．

(b) 各閉回路に閉路電流を設定する

設定した閉回路 A,B にそれぞれ流れる電流として，閉路電流 I_A, I_B を設定する．閉路電流の向きは，定電圧源のプラスからマイナスに流れる方向にする．閉路電流を設定した電気回路を図 3.2 に示す．

> 閉路電流は網目電流とも呼ばれる．

> 抵抗 R_1, R_2 に流れる電流は，それぞれ閉路電流 I_A, I_B である．一方，抵抗 R_3 には，閉路電流 I_A, I_B の両方が流れている．

本回路図では，各抵抗に流れる電流を小文字 i_1, i_2, i_3 で表し，閉路電流を大文字 I_A, I_B で表す．

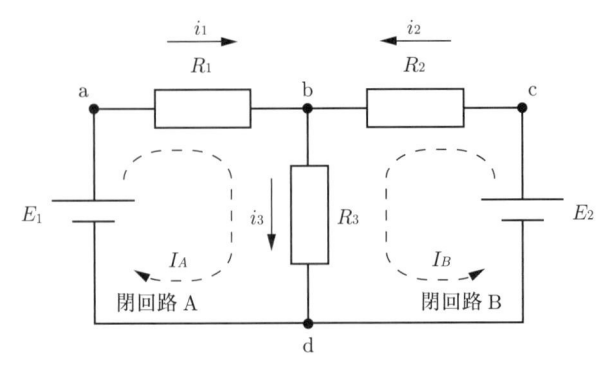

図 3.2　設定された閉路電流 I_A, I_B とその向き

(c) 各閉回路にキルヒホッフの電圧則を適用する

閉回路 A,B にキルヒホッフの電圧則を適用し，閉路方程式を作成する．閉回路 A では，電圧を加算する始点を定電圧源のプラスの位置 a とする．また，加算する方向は閉路電流と同じ向きにする．

閉回路 A の閉路方程式は，以下となる．

$$\overset{①}{R_1 I_A} + \overset{②}{R_3(I_A + I_B)} - \overset{③}{E_1} = \overset{④}{0} \tag{3.1}$$

この閉路方程式を構成する各項①〜④は以下の方法で作成されている．

① 閉回路上の枝 ab の電圧は，抵抗 R_1 に閉路電流 I_A が流れているため，$R_1 I_A$ となる．

② 抵抗 R_3 には，閉路電流 I_A に加え，閉路電流 I_B も流れている．そのため，枝 bd の電圧は $R_3(I_A + I_B)$ となる．閉路電流 I_B の流れる方向が閉路電流 I_A と同じであるため，I_B の符号は正となる．

③ 枝 da には，電圧源 E_1 が存在する．電圧を加算する方向は，定電圧源のマイナスからプラスの方向である．そのため，電圧 E_1 の符号は負となる．

④ キルヒホッフの電圧則では，閉回路上の各電圧を合計すると 0 となることから，式 (3.1) の右辺は 0 となる．

同様な方法で，閉回路 B を c → b → d → c の順に，各枝の電圧を加算して求めた閉路方程式は，以下となる．

$$R_2 I_B + R_3(I_B + I_A) - E_2 = 0 \tag{3.2}$$

この式の左辺の第 2 項は，電流が $(I_B + I_A)$ である．このことは，閉路回路 B では，抵抗 R_3 に閉路電流 I_B に加え，閉路電流 I_A も流れていることを示している．

> 閉路電流 I_B が，閉路電流 I_A と逆方向である場合，抵抗 R_3 に流れる電流は $I_A - I_B$ となる．

(d) 閉路方程式を電流 I_A, I_B で整理する

式 (3.1),(3.2) の閉路方程式を電流 I_A, I_B で整理すると以下の連立方程式になる．

$$(R_1 + R_3)I_A + R_3 I_B = E_1$$
$$R_3 I_A + (R_2 + R_3)I_B = E_2 \qquad (3.3)$$

(e) 閉路方程式をクラメルの公式を用いて解く

クラメルの公式を用いるために，連立方程式 (3.3) を行列に変換すると以下となる．

$$\begin{pmatrix} R_1 + R_3 & R_3 \\ R_3 & R_2 + R_3 \end{pmatrix} \begin{pmatrix} I_A \\ I_B \end{pmatrix} = \begin{pmatrix} E_1 \\ E_2 \end{pmatrix} \qquad (3.4)$$

この行列式から，閉路電流 I_A, I_B は以下の式で求められる．

$$I_A = \frac{\begin{vmatrix} E_1 & R_3 \\ E_2 & R_2 + R_3 \end{vmatrix}}{\begin{vmatrix} R_1 + R_3 & R_3 \\ R_3 & R_2 + R_3 \end{vmatrix}} = \frac{E_1(R_2 + R_3) - R_3 E_2}{(R_1 + R_3)(R_2 + R_3) - R_3^2} \qquad (3.5)$$

$$I_B = \frac{\begin{vmatrix} R_1 + R_3 & E_1 \\ R_3 & E_2 \end{vmatrix}}{\begin{vmatrix} R_1 + R_3 & R_3 \\ R_3 & R_2 + R_3 \end{vmatrix}} = \frac{(R_1 + R_3)E_2 - E_1 R_3}{(R_1 + R_3)(R_2 + R_3) - R_3^2} \qquad (3.6)$$

(f) 閉路電流 I_A, I_B から各抵抗の電流 i_1, i_2, i_3 を求める

抵抗 R_1 には閉路電流は I_A のみが流れているため，抵抗 R_1 に流れる電流 i_1 は閉路電流 I_A と等しい．

$$i_1 = I_A = \frac{E_1(R_2 + R_3) - R_3 E_2}{(R_1 + R_3)(R_2 + R_3) - R_3^2} \qquad (3.7)$$

同様に，抵抗 R_2 に流れる電流 i_2 は，以下となる．

$$i_2 = I_B = \frac{(R_1 + R_3)E_2 - E_1 R_3}{(R_1 + R_3)(R_2 + R_3) - R_3^2} \qquad (3.8)$$

抵抗 R_3 には，閉路電流 I_A と I_B の両方が流れている．また，これらの電流の向きは，抵抗 R_3 を流れる電流 i_3 と同じ方向に設定されている．このことから，電流 i_3 は，閉路電流 I_A と I_B を加算することで求める．

$$\begin{aligned} i_3 &= I_A + I_B \\ &= \frac{E_1(R_2 + R_3) - R_3 E_2}{(R_1 + R_3)(R_2 + R_3) - R_3^2} + \frac{(R_1 + R_3)E_2 - E_1 R_3}{(R_1 + R_3)(R_2 + R_3) - R_3^2} \\ &= \frac{R_2 E_1 + R_1 E_2}{(R_1 + R_3)(R_2 + R_3) - R_3^2} \end{aligned} \qquad (3.9)$$

閉路電流 I_A と I_B の向きが異なる場合，抵抗 R_3 に流れる電流 i_3 と同じ向きの閉路電流を正，逆方向の閉路電流を負として加算する．

【例題 3.1】閉路方程式 1

図 3.3 の回路において，各抵抗に流れる電流 i_1, i_2, i_3 を閉路方程式を用いて求めよ．

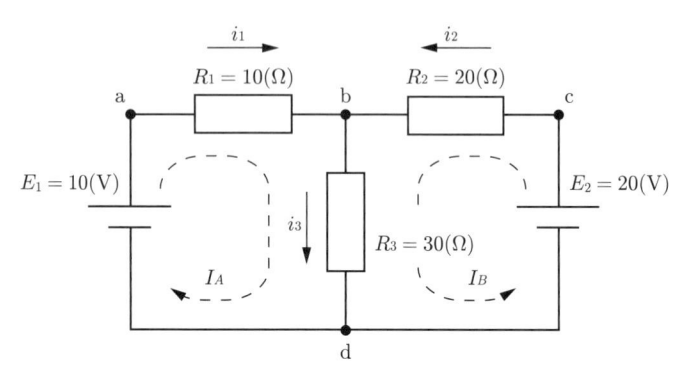

図 3.3　2 つの定電圧源と 3 つの抵抗器で構成された回路

【例題解答】

(a) 閉路方程式を立てる

図 3.3 の回路で閉路電流 I_A, I_B を用いて，閉路方程式を立てると以下となる．

閉回路 abda： $R_1 I_A + R_3(I_A + I_B) - E_1 = 0$
$$10 I_A + 30(I_A + I_B) - 10 = 0$$
閉回路 cbdc： $R_2 I_B + R_3(I_B + I_A) - E_2 = 0$
$$20 I_B + 30(I_B + I_A) - 20 = 0 \tag{3.10}$$

これらの式をまとめると以下の連立方程式になる．

$$40 I_A + 30 I_B = 10$$
$$30 I_A + 50 I_B = 20 \tag{3.11}$$

(b) 連立方程式を解く

連立方程式を解くために，式 (3.11) を行列に書き換えると以下となる．

$$\begin{pmatrix} 40 & 30 \\ 30 & 50 \end{pmatrix} \begin{pmatrix} I_A \\ I_B \end{pmatrix} = \begin{pmatrix} 10 \\ 20 \end{pmatrix} \tag{3.12}$$

クラメルの公式を用いて，閉路電流 I_A, I_B を求める．

$$I_A = \frac{\begin{vmatrix} 10 & 30 \\ 20 & 50 \end{vmatrix}}{\begin{vmatrix} 40 & 30 \\ 30 & 50 \end{vmatrix}} = \frac{10 \cdot 50 - 30 \cdot 20}{40 \cdot 50 - 30 \cdot 30} = -91 \text{ (mA)} \tag{3.13}$$

電流の単位 mA は，10^{-3} A である．

閉路電流 I_A の符号が負（マイナス）であるのは，この電流が，図中の矢印と反対方向（反時計回り）に流れていることを示している．

$$I_B = \frac{\begin{vmatrix} 40 & 10 \\ 30 & 20 \end{vmatrix}}{\begin{vmatrix} 40 & 30 \\ 30 & 50 \end{vmatrix}} = \frac{40 \cdot 20 - 10 \cdot 30}{40 \cdot 50 - 30 \cdot 30} = 455 \text{ (mA)} \qquad (3.14)$$

抵抗 R_1, R_2 に流れる電流 i_1, i_2 は，閉路電流 I_A, I_B と同じであるため，以下となる．

$$i_1 = I_A = -91 \text{ (mA)}$$
$$i_2 = I_B = 455 \text{ (mA)} \qquad (3.15)$$

抵抗 R_3 には，閉路電流 I_A と I_B が，電流 i_3 の設定と同じ方向に流れているため，電流 i_3 は以下となる．

$$i_3 = I_A + I_B = 364 \text{ (mA)}$$

【例題 3.2】閉路方程式 2

図 3.4 の回路において，各抵抗に流れる電流 i_1, i_2, i_3 を閉路方程式を用いて求めよ．定電圧源 E_1 と E_2 の向きが，逆になっていることに注意すること．

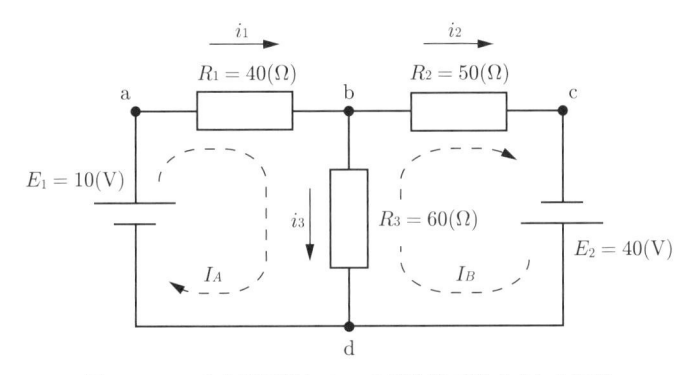

図 3.4 2 つの定電圧源と 3 つの抵抗器で構成された回路

【例題解答】

(a) 閉路方程式を立てる

図 3.4 の回路で閉路電流 I_A, I_B を用いて，閉路方程式を立てると以下となる．

閉回路 abda： $R_1 I_A + R_3(I_A - I_B) - E_1 = 0$
$40 I_A + 60(I_A - I_B) - 10 = 0$

閉回路 dbcd： $R_3(I_B - I_A) + R_2 I_B - E_2 = 0$
$60(I_B - I_A) + 50 I_B - 40 = 0 \qquad (3.16)$

閉回路 abda では，抵抗 R_3 に発生する電圧は，電流 I_B の流れが，I_A と逆向きであるため，$R_3(I_A - I_B)$ となる．一方，閉回路 dbcd では，電流 I_A が，I_B と逆向きであるため，$R_3(I_B - I_A)$ となる．

これらの式をまとめると以下の連立方程式になる．

$$100I_A - 60I_B = 10$$
$$-60I_A + 110I_B = 40 \tag{3.17}$$

(b) 連立方程式を解く

連立方程式を解くために，式 (3.17) を行列に書き換えると以下となる．

$$\begin{pmatrix} 100 & -60 \\ -60 & 110 \end{pmatrix} \begin{pmatrix} I_A \\ I_B \end{pmatrix} = \begin{pmatrix} 10 \\ 40 \end{pmatrix} \tag{3.18}$$

クラメルの公式を用いて，閉路電流 I_A, I_B を求める．

$$I_A = \frac{\begin{vmatrix} 10 & -60 \\ 40 & 110 \end{vmatrix}}{\begin{vmatrix} 100 & -60 \\ -60 & 110 \end{vmatrix}} = \frac{10 \cdot 110 - (-60) \cdot 40}{100 \cdot (110) - (-60) \cdot (-60)}$$
$$= 473 \text{ (mA)} \tag{3.19}$$

$$I_B = \frac{\begin{vmatrix} 100 & 10 \\ -60 & 40 \end{vmatrix}}{\begin{vmatrix} 100 & -60 \\ -60 & 110 \end{vmatrix}} = \frac{100 \cdot 40 - 10 \cdot (-60)}{100 \cdot (110) - (-60) \cdot (-60)}$$
$$= 622 \text{ (mA)} \tag{3.20}$$

抵抗 R_1, R_2 に流れる電流 i_1, i_2 は，閉路電流 I_A, I_B と同じであるため，以下となる．

$$i_1 = I_A = 473 \text{ (mA)}$$
$$i_2 = I_B = 622 \text{ (mA)} \tag{3.21}$$

抵抗 R_3 に流れる電流 i_3 は，閉路電流 I_A の設定と同じ方向であり，閉路電流 I_B の設定とは逆方向である．このことから，電流 i_3 は，以下となる．

$$i_3 = I_A - I_B = 473 - 622 = -149 \text{ (mA)}$$

求めた電流 i_3 は負の値 $(-149\,(\text{mA}))$ であるため，抵抗 R_3 に流れる電流は設定と逆方向である．すなわち，抵抗 R_3 には下から上に電流が流れる．

演習問題

【演習 3.1】
演習図 3.1 の回路で,端子 ab 間に発生する電圧 V_{ab} を求めよ.

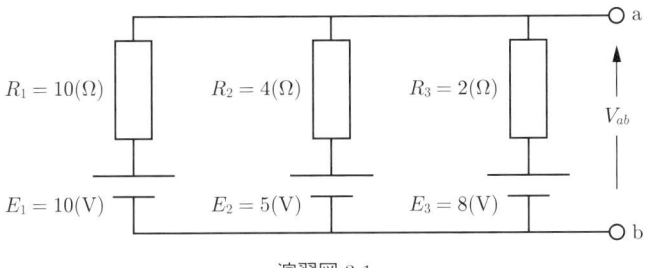

演習図 3.1

【演習解答】
閉路電流 I_A, I_B を設定し,電流 I_B を求める.

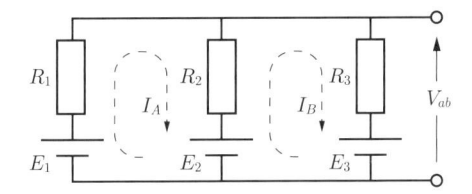

閉路方程式は以下となり,各閉路電流が求められる.

$$R_1 I_A + R_2(I_A - I_B) + E_2 - E_1 = 0$$

$$R_2(I_B - I_A) + R_3 I_B + E_3 - E_2 = 0$$

$$I_A = 265 \ (\text{mA})$$

$$I_B = -324 \ (\text{mA})$$

端子 ab 間に発生する電圧 V_{ab} は,定電圧源 E_3 と R_3 の両端電圧の和である.

$$V_{ab} = E_3 + R_3 I_B = \ 7.35 \ (\text{V})$$

【演習 3.2】

演習図 3.2 の回路で，抵抗 R_5 に流れる電流 i_5 を閉路方程式を用いて求めよ．

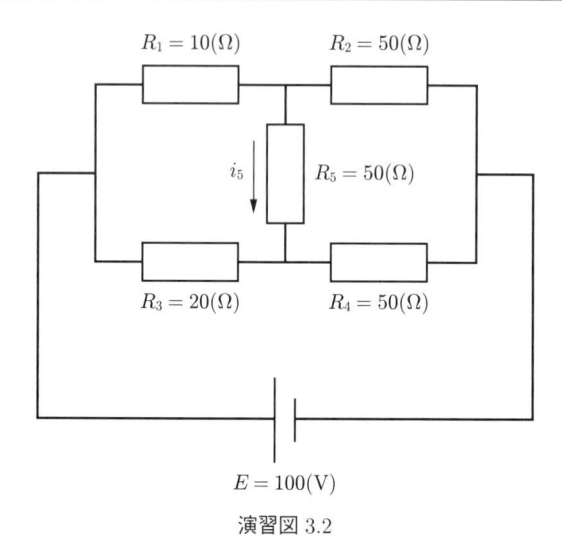

演習図 3.2

【演習解答】

下図のように閉路電流 I_A, I_B, I_C を設定することで，電流 i_5 を求める．

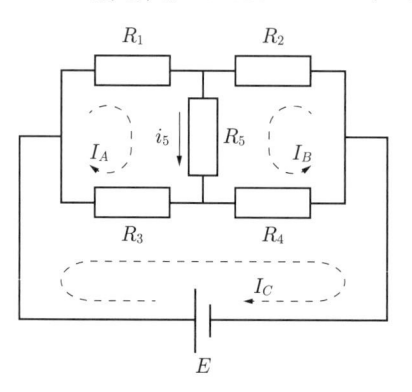

$$R_1 I_A + R_5(I_A + I_B) + R_3(I_A - I_C) = 0$$

$$R_2 I_B + R_5(I_B + I_A) + R_4(I_B + I_C) = 0$$

$$R_3(I_C - I_A) + R_4(I_C + I_B) - E = 0$$

$$I_A = 1.8 \text{ (A)}, \quad I_B = -1.64 \text{ (A)}, \quad I_C = 3.11 \text{ (A)}$$

$$i_5 = I_A + I_B = 0.16 \text{ (A)}$$

【演習 3.3】

演習図 3.3 の回路で,端子 ab 間の抵抗 $R(\Omega)$ を求めよ.

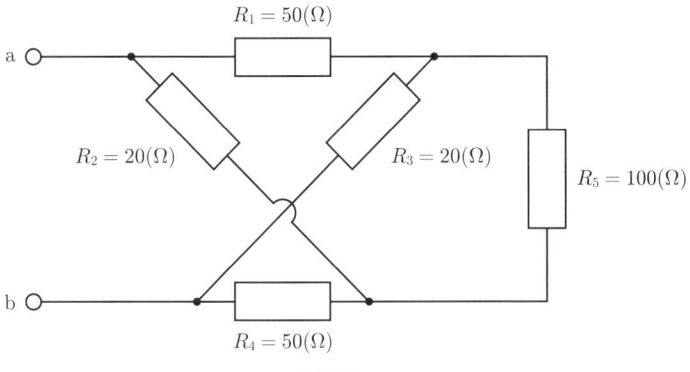

演習図 3.3

【演習解答】

端子 ab 間に定電圧源 E を接続し,閉路電流 I_A, I_B, I_C を設定する.閉路方程式から,定電圧源を流れる電流 I_A を求める.

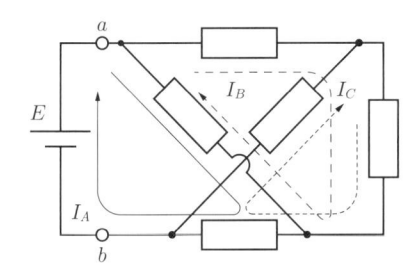

$$R_2(I_A - I_B) + R_4(I_A + I_C) - E = 0$$
$$R_1 I_B + R_5(I_B + I_C) + R_2(I_B - I_A) = 0$$
$$R_5(I_C + I_B) + R_4(I_C + I_A) + R_3 I_C = 0$$
$$I_A = 0.03 \cdot E \ \text{(A)}$$

接続した定電圧源 E と流れた電流 I_A の関係から,端子 ab 間の抵抗 R が求められる.

$$R = \frac{E}{I_A} = \frac{E}{0.03 \cdot E} = 33.3 \ (\Omega)$$

第4章

等価電圧源，等価電流源

定電圧源および定電流源は，電気回路のみで存在する電源であり，現実に存在する乾電池などと電気的特性が異なる．現実にある電源の電気的特性を電気回路を用いて表現する方法が，等価電圧源，等価電流源である．

> 電気回路で等価とは，働きや電気的特性が同じであることを示す．

4.1 電圧源（現実に存在する電源）

乾電池など現実に存在する電圧源に抵抗 R を接続した回路を図 4.1(a) に示す．抵抗が $R = \infty$ であるとき，電圧源からは電流が出力されない ($I_{out} = 0$)．そのときの電圧源の出力電圧 V_{out} を V_o とする．抵抗 R の値を減少させると，電圧源からの出力電流は増加する．そのとき，現実の電圧源は，出力電流 I_{out} の増加とともに，出力電圧 V_{out} が V_o から減少する性質がある (図 4.1(b))．

> $R = \infty$ の抵抗とは，抵抗器を接続していない状態を示す．
>
> 電源に抵抗などの負荷を接続していない場合を開放状態と呼ぶ．そのときの出力電圧 V_o は，開放電圧と呼ばれる．

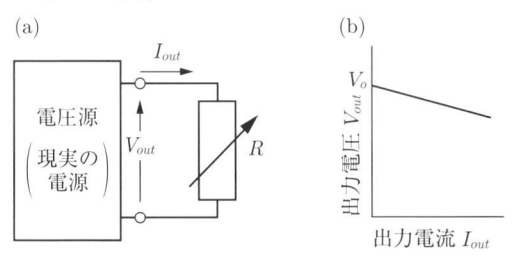

図 4.1　現実の電圧源

4.2 等価電圧源

等価電圧源は，出力電流 I_{out} が増加すると出力電圧 V_{out} は減少するという現実の電源の性質を，図 4.2 に示すような定電圧源 E_0 と内部抵抗 r_0 の直列接続で表した回路である．

図 4.2　等価電圧源

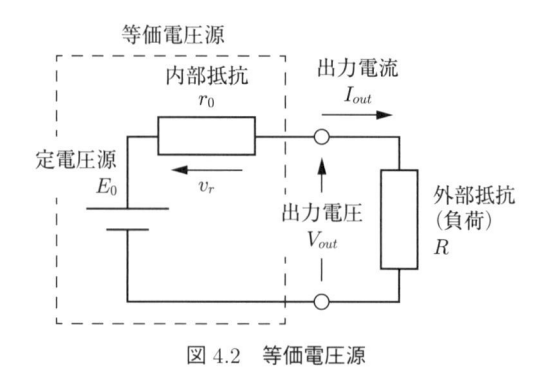

図 4.2 の回路で，それぞれの用語の意味は以下である．

等価電圧源：現実の電圧源の特性を電気回路を用いて表現するために，定電圧源 E_0 と内部抵抗 r_0 で構成された回路．定電圧源 E_0 と内部抵抗 r_0 は直列接続されている．

定電圧源 E_0：出力する電流に係わらず，電圧 E_0 を出力する電圧源（電気回路のみで存在する）．

内部抵抗 r_0：現実の電圧源では，出力電流 I_{out} が増加すると出力電圧 V_{out} は低下する．この現象を電気回路で説明するために，現実の電圧源の内部に存在すると考える抵抗

外部抵抗 R：電源から出力される電流を決定する抵抗．電力を消費することから負荷とも呼ばれる．

(1) 等価電圧源の出力電流 I_{out} と出力電圧 V_{out} の関係

図 4.2 の等価電圧源の回路では，内部抵抗 r_0 と外部抵抗 R が直列接続されているため，出力電流 I_{out} は以下の式で求められる．

> **等価電圧源の出力電流**
> $$I_{out} = \frac{E_0}{r_0 + R} \tag{4.1}$$

式 (4.1) は，等価電圧源から出力される電流は，外部抵抗に加え，内部抵抗によっても決定されることを示している．

出力電流 I_{out} は内部抵抗 r_0 にも流れるため，内部抵抗 r_0 には $v_r = r_0 I_{out}$ の電圧が発生する．そのため，等価電圧源の出力電圧 V_{out} は，定電圧源 E_0 から内部抵抗の両端電圧 v_r 分低下する．このことから，等価電圧源の出力電流 I_{out} と出力電圧 V_{out} の関係は次の式となる．

図 4.2 で，内部抵抗両端の電圧 v_r は，左側がプラスとなり，定電圧源 E_0 の向きと逆である．

> **等価電圧源の出力電圧**
> $$V_{out} = E_0 - v_r = E_0 - r_0 I_{out} \tag{4.2}$$

式 (4.2) は，出力電流が増加すると，内部抵抗による電圧降下が大きくなり，出力電圧が低下することを示している．

外部抵抗 R と出力電圧 V_{out} の関係は，出力電圧の式 (4.2) に出力電流の式 (4.1) を代入することで，以下となる．

$$V_{out} = E_0 - r_0 \frac{E_0}{r_0 + R} \tag{4.3}$$

なお，外部抵抗 R と出力電圧 V_{out} の関係は，図 4.2 の回路から，等価電圧源内の定電圧源 E_0 が，内部抵抗 r_0 と外部抵抗 R によって分圧されているとも表現できる．その場合，出力電圧 V_{out} は以下の式で求められる．

$$V_{out} = \frac{R}{r_0 + R} E_0 \tag{4.4}$$

出力電流 I_{out} と出力電圧 V_{out}，および等価電圧源内の定電圧源 E_0 の関係をグラフで示すと，図 4.3 になる．

以上の式 (4.1)〜(4.4) は，外部抵抗 R を小さくすると，出力電流 I_{out} が増加し，そのために出力電圧 V_{out} が減少することを示している．また，内部抵抗 r_0 が大きいと，出力電圧 V_{out} の減少が大きいことも示している．

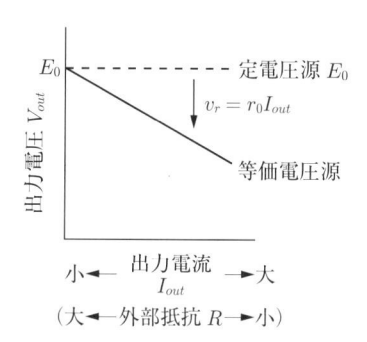

図 4.3 等価電圧源の電流，電圧特性

(2) 等価電圧源の開放電圧 V_o と短絡電流 I_s

図 4.2 の等価電圧源では，外部抵抗が $R = \infty$ の場合（負荷を接続していない開放状態），出力電流が $I_{out} = 0$ となるため，内部抵抗 r_0 による電圧降下は発生しない（$v_r = 0$）．すなわち，開放状態での出力電圧 V_o（開放電圧）は，等価電圧源内の定電圧源 E_0 の値になる．一方，外部抵抗が $R = 0$ の場合（短絡状態），出力電流（短絡電流）は $I_s = E_0/r_0$ となる．

以上のことから，開放電圧 V_o と短絡電流 I_s を用いて，等価電圧源の定電圧源 E_0 および内部抵抗 r_0 を求めることが出来る．

開放状態 $(R = \infty)$ ： $V_o = E_0$ （開放電圧） $\tag{4.5}$

短絡状態 $(R = 0)$ ： $I_s = \dfrac{E_0}{r_0}$ （短絡電流） $\tag{4.6}$

【例題 4.1】等価電圧源 1

定電圧源 $E_0 = 10 \mathrm{(V)}$ と内部抵抗 $r_0 = 2 (\Omega)$ の等価電圧源で表せる電圧源がある．この電圧源に，外部抵抗 $R = 8 (\Omega)$ を接続したときの出力電流 I_{out} と出力電圧 V_{out} を求めよ．

定電圧源の電圧，内部抵抗の両端電圧および出力電圧は，以下となる．

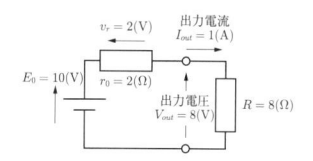

【例題解答】

外部抵抗 R を接続したときの出力電流 I_{out} は，式 (4.1) を用いて以下

で求められる.

$$I_{out} = \frac{E_0}{r_0 + R} = \frac{10}{2 + 8} = 1 \text{ (A)} \tag{4.7}$$

この電流が内部抵抗 r_0 に流れることで発生する電圧 v_r は,以下である.

$$v_r = r_0 \cdot I_{out} = 2 \cdot 1 = 2 \text{ (V)} \tag{4.8}$$

出力電圧 V_{out} は,定電圧源の電圧 E_0 から内部抵抗の両端電圧 v_r 分低下する.そのため,出力電圧 V_{out} は,式 (4.2) を用いて以下となる.

$$V_{out} = E_0 - v_r = 10 - 2 = 8 \text{ (V)} \tag{4.9}$$

出力電圧 V_{out} は,式 (4.4) で求めることも出来る.
$$V_{out} = \frac{R}{r_0 + R} E_0$$

【例題 4.2】等価電圧源 2

図 4.4 に示す定電圧源 E と抵抗 R_1, R_1 で構成されている電源を等価電圧源で表せ.

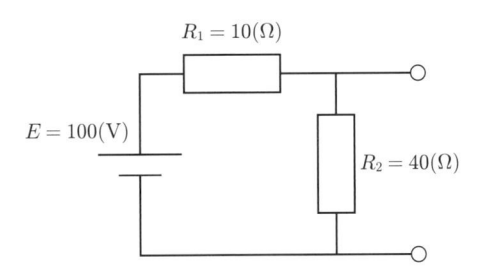

図 4.4 定電圧源 E と抵抗 R_1, R_2 で構成されている電源

【例題解答】

(a) 等価電圧源の定電圧源 E_0 を求める

等価電圧源を構成する定電圧源 E_0 の値は,図 4.4 の電源回路の開放電圧 V_o と等しい.本電源の開放電圧 V_o は,定電圧源 E が抵抗 R_1, R_2 で分圧されることで決定される.

$$E_0 = V_o = \frac{R_2}{R_1 + R_2} E = \frac{40}{10 + 40} 100 = 80 \text{ (V)} \tag{4.10}$$

(b) 等価電圧源の内部抵抗 r_0 を求める

図 4.4 の回路を短絡した場合に流れる電流 I_s(短絡電流) は以下となる.

$$I_s = \frac{E}{R_1} = \frac{100}{10} = 10 \text{ (A)} \tag{4.11}$$

内部抵抗 r_0,定電圧源 E_0 および短絡電流 I_s は式 (4.6) の関係があることから,内部抵抗は以下となる.

$$r_0 = \frac{E_0}{I_s} = \frac{80}{10} = 8 \text{ (Ω)} \tag{4.12}$$

図 4.4 を短絡した回路は以下である.

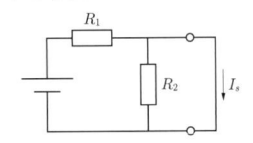

■別解 内部抵抗 r_0 は,図 4.4 の回路から定電圧源を除去した回路の合成抵抗に等しい.
定電圧源の除去とは,短絡状態にすることである.

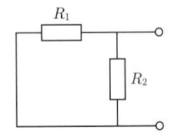

定電圧源除去後の回路は,抵抗 R_1 と R_2 は並列接続されているため,内部抵抗 r_0 は以下となる

$$r_0 = \frac{R_1 R_2}{R_1 + R_2}$$

(c) 等価電圧源を描く

等価電圧源の回路図は，以上で求めた定電圧源 E_0 および内部抵抗 r_0 を用いて図 4.5 となる．

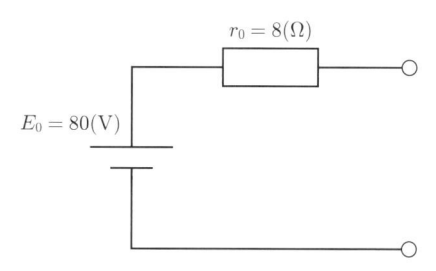

図 4.5　定電圧源 E_0 と内部抵抗 r_0 で構成されている等価電圧源

4.3　電流源（現実に存在する電源）

現実の電流源に抵抗 R を接続した回路を図 4.6(a) に示す．抵抗が $R=0$ であるとき，電流源の出力電圧は $V_{out}=0$ となる．そのときの電流源の出力電流 I_{out} を I_s とする．抵抗 R の値を増加させると，電流源の出力電圧 V_{out} は増加する．そのとき，現実の電流源は，出力電圧 V_{out} の増加とともに，出力電流 I_{out} が減少する性質がある（図 4.6(b)）．

$R=0$ の抵抗とは，電源を短絡した状態を示す．

電源の短絡状態 ($R=0$) で流れる電流 I_s は，短絡電流と呼ばれる．

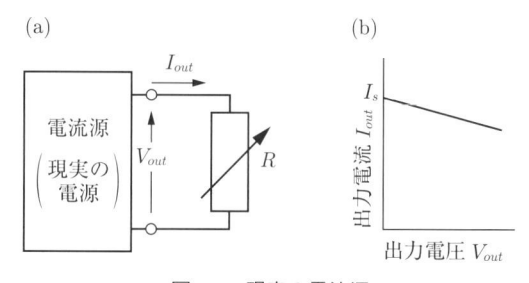

図 4.6　現実の電流源

4.4　等価電流源

等価電流源は，出力電圧が上がると出力電流は減少するという現実の電流源の特性を，図 4.7 に示すような定電流源 J_0 と内部抵抗 r_0 の並列接続で表した回路である．

図 4.7　等価電流源

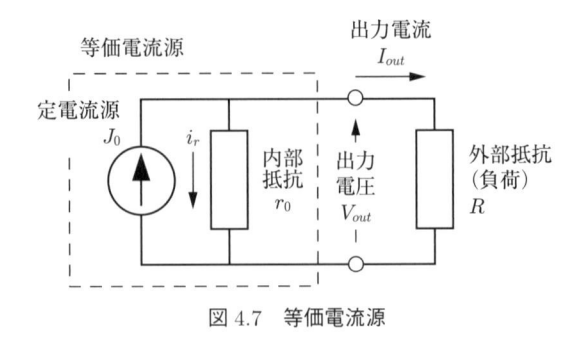

図 4.7 の回路で，それぞれの用語の意味は以下である．

等価電流源：現実の電流源の特性を電気回路を用いて表現するために，定電流源 J_0 と内部抵抗 r_0 で構成された回路．定電流源 J_0 と内部抵抗 r_0 は並列接続されている．

定電流源 J_0：出力する電圧に係わらず，電流 J_0 を出力する電流源（電気回路のみで存在する）．

内部抵抗 r_0：現実の電流源では，出力電圧 V_{out} が増加すると出力電流 I_{out} は減少する．この現象を電気回路で説明するために，現実の電源の内部に存在すると考える抵抗．

外部抵抗 R：電源から出力される電圧を決定する抵抗．電力を消費することから負荷とも呼ばれる．

(1) 等価電流源の出力電圧 V_{out} と出力電流 I_{out} との関係

図 4.7 の等価電流源の回路では，内部抵抗 r_0 と外部抵抗 R が並列に接続されているため，出力電圧 V_{out} は以下の式で求められる．

> **等価電流源の出力電圧**
> $$V_{out} = \frac{r_0 R}{r_0 + R} J_0 \tag{4.13}$$

等価電流源から出力される電圧は，内部抵抗と外部抵抗の合成抵抗 ($\frac{r_0 R}{r_0 + R}$) に電流 J_0 が流れることで決まる．

式 (4.13) は，等価電流源から出力される電圧は，外部抵抗に加え，内部抵抗によっても決定されることを示している．

出力電圧 V_{out} は内部抵抗 r_0 にも印加されるため，内部抵抗には電流 $i_r = \frac{V_{out}}{r_0}$ が流れる．その結果，出力電流 I_{out} は，定電流源 J_0 から i_r 分減少する．このことから，等価電流源の出力電圧 V_{out} と出力電流 I_{out} の関係は次の式となる．

> **等価電流源の出力電流**
> $$I_{out} = J_0 - i_r = J_0 - \frac{V_{out}}{r_0} \tag{4.14}$$

式 (4.14) は，出力電圧が増加すると，内部抵抗に流れる電流が多くなり，その結果，出力電流が減少することを示している．

外部抵抗 R と出力電流 I_{out} の関係は，出力電流の式 (4.14) に出力電圧の式 (4.13) を代入することで，求められる．

$$I_{out} = J_0 - \frac{R}{r_0 + R} J_0 \tag{4.15}$$

なお，外部抵抗 R と出力電流 I_{out} の関係は，図 4.7 の回路から，等価電流源内の定電流源 J_0 が，内部抵抗 r_0 と外部抵抗 R によって分流されているとも表現できる．その場合，出力電流 I_{out} は以下の式で求められる．

$$I_{out} = \frac{r_0}{r_0 + R} J_0 \tag{4.16}$$

出力電圧 V_{out} と出力電流 I_{out} および等価電流源内の定電流源 J_0 の関係をグラフで示すと，図 4.8 になる．

式 (4.12)～(4.15) は，外部抵抗 R を大きくすると，出力電圧 V_{out} が増加し，そのために出力電流 J_{out} が減少することを示している．また，内部抵抗 r_0 が小さい場合，出力電流 I_{out} の減少が大きいことを示している．

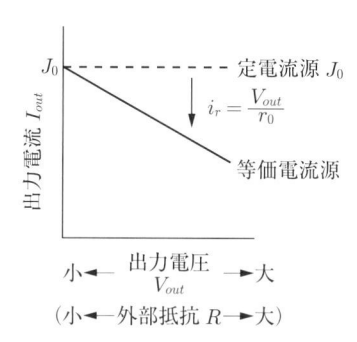

図 4.8 等価電流源の電圧，電流特性

(2) 等価電流源の開放電圧 V_o と短絡電流 I_s

図 4.7 の等価電流源では，外部抵抗が $R = 0$ の場合（短絡状態），出力電圧が $V_{out} = 0$ となり，内部抵抗 r_0 に流れる電流は発生しない（$i_r = 0$）．すなわち，短絡状態での出力電流 I_s（短絡電流）は等価電流源 J_0 の値となる．一方，外部抵抗が $R = \infty$ の場合（開放状態），出力電流は $I_{out} = 0$ となり，出力電圧（開放電圧）は $V_o = r_0 J_0$ となる．

以上のことから，短絡電流 I_s と開放電圧 V_o を用いて，等価電流源の定電流源 J_0 および内部抵抗 r_0 を求めることが出来る．

$$\text{短絡状態 (R = 0)：} \quad I_s = J_o \quad \text{（短絡電流）} \tag{4.17}$$

$$\text{開放状態 (R = \infty)：} \quad V_o = r_0 J_0 \quad \text{（開放電圧）} \tag{4.18}$$

【例題 4.3】等価電流源 1

定電流源 $J_0 = 20(A)$ と内部抵抗 $r_0 = 80(\Omega)$ の等価電流源で表せる電流源がある．この電流源に，外部抵抗 $R = 20(\Omega)$ を接続したときの出力電圧 V_{out} と出力電流 I_{out} を求めよ．

【例題解答】

外部抵抗 R を接続したときの出力電圧 V_{out} は，式 (4.13) を用いて以下で求められる．

定電流源の電流，内部抵抗と外部抵抗を流れる電流は，以下の回路となる．

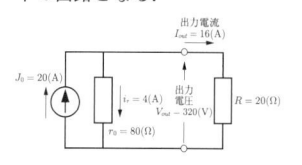

$$V_{out} = \frac{r_0 R}{r_0 + R}J_0 = \frac{80 \cdot 20}{80 + 20}20 = 320 \text{ (V)} \tag{4.19}$$

この電圧が内部抵抗 r_0 に印加されることで，内部抵抗に流れる電流 i_r は，以下である．

$$i_r = \frac{V_{out}}{r_0} = \frac{320}{80} = 4 \text{ (A)} \tag{4.20}$$

出力電流 I_{out} は，式 (4.16) で求めることも出来る
$I_{out} = \dfrac{r_0}{r_0 + R}J_0$

出力電流 I_{out} は，定電流源の電流 J_0 から内部抵抗に流れる電流 i_r 分減少する．そのため，出力電流 I_{out} は，式 (4.14) を用いて以下となる．

$$I_{out} = J_0 - i_r = 20 - 4 = 16 \text{ (A)} \tag{4.21}$$

【例題 4.4】等価電流源 2
図 4.9 に示す定電流源 J と抵抗 R_1, R_1 で構成されている電源を等価電流源で表せ．

短絡した回路は以下である．

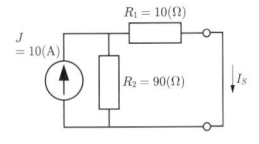

図 4.9 の回路を開放した回路は以下である．

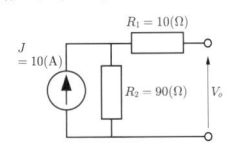

抵抗 R_1 には電流が流れないため，その両端の電圧は 0 である．そのため，開放電圧 V_o は抵抗 R_2 の両端電圧に等しい．

■別解 内部抵抗 r_0 は，図 4.9 から定電流源を除去した回路の合成抵抗に等しい．
定電流源の除去とは，開放状態にすることである．

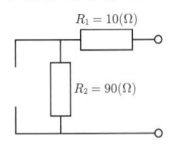

定電流源の除去後の回路は，抵抗 $R_1 = 10(\Omega)$ と $R_2 = 90(\Omega)$ が直列接続されているため，内部抵抗 r_0 は以下となる

$$r_0 = R_1 + R_2$$

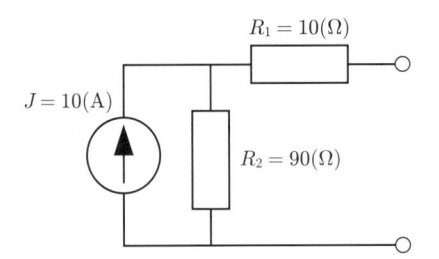

図 4.9 定電流源 J と抵抗 R_1, R_2 で構成されている電源

【例題解答】
(a) 等価電流源の定電流源 J_0 を求める

等価電流源を構成する定電流源 J_0 の値は，図 4.9 の電源回路の短絡電流 I_s に等しい．本電源の短絡電流 I_s は，定電流源 J が抵抗 R_1, R_2 で分流されることで決定される．

$$J_0 = I_s = \frac{R_2}{R_1 + R_2}J = \frac{90}{10 + 90}10 = 9 \text{ (A)} \tag{4.22}$$

(b) 等価電流源の内部抵抗 r_0 を求める

図 4.9 の回路を開放状態にした場合の出力電圧 V_o (開放電圧) は以下となる．

$$V_o = R_2 \cdot J = 90 \cdot 10 = 900 \text{ (V)} \tag{4.23}$$

内部抵抗 r_0，開放電圧 V_o および定電流源 J_0 には式 (4.18) の関係があることから，内部抵抗は以下となる．

$$r_0 = \frac{V_o}{J_0} = \frac{900}{9} = 100 \text{ (}\Omega\text{)} \tag{4.24}$$

(c) 等価電流源を描く

等価電流源の回路図は，以上で求めた定電流源 J_0 および内部抵抗 r_0 を用いて図 4.10 となる．

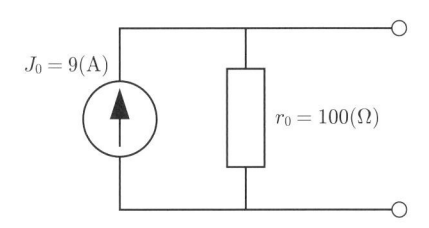

図 4.10　定電流源 J_0 と内部抵抗 r_0 で構成されている等価電流源

4.5　等価電圧源と等価電流源の変換方法

図 4.11(a) の等価電圧源を用いて表されている電源を，(b) の等価電流源に変換する．変換を行うためには，両等価回路に外部抵抗 R を接続し，それぞれの出力電圧 V_{out}，出力電流 I_{out} が共に同じ値になるように，等価電流源内の定電流源 J_0，内部抵抗 r_{i0} を決定すればよい．

それぞれの電源への外部抵抗の接続とは，電源を使うことである．

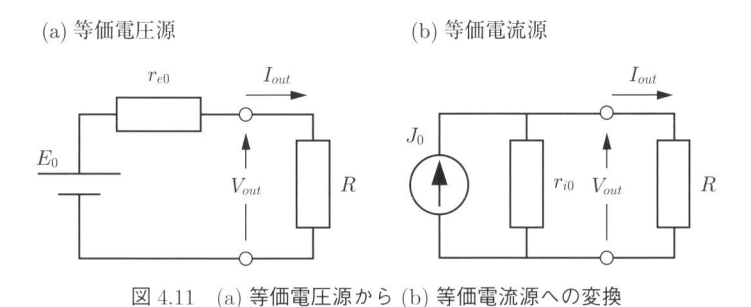

図 4.11　(a) 等価電圧源から (b) 等価電流源への変換

(1) 等価電圧源の出力電圧，電流

図 4.11(a) で，外部抵抗 R を接続した等価電圧源の出力電圧 V_{out}，出力電流 I_{out} は，それぞれ以下となる．

$$V_{out} = \frac{R}{r_{e0} + R} E_0 \tag{4.25}$$

$$I_{out} = \frac{E_0}{r_{e0} + R} \tag{4.26}$$

(2) 等価電流源の出力電圧，電流

図 4.11(b) で，外部抵抗 R を接続した等価電流源の出力電圧 V_{out}，出力電流 I_{out} は，それぞれ以下となる．

$$V_{out} = \frac{r_{i0}R}{r_{i0}+R}J_0 \tag{4.27}$$

$$I_{out} = \frac{r_{i0}}{r_{i0}+R}J_0 \tag{4.28}$$

(3) 等価電圧源と等価電流源の変換

等価電圧源と等価電流源をお互いに変換するためには，(1) と (2) で求めた出力電圧 V_{out}，出力電流 I_{out} を，それぞれ等しくすれば良い．このことから，以下の変換式が求められる．

式 (4.29) は，電気的特性が同じである等価電圧源と等価電流源では，それぞれの内部抵抗が等しい（$r_{e0} = r_{i0}$）ことを示している．

内部抵抗の変換

$$r_{e0} = r_{i0} \tag{4.29}$$

定電圧源と定電流源の変換

$$E_0 = r_{i0}J_0 \quad \text{または} \quad J_0 = \frac{E_0}{r_{e0}} \tag{4.30}$$

【例題 4.5】等価電圧源と等価電流源の変換

図 4.12(a) に示す等価電圧源を (b) の等価電流源に変換するために，等価電流源を構成する定電流源 J_0 および内部抵抗 r_{i0} を求めよ．

(a) 等価電圧源（変換前）　　　(b) 等価電流源（変換後）

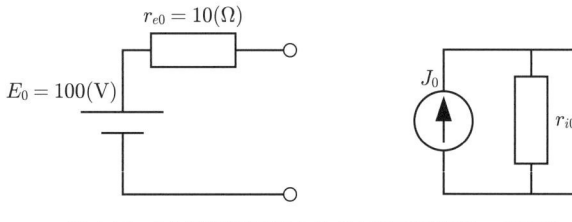

図 4.12　(a) 等価電圧源から (b) 等価電流源への変換

【例題解答】

(a) 内部抵抗を変換する

(b) 等価電流源の内部抵抗 r_{i0} は，式 (4.29) から (a) 等価電圧源の内部抵抗 r_{e0} と等しいため，以下となる．

$$r_{i0} = r_{e0} = 10 \ (\Omega) \tag{4.31}$$

(b) 定電圧源を定電流源に変換する

(b) 等価電流源の定電流源 J_0 は，(a) 等価電圧源の定電圧源 E_0 と内部抵抗 r_{e0} から，式 (4.30) を用いて以下で求められる．

$$J_0 = \frac{E_0}{r_{e0}} = \frac{100}{10} = 10 \text{ (A)} \tag{4.32}$$

4.6 等価電圧源の最大電力供給の条件

図 4.13 の等価電圧源に外部抵抗 R を接続し，外部抵抗で消費される電力が最大となる条件を求める．

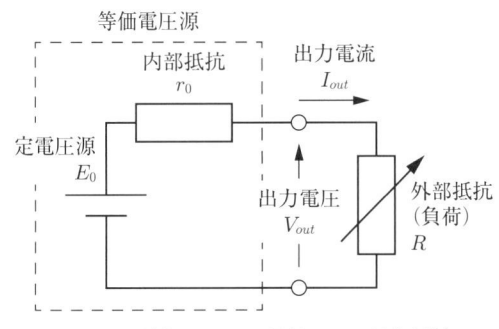

図 4.13 等価電圧源に接続された外部抵抗

> 外部抵抗で消費される電力が最大とは，電源から外部抵抗に最大の電力を供給していることになる（最大電力供給）．
>
> 以下の回路記号は，可変抵抗器を表している．可変抵抗器は，抵抗値を変化させることが出来る回路素子である．

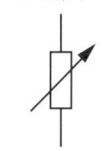

外部抵抗 R を変化させたときに，抵抗で消費される電力 P_R は，等価電圧源の出力電圧 V_{out} および出力電流 I_{out} の積となる．

$$\begin{aligned}P_R = V_{out} \cdot I_{out} &= \frac{R}{r_0+R} E_0 \cdot \frac{E_0}{r_0+R} \\ &= \frac{R}{(r_0+R)^2} E_0{}^2\end{aligned} \tag{4.33}$$

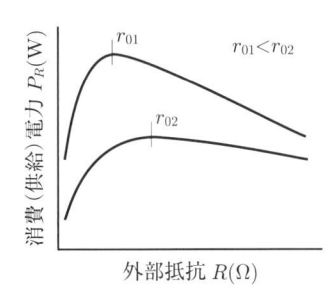

図 4.14 外部抵抗 R で消費される電力．等価電圧源の内部抵抗が r_{01} と r_{02} の場合を表示（$r_{01} < r_{02}$）

外部抵抗 R を変化させた場合に，外部抵抗で消費される電力 P_R のグラフは，式 (4.33) から図 4.14 となる．このグラフから，消費電力が最大となる外部抵抗の値が存在することが分かる．その値は，消費電力 P_R を外部抵抗 R で微分し，その値を 0 にすることで求められる．

> 外部抵抗が低い場合には出力電圧が低いため，消費電力が低くなる．一方，外部抵抗が高いと出力電流が低くなり，消費電力が低くなる．
>
> 図 4.14 は上に凸のグラフであるため，$\dfrac{dP_R}{dR} = 0$ は電力が最大となる条件を求めている．

式 (4.34) が 0 となるためには，$r_0 - R = 0$ であればよい．

交流電源では，電源の内部複素インピーダンスと外部複素インピーダンス（負荷）が共役の関係であるとき消費電力が最大となる（8.7 交流電源の最大電力供給条件を参照）．

$$\frac{dP_R}{dR} = \frac{d}{dR}\frac{R}{(r_0+R)^2}E_0{}^2$$
$$= \frac{r_0-R}{(r_0+R)^3}E_0{}^2 = 0 \tag{4.34}$$

式 (4.34) から，消費電力（電源からの供給電力）が最大となるのは，外部負荷 R が内部抵抗 r_0 と等しい場合である．

最大電力供給の条件

$$R = r_0 \tag{4.35}$$

その時の消費電力 P_R は，式 (4.33) に $R = r_0$ を代入することで，以下となる．

$$P_R = \frac{E_0{}^2}{4r_0} \qquad \text{ただし } R = r_0 \tag{4.36}$$

この式は，電源の内部抵抗 r_0 が低いほど，外部抵抗 R で消費できる電力（電源からの供給電力）が大きくなることを示している．

【例題 4.6】**等価電圧源の最大電力供給**

図 4.15 に示す等価電圧源で外部抵抗 R を変化させたとき，外部抵抗で消費される電力 P_R の最大値を求めよ．また，内部抵抗で消費される電力 P_{r0} も求めよ．

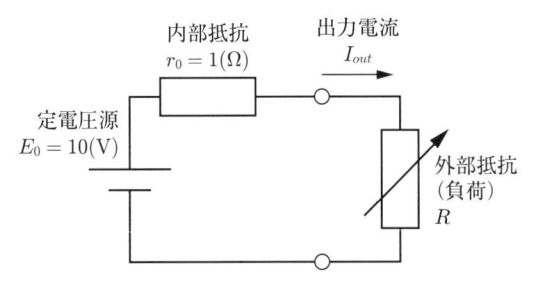

図 4.15 外部抵抗を接続した等価電圧源

【例題解答】

(a) **外部抵抗で消費される電力**

外部抵抗 R で消費される電力が最大となる条件は，式 (4.35) から $R = r_0 = 1(\Omega)$ である．このとき外部抵抗 R で消費される電力 P_R は，式 (4.36) を用いて以下となる．

$$P_R = \frac{E_0{}^2}{4r_0} = \frac{10^2}{4\cdot 1} = 25 \text{ (W)} \tag{4.37}$$

(b) **内部抵抗で消費される電力**

外部抵抗が $R = 1(\Omega)$ であるとき，回路に流れる出力電流 I_{out} は以下

となる．

$$I_{out} = \frac{E_0}{r_0 + R} = \frac{10}{1+1} = 5 \ (\text{A}) \tag{4.38}$$

出力電流 I_{out} が内部抵抗 r_0 に流れることで電力 P_{r_0} が消費される．その電力は以下となる．

$$P_{r_0} = r_0 \cdot I_{out}^2 = 1 \cdot 5^2 = 25 \ (\text{W}) \tag{4.39}$$

この結果は，供給電力が最大であるとき $(R = r_0)$，内部抵抗では外部抵抗と同じ値の電力が消費されることを示している．

内部抵抗で消費される電力 P_{r0} は，以下の式で求められる．なお，v_r は，内部抵抗の両端電圧 $r_0 \cdot I_{out}$ である．

$$\begin{aligned}P_{r0} &= v_r \cdot I_{out}\\&= r_0 \cdot I_{out}^2\end{aligned}$$

演習問題

【演習 4.1】
演習図 4.1 の回路で，端子 ab 間から見た電圧 V_{ab} を等価電圧源の定電圧源 E_0 と内部抵抗 r_0 で表せ．

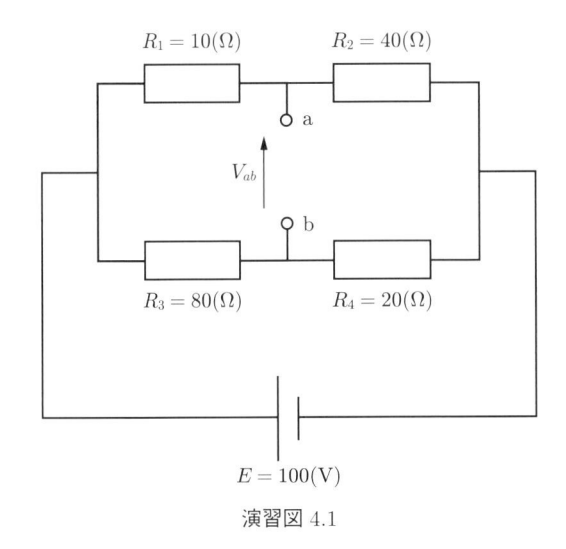

演習図 4.1

【演習解答】
回路中の定電圧源 E のマイナス極を基準にして，端子 ab 間が開放状態での端子 a および b の電圧は，それぞれ $V_a = 80(\text{V}), V_b = 20(\text{V})$ である．変換する等価電圧源の定電圧源 E_0 は，端子 ab 間の開放電圧に等しいため，以下となる．

$$E_0 = V_a - V_b = 60 \ (\text{V})$$

回路中の定電圧源 E を取り除いた回路は，以下の回路に等しい．この

$$V_a = \frac{R_2}{R_1 + R_2} E$$
$$V_b = \frac{R_4}{R_3 + R_4} E$$

ことから，等価電圧源の内部抵抗 r_0 は次の式で求められる．

$$r_0 = \frac{R_1 R_2}{R_1 + R_2} + \frac{R_3 R_4}{R_3 + R_4} = 24 (\Omega)$$

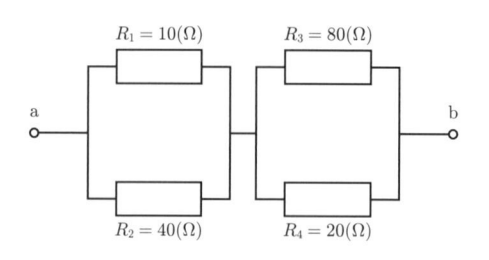

端子 ab から見た内部抵抗

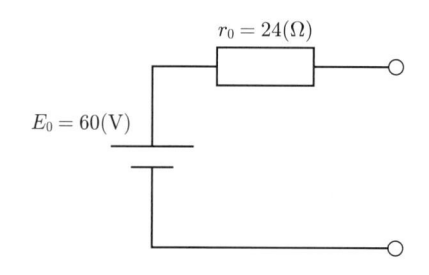

変換後の等価電圧源

【演習 4.2】
演習図 4.2 の回路を等価電流源の回路に変換し，その電流源 J_0 および内部抵抗 r_0 を求めよ．

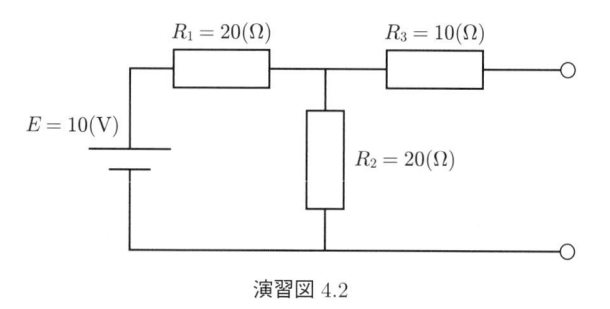

演習図 4.2

■別解 内部抵抗 r_0 は，以下の方法で求めることも出来る．
演習図 4.2 の回路の開放電圧 V_o は，以下となる．
$$V_o = \frac{R_2}{R_1 + R_2} E = 5 (\mathrm{V})$$
内部抵抗定 r_0 は，開放電圧 V_o および定電流源 J_0 から以下となる．
$$r_0 = \frac{V_o}{J_0} = 20 (\Omega)$$

【演習解答】
変換する等価電流源の定電流源 J_0 は，演習図 4.2 の出力端子を短絡させ，そのときに流れる電流から求める．また，内部抵抗 r_0 は，定電圧源 E を取り除いた回路の合成抵抗となる．

$$J_0 = \frac{R_2}{R_2 + R_3} \frac{E}{R_1 + \frac{R_2 \cdot R_3}{R_2 + R_3}} = 0.25 \text{ (A)}$$

$$r_0 = \frac{R_1 \cdot R_2}{R_1 + R_2} + R_3 = 20 \text{ }(\Omega)$$

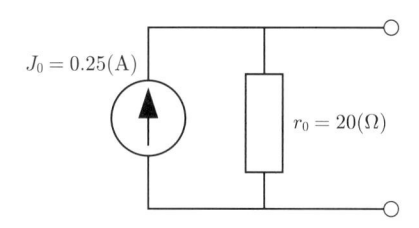

変換後の等価電流源

【演習 4.3】

演習図 4.3 に示すように，定電圧源 E_0 および内部抵抗 r_0 で表現される電圧源を n 個直列に接続したときに得られる最大電力供給を求めよ．

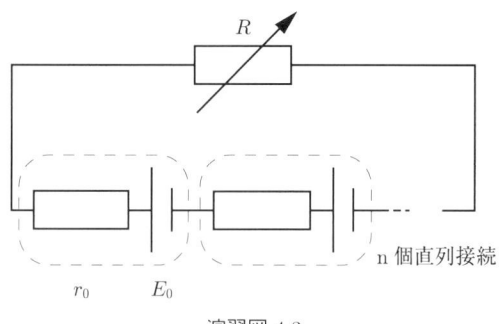

演習図 4.3

【演習解答】

n 個の電圧源を直列接続した場合，定電圧源の値は nE_0 に増加する．さらに，内部抵抗の値も nr_0 に増加する．n 個を直列接続した電圧源に負荷 $R = nr_0$ を接続した場合，負荷に供給される電力は最大となる．その電力 P_R は以下である．

$$P_R = \frac{(nE_0)^2}{4(nr_0)} = n\frac{E_0{}^2}{4r_0}$$

この式は，定電圧源を n 個直列接続すると供給電力が n 倍に増えることを示している．

抵抗 R に電圧 E を印加した場合に消費される電力 P は，電圧の 2 乗に比例する．

$$P = \frac{E^2}{R}$$

一方，本演習での電圧源の直列接続では，電圧とともに内部抵抗も増加するため，消費電力は電圧の 1 乗に比例する．

第5章

正弦波交流回路

本章では，家庭のコンセントなどから得られる交流電圧および交流電流について学ぶ．交流回路においても，これまでに直流回路で学んだ閉路方程式など諸定理が成り立つ．その一方，交流回路では，電圧，電流の大きさにくわえ，それらの位相についても解析し，理解する必要がある．また，電流の流れづらさを決定する抵抗が，交流回路ではインピーダンスなどに変わるため，注意が必要である．

5.1 直流と正弦波交流

電圧や電流が時間ととも変化せず，一定な場合 (図 5.1(a))，それは直流と呼ばれる．一方，電圧が時間 t(秒) の経過とともに周期的に変化する場合は交流と呼ばれる．特に，電圧および電流が正弦波（サイン波）に従って変化する場合 (図 5.1(b)) には正弦波交流と呼ばれる．

乾電池は，直流の電圧を出力する．家庭などにあるコンセントからは，正弦波電圧が出力される．

(a) 直流電圧 V

(b) 正弦波交流電圧 $v(t) = V_m \sin \omega t$

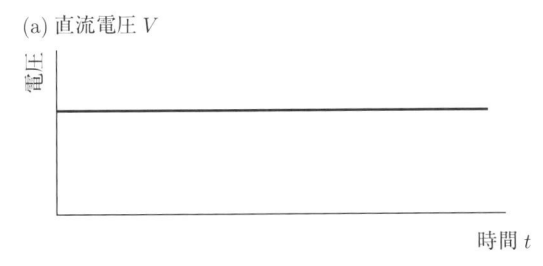

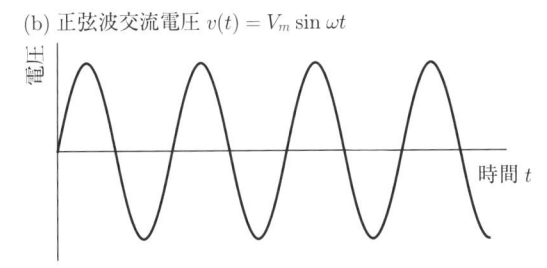

図 5.1　(a) 直流電圧，(b) 正弦波交流電圧

5.2 正弦波交流の時間 t に対する電圧 $v(t)$ の変化

時間 t での正弦波交流電圧 $v(t)$ は，以下の式で表すことが出来る．

正弦波交流電圧の式

$$v(t) = V_m \sin \omega t \qquad ただし，\omega = 2 \cdot \pi \cdot f \qquad (5.1)$$

時間 t による電圧 $v(t)$ の変化を図 5.2 に示す．式 (5.1) で求められる $v(t)$ は，時間が t(秒) である瞬間の電圧を示していることから，瞬時値と呼ばれる．V_m は，瞬時値 $v(t)$ の最大値を決定することから，最大値（振幅）と呼ばれる．

> 瞬時値を表す代数記号は，一般的に小文字を用いる．また，瞬時値は時間とともに変化する（時間の関数）ため，$v(t), i(t)$ のように記述することが多い．

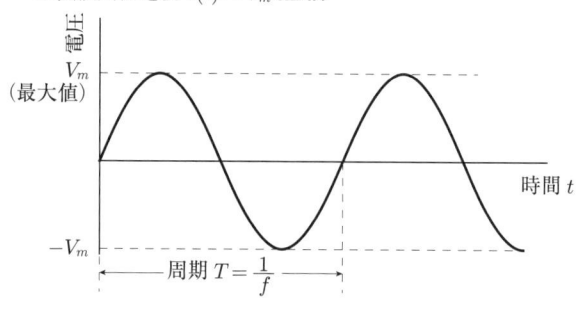

図 5.2 正弦波交流の時間に対する電圧の変化

交流電圧は，同じ変化の繰り返しである．その一回分の変化を 1 周期と呼び，それに要する時間を周期 T(秒) と呼ぶ．1 秒間に 1 周期分の変化が起こる回数は周波数 f と呼ばれ，その単位はヘルツ (Hz) である．周波数 f が高いと，電圧の変化が周期的に早く起こる．周期 T と周波数 f には，以下の関係がある．

> 東日本のコンセント（商用電源）の周波数は $f = 50$(Hz) である．また，その周期は $T = \dfrac{1}{50} = 0.02$(秒) である．

周期と周波数の関係

$$T = \frac{1}{f} \qquad (5.2)$$

正弦波交流電圧の瞬時値 $v(t)$ を表す式 (1) で用いられている ω は，角周波数と呼ばれ，単位はラジアン毎秒 (rad/s) である．角周波数 ω は，電圧を求めたい時間 t(秒) を，正弦波関数で使用するために角度へ変換する働きがある．

> 角周波数 ω で用いられる角度は弧度法（ラジアン）を用いて表される．角度 360° は弧度法で $2 \cdot \pi$(rad) である．

【例題 5.1】正弦波交流 1

以下の正弦波交流電圧の波形を，横軸を時間 t(秒)，縦軸を電圧 $v(t)$(V) として描け．

(a) $v_1(t) = 100\sin(2\pi \cdot 50t)$
(b) $v_2(t) = 50\sin(2\pi \cdot 50t)$
(c) $v_3(t) = 100\sin(2\pi \cdot 100t)$

【例題解答】

(a) 正弦波交流電圧 $v_1(t)$ は最大値が $V_m = 100$(V) である．周波数は $f = 50$(Hz) であるので，周期は $T = \dfrac{1}{f} = \dfrac{1}{50} = 0.02$(秒) である．

(b) 正弦波交流電圧 $v_2(t)$ は，(a) と周期が同じであるが，最大値が $V_m = 50$(V) と小さい．

(c) 正弦波交流電圧 $v_3(t)$ は，(a) と最大値が同じであるが，周期が $T = \dfrac{1}{f} = \dfrac{1}{100} = 0.01$(秒) と短い．

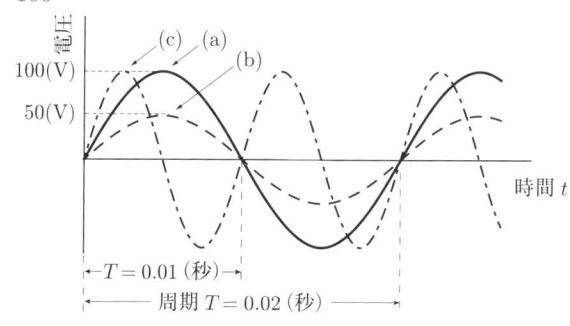

図 5.3　正弦波交流電圧 (a),(b),(c) の時間に対する電圧の変化

5.3　正弦波交流の時間と位相の変化

正弦波交流は，時間とともに電圧，電流が変化する．しかし，その変化は 1 周期分の繰り返しである．そのため，交流では，時間 t(秒) の代わりに，位相 θ(° または rad) の変化として電圧および電流を表現する．ここで位相とは，正弦波交流 $v(t) = V_m \sin\omega t$ の角度 ωt である．

図 5.4 で，位相が 0° と 360° では，電圧 $v(t)$ の値が等しい．このことから，正弦波交流の解析では，位相が 0° から 360° までの範囲を考えれば良い．

正弦波交流電圧 $v(t) = V_m \sin \omega t$

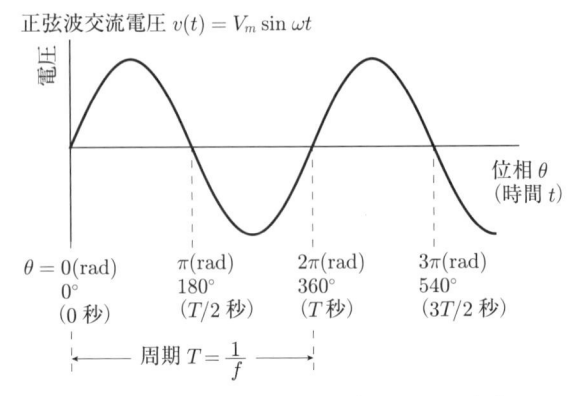

図 5.4　正弦波交流の位相に対する電圧の変化

5.4　正弦波交流の初期位相

交流は，時間 $t = 0$(秒) の時に電圧が発生している場合がある．その例を，図 5.5 に，以下の 2 つの式の正弦波交流を用いて示す．

$$v_1(t) = V_m \sin(\omega t + \theta_{ini})$$

$$v_2(t) = V_m \sin \omega t$$

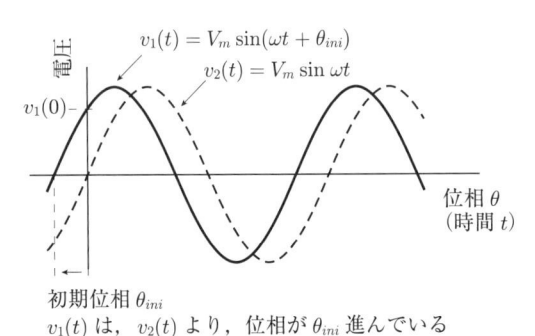

初期位相 θ_{ini}
$v_1(t)$ は，$v_2(t)$ より，位相が θ_{ini} 進んでいる

図 5.5　正弦波交流の位相に対する電圧の変化

$v_1(t)$ の正弦 (sin) の角度には，ωt に θ_{ini} が加えられている．この θ_{ini} は初期位相と呼ばれる．初期位相 θ_{ini} が存在すると，時間 $t = 0$ のときに発生する電圧 $v_2(0) = V_m \sin(\omega \cdot 0 + \theta_{ini})$ を表現することが出来る．

$v_1(t)$ の電圧変化は，初期位相が $\theta_{ini} = 0$ である $v_2(t)$ より，時間的に先に起こっている．このことを位相を用いて表現すると，$v_1(t)$ は，$v_2(t)$ より，位相が θ_{ini} 進んでいるという．

位相は，θ_{ini} が正（プラス）の場合は進んでいる，負（マイナス）の時は遅れていると表現する．

【例題 5.2】正弦波交流 2

以下の正弦波交流電圧の波形を，横軸を時間 t (秒)，縦軸を電圧 $v(t)$(V) として描け．

(a) $v_1(t) = 100\sin(2\pi \cdot 50t)$

(b) $v_2(t) = 100\sin\left(2\pi \cdot 50t - \dfrac{\pi}{3}\right)$

(c) $v_3(t) = 100\sin\left(2\pi \cdot 50t + \dfrac{\pi}{6}\right)$

弧度法での $\theta_{rad} = \dfrac{\pi}{3}$ (rad) は，度数法で $\theta = 60°$ である．

$$\theta = \dfrac{360}{2\pi}\theta_{rad}$$
$$= \dfrac{360}{2\pi}\dfrac{\pi}{3}$$
$$= 60°$$

同様に，$\dfrac{\pi}{6}$ (rad) $= 30°$ である．

【例題解答】

(a) 正弦波交流電圧 $v_1(t)$ は，初期位相が $\theta_{ini} = 0°$ であるので，時間 $t = 0$(秒) の時の電圧は $v_1(0) = 0$(V) である．

(b) 正弦波交流電圧 $v_2(t)$ は，(a) と最大値，周期が同じであるが，初期位相が $\theta_{ini} = -\dfrac{\pi}{3}$(rad) $= -60°$ である．初期位相が負（マイナス）であるため，$v_2(t)$ は，(a) より，位相が $\dfrac{\pi}{3}$(rad) $= 60°$ 遅れている．

(c) 正弦波交流電圧 $v_3(t)$ は，初期位相が $\theta_{ini} = \dfrac{\pi}{6}$(rad) $= 30°$ である．このことから，$v_3(t)$ は，(a) より，位相が $\dfrac{\pi}{6}$(rad) $= 30°$ 進んでいる．

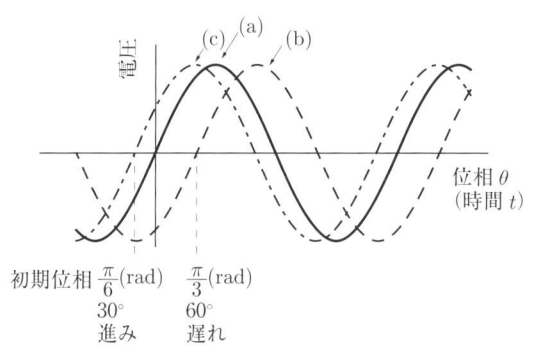

図 5.6 正弦波交流電圧 (a),(b),(c) の位相に対する電圧の変化

5.5 正弦波交流の実効値と平均値

交流はその大きさが常に時間とともに変化しており，最大値 V_m である時間は一瞬である．そのため，交流では，その大きさを表す値として最大値の他に，(1) 実効値と (2) 平均値が用いられる．

交流の電圧および電流は，実効値で表すことが多い．コンセント（商用電源）の電圧 100 V は実効値である．

第5章 正弦波交流回路

(1) 実効値とその計算方法

実効値 V_{rms} は，交流が時間平均でどの程度の仕事（電力）を行うかを計算した値である．すなわち，交流電圧の実効値 V_{rms} は，同じ値の直流電圧と同等の仕事が可能である．実効値の計算は2乗平均の平方根である．

実効値 V_{rms} は，正弦波交流 $v(t) = V_m \sin \omega t$ の場合，以下の式で求められる．

> 実効値
> $$V_{rms} = \sqrt{\frac{1}{T} \int_0^T V_m^2 \sin^2 \omega t dt} = \frac{V_m}{\sqrt{2}} \qquad (5.3)$$

実効値が，2乗した電圧，電流の平均を求める理由は，電力 P が電圧および電流の2乗に比例するためである．

$$P = V \cdot I$$
$$= \frac{V^2}{R} = RI^2$$

rms は，root mean square の略である．

(2) 平均値とその計算法

平均値 V_{av} は，交流を時間的に平均した値である．

平均値 V_{av} は，正弦波交流 $v(t) = V_m \sin \omega t$ の場合，以下の式で求められる．

> 平均値
> $$V_{av} = \frac{1}{T/2} \int_0^{T/2} V_m \sin \omega t dt = \frac{2V_m}{\pi} \qquad (5.4)$$

アナログの針式電圧計，電流計は，平均値に応じて針が振れる．ただし，一般の電圧計，電流計は，正弦波の実効値として表示されるように目盛りが描かれている．

av は，average value の略である．

【例題 5.3】正弦波交流 3

商用電源（コンセント）の電圧の実効値は $V_{rms} = 100(\text{V})$ である．また，東日本ではその周波数が $f = 50(\text{Hz})$ である．この電源の電圧を瞬時値 $(v(t) = V_m \sin \omega t)$ で表せ．

【例題解答】

電圧の最大値 V_m は，実効値 $V_{rms} = 100(\text{V})$ から，式 (5.3) を用いて変換できる．

$$V_m = \sqrt{2} V_{rms} = \sqrt{2} \cdot 100 = 141 \ (\text{V}) \qquad (5.5)$$

電圧の瞬時値 $v(t)$ は，この最大値 V_m と周波数 f を用いて，以下となる．

$$v(t) = V_m \sin \omega t = V_m \sin 2\pi \cdot f \cdot t$$
$$= 141 \sin(2\pi \cdot 50 t) \qquad (5.6)$$

角周波数 ω と周波数 f の関係は以下である．

$$\omega = 2\pi \cdot f$$

5.6 交流の電源と各種回路素子

交流回路を構成する場合には，交流を出力する (1) 電圧源が必要である．また，抵抗に加えて，(2) コイル，(3) コンデンサなどの回路素子も用いられる．以下に，それぞれの回路記号およびその性質について説明する．

(1) 交流電圧源

交流回路で用いる電圧源は，一般的に正弦波電圧 ($e(t) = E_m \sin \omega t$) を発生する．その回路記号は図5.7である．交流電圧源では，電圧値 $e(t)$(V) に加え，周波数 f(Hz) も重要である．なお，図5.7の記号は，交流の電流源の回路記号としても用いられる．

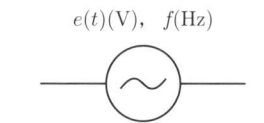

図 5.7 交流電圧源の回路記号

(2) コイル

コイルは，導線をらせん状に巻いた回路素子である．コイルに電流を流すと磁力が発生する．また，コイルは電気を磁力に変換することで，エネルギーを蓄えることが出来る．コイルの回路記号は図5.8である．

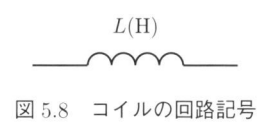

図 5.8 コイルの回路記号

コイルは，コイルに流れる電流 $i(t)$ の値が変化した場合に，その両端に電圧 $v_L(t)$ を発生する性質を持つ．この性質は，電磁誘導と呼ばれ，以下の式に従う．

コイル両端に発生する電圧

$$v_L(t) = L \frac{di(t)}{dt} \tag{5.7}$$

この式で $\frac{di(t)}{dt}$ は，電流 $i(t)$ の時間的な変化量を示している．L は，コイルのインダクタンスと呼ばれ，単位はヘンリー (H) である．インダクタンス L は，電流の時間的変化によってコイル両端に発生する電圧を決定する値である．

コイルは，インダクタとも呼ばれる．

コイルを (a) 直列および (b) 並列に接続した場合の合成インダクタンス L は，以下の式で求められる．

(a) 直列接続

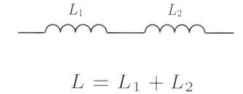

$$L = L_1 + L_2$$

(b) 並列接続

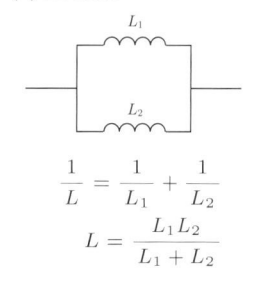

$$\frac{1}{L} = \frac{1}{L_1} + \frac{1}{L_2}$$

$$L = \frac{L_1 L_2}{L_1 + L_2}$$

コイルが他のコイルの磁気的影響を受けないとき，そのときのインダクタンスは，自己インダクタンスと呼ばれる．詳細は，9.1 を参照

(3) コンデンサ

コンデンサは電気を貯める素子である．コンデンサの回路記号は，図5.9である．

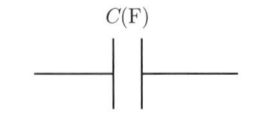

図 5.9　コンデンサの回路記号

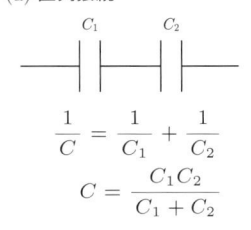

> コンデンサは，キャパシタとも呼ばれる．

> コンデンサを (a) 直列および (b) 並列に接続した場合の合成容量 C は，以下の式で求められる．
> (a) 直列接続
> $$\frac{1}{C} = \frac{1}{C_1} + \frac{1}{C_2}$$
> $$C = \frac{C_1 C_2}{C_1 + C_2}$$
> (b) 並列接続 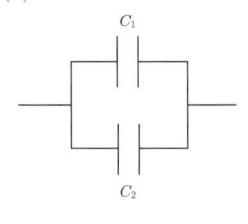
> $$C = C_1 + C_2$$

コンデンサに電流 $i(t)$ が流れ，そこに電気が貯まると，コンデンサの両端には電圧 $v_C(t)$ が発生する．そのときの電圧と電流の関係は以下である．

コンデンサ両端に発生する電圧
$$v_C(t) = \frac{1}{C} \int i(t) dt \qquad (5.8)$$

この式で，$\int i(t)dt$ は，コンデンサに流れる電流 $i(t)$ を時間 t で積分しており，その結果はコンデンサに貯まった電気の量（電荷 Q）を表している．

C はコンデンサの静電容量と呼ばれ，コンデンサが電気を貯める能力を示している．その単位はファラド (F) である．

> 式 (5.8) は，静電容量 C が大きいと多くの電気を貯められるが，電気が貯まり，電圧が上がるのに時間が掛かることを示している．

> コンデンサ C に貯まっている電荷 Q と電圧 V の関係は，以下で示される．
> **電圧と電荷の関係**
> $$Q = CV$$

【例題 5.4】合成インダクタンス

図 5.10 に示すコイルの (a) 直列接続および (b) 並列接続回路の合成インダクタンス L を求めよ．

(a) 直列接続　　$L_1 = 2\,(\mathrm{H})$　$L_2 = 3\,(\mathrm{H})$

(b) 並列接続　　$L_1 = 2\,(\mathrm{H})$，$L_2 = 3\,(\mathrm{H})$

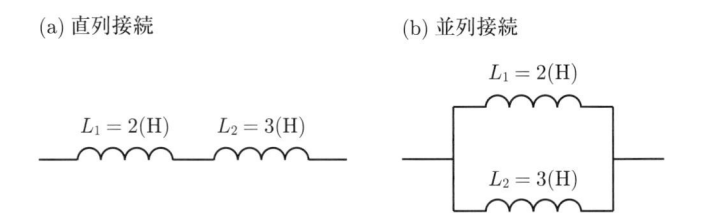

図 5.10　コイルの (a) 直列接続および (b) 並列接続

【例題解答】

コイルが (a) 直列接続および (b) 並列接続されている場合，それぞれの合成インダクタンス L は，以下の式で求められる．

(a) コイルの直列接続
$$L = L_1 + L_2 = 2 + 3 = 5\ (\mathrm{H}) \qquad (5.9)$$

> コイルの合成インダクタンスは，直列接続が増加し，並列接続が減少する．

(b) コイルの並列接続
$$L = \frac{L_1 \cdot L_2}{L_1 + L_2} = \frac{2 \cdot 3}{2+3} = 1.2 \text{ (H)} \tag{5.10}$$

【例題 5.5】合成容量

図 5.11 に示すコンデンサの (a) 直列接続および (b) 並列接続回路の合成容量 C を求めよ．

(a) 直列接続

(b) 並列接続

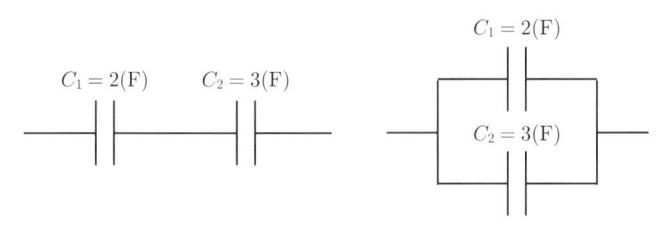

図 5.11　コンデンサの (a) 直列接続および (b) 並列接続

【例題解答】

コンデンサが (a) 直列接続および (b) 並列接続されている場合，それぞれの合成容量 C は，以下の式で求められる．

> コンデンサの合成容量は，直列接続が減少し，並列接続が増加する．

(a) コンデンサの直列接続
$$C = \frac{C_1 \cdot C_2}{C_1 + C_2} = \frac{2 \cdot 3}{2+3} = 1.2 \text{ (F)} \tag{5.11}$$

(b) コンデンサの並列接続
$$C = C_1 + C_2 = 2 + 3 = 5 \text{ (F)} \tag{5.12}$$

【例題 5.6】コンデンサの電荷と電圧

図 5.12 に示すコンデンサの (a) 直列接続および (b) 並列接続回路の両端に直流電圧 $E = 10 \text{(V)}$ を印加した場合に，回路全体で蓄える電荷 Q を求めよ．

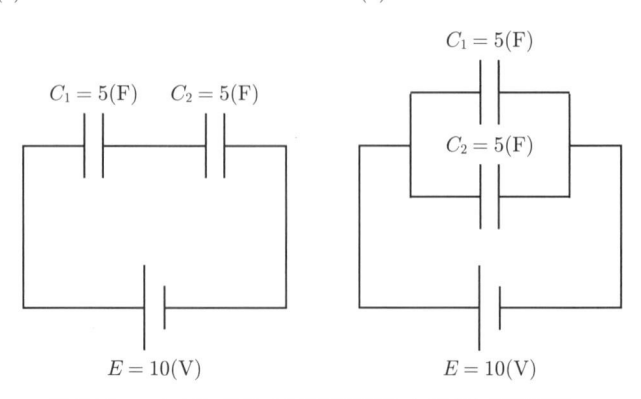

(a) 直列接続 (b) 並列接続

図 5.12 コンデンサの (a) 直列接続および (b) 並列接続

【例題解答】

(a) コンデンサの直列接続

直列接続の合成容量は，以下である．

$$C = \frac{C_1 \cdot C_2}{C_1 + C_2} = \frac{5 \cdot 5}{5 + 5} = 2.5 \text{ (F)} \tag{5.13}$$

この合成容量を持つコンデンサ回路に電圧 E を印加すると，蓄えられる電荷 Q は以下である．

$$Q = CE = 2.5 \cdot 10 = 25 \text{ (C)} \tag{5.14}$$

(b) コンデンサの並列接続

並列接続の合成容量は，以下である．

$$C = C_1 + C_2 = 5 + 5 = 10 \text{ (F)} \tag{5.15}$$

この合成容量を持つコンデンサ回路に電圧 E を印加すると，蓄えられる電荷 Q は以下である．

$$Q = CE = 10 \cdot 10 = 100 \text{ (C)} \tag{5.16}$$

> 本計算は，コンデンサに電圧を印加し，十分に時間が経過した後の電荷を求めている．電圧印加直後の電荷などは，過渡現象解析法を用いて計算する．
>
> 直列接続では，両コンデンサに同じ電荷 (25(C)) が蓄積される．
>
> コンデンサの並列接続は，直列接続に比べ，静電容量が大きいため，印加電圧が同じ場合でもより多くの電荷を蓄える．
>
> 並列接続では，両コンデンサの電圧が等しいため，電荷はそれぞれに分配されて蓄積される．

5.7 単一の回路素子に交流電圧を印加した場合に流れる電流

(1) 抵抗 R, (2) コイル L, (3) コンデンサ C の回路素子に正弦波交流電圧 $(e(t) = E_m \sin \omega t)$ を印加した場合に流れる電流 $i(t)$ を求める．

(1) 抵抗に流れる交流電流 $i_R(t)$

抵抗 R に交流電圧 $e(t) = E_m \sin \omega t$ を印加した場合に流れる電流 $i_R(t)$

> 印加交流電圧と電流の関係を調べることで，各回路素子の交流に対する性質を明らかにする．

を求める.

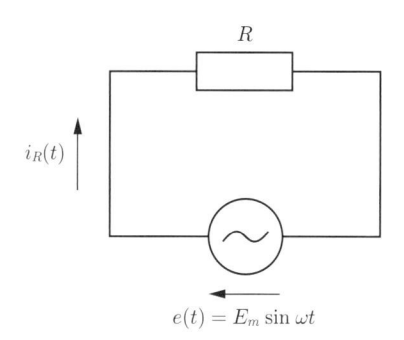

図 5.13 抵抗に交流電圧源を接続した回路

交流においても，電圧と電流にはオームの法則が成り立つ．そのため，抵抗に流れる電流 $i_R(t)$ は以下の式で求めることが出来る．

$$i_R(t) = \frac{e(t)}{R} = \frac{E_m}{R} \sin \omega t \tag{5.17}$$

オームの法則
$$I = \frac{E}{R}$$

抵抗に印加した電圧 $e(t)$ と流れる電流 $i_R(t)$ の関係を図 5.14 に示す．抵抗に流れる電流 $i_R(t)$ の最大値は $I_m = \dfrac{E_m}{R}$ である．また，電流 $i_R(t)$ の位相は電圧 $e(t)$ と同じである．

位相が同じであることを，同位相という．

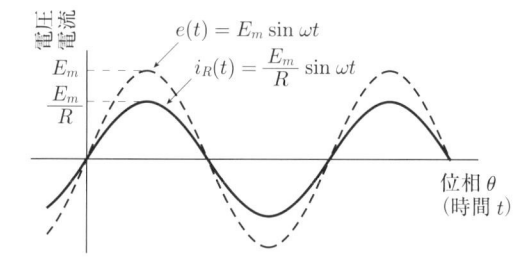

図 5.14 抵抗に印加した電圧 $e(t)$ と流れる電流 $i_R(t)$ の波形

【例題 5.7】抵抗に流れる交流電流

図 5.13 の回路で，交流電圧源の最大値が $E_m = 141 \text{(V)}$，周波数が $f = 50 \text{(Hz)}$ であり，抵抗が $R = 100 \text{(Ω)}$ であるとき，抵抗に流れる電流の瞬時値 $i_R(t)$ を求めよ．

【例題解答】

交流電圧源の瞬時値 $e(t)$ は以下となる．

$$e(t) = E_m \sin \omega t = 141 \sin \omega t \quad \text{(V)} \tag{5.18}$$

抵抗に流れる電流の瞬時値 $i_R(t)$ は，式 (5.17) から以下となる．

$$\begin{aligned} i_R(t) &= \frac{E_m}{R} \sin \omega t = \frac{141}{100} \sin \omega t \\ &= 1.41 \sin \omega t \quad \text{(A)} \end{aligned} \tag{5.19}$$

なお，$\omega = 2 \cdot \pi \cdot f = 314 (\mathrm{rad/s})$ である．

(2) コイルに流れる交流電流 $i_L(t)$

コイル L に交流電圧 $e(t) = E_m \sin \omega t$ を印加した場合に流れる電流 $i_L(t)$ を求める．

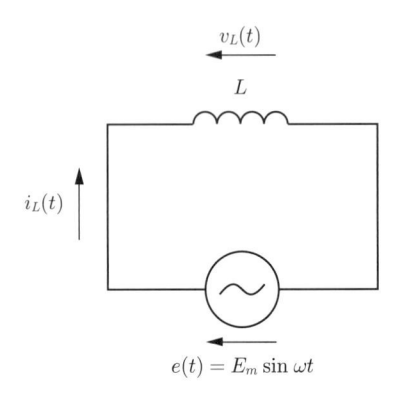

図 5.15 コイルに交流電圧源を接続した回路

コイルの電磁誘導の式
$$v_L(t) = L \frac{di(t)}{dt}$$

三角関数の計算には，以下の公式を用いる．
$$-\cos \theta = \sin \left(\theta - \frac{\pi}{2} \right)$$

弧度法の $\frac{\pi}{2}$ (rad) は，度数法の 90° である．
$$\frac{\pi}{2}(\mathrm{rad}) = 90°$$

位相差を考えるときは，基準を決める必要がある．本文中の電圧と電流の比較では，電圧が位相の基準になっている．

コイルとコンデンサは，電圧と電流に 90° の位相差を生じさせる．そのため，それらの電流の流れづらさはリアクタンス X と呼ばれ，抵抗 R と区別される．しかし，ともに電流の流れづらさを示しているため，単位は Ω である．

コイルに交流電流 $i_L(t)$ が流れたときに，その両端に発生する電圧 $v_L(t)$ は，電磁誘導の法則で決まり，式 (5.7) となる．図 5.15 の回路では，コイル両端に発生する電圧 $v_L(t)$ は交流電源の電圧 $e(t) = E_m \sin \omega t$ と等しいため，式 (5.7) は以下となる．

$$v_L(t) = L \frac{di_L(t)}{dt} = E_m \sin \omega t \tag{5.20}$$

コイルに流れる電流 $i_L(t)$ は，式 (5.20) を時間 t で積分することで，以下のように求められる．

$$\begin{aligned} i_L(t) &= \frac{1}{L} \int E_m \sin \omega t \, dt = -\frac{E_m}{\omega L} \cos \omega t \\ &= \frac{E_m}{\omega L} \sin \left(\omega t - \frac{\pi}{2} \right) \end{aligned} \tag{5.21}$$

コイルに印加した電圧 $e(t)$ と流れる電流 $i_L(t)$ の関係を図 5.16 に示す．コイルに流れる電流 $i_L(t)$ はその最大値が $I_m = \dfrac{E_m}{\omega L}$ である．また，電流 $i_L(t)$ は，電圧 $e(t)$ に比べて，位相が $\dfrac{\pi}{2}(\mathrm{rad}) = 90°$ 遅れている．

式 (5.21) で ωL は，コイルの交流電流の流れづらさを示しており，誘導性リアクタンス X_L と呼ばれる．その単位は，オーム (Ω) である．

$$e(t) = E_m \sin \omega t$$
$$i_L(t) = \frac{E_m}{\omega L} \sin\left(\omega t - \frac{\pi}{2}\right)$$

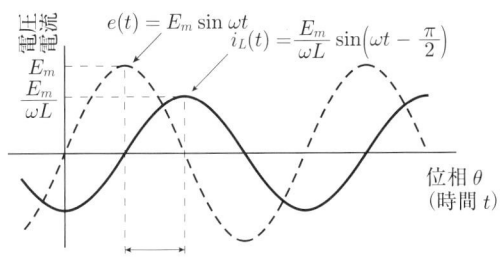

電流は，電圧より，位相が $\frac{\pi}{2}$(rad)，90° 遅れている

図 5.16 コイルに印加した電圧 $e(t)$ と流れる電流 $i_L(t)$ の波形

【例題 5.8】コイルに流れる交流電流

図 5.15 の回路で，交流電圧源の最大値が $E_m = 141(\mathrm{V})$，周波数が $f = 50(\mathrm{Hz})$ であり，コイルのインダクタンスが $L = 159(\mathrm{mH})$ であるとき，コイルに流れる電流の瞬時値 $i_L(t)$ を求めよ．

【例題解答】

交流電圧源の瞬時値 $e(t)$ は以下となる．

$$e(t) = E_m \sin \omega t = 141 \sin \omega t \quad (\mathrm{V}) \tag{5.22}$$

コイルに流れる電流の瞬時値 $i_L(t)$ は，式 (5.21) から以下となる．

$$\begin{aligned}
i_L(t) &= \frac{E_m}{\omega L} \sin\left(\omega t - \frac{\pi}{2}\right) = \frac{141}{2 \cdot \pi \cdot 50 \cdot 159 \times 10^{-3}} \sin\left(\omega t - \frac{\pi}{2}\right) \\
&= 2.82 \sin\left(\omega t - \frac{\pi}{2}\right) \quad (\mathrm{A})
\end{aligned} \tag{5.23}$$

なお，角周波数は $\omega = 2 \cdot \pi \cdot f = 314(\mathrm{rad/s})$，誘導性リアクタンスは $X_L = \omega L = 50(\Omega)$ である．

(3) コンデンサに流れる交流電流 $i_C(t)$

コンデンサ C に交流電圧 $e(t) = E_m \sin \omega t$ を印加した場合に流れる電流 $i_C(t)$ を求める．

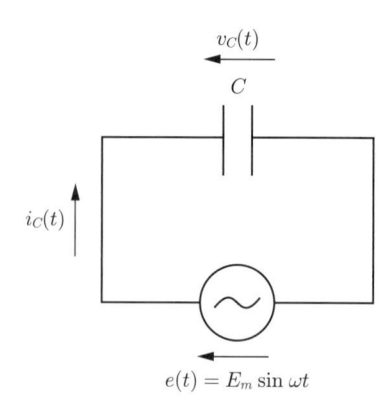

図 5.17　コンデンサに交流電圧源を接続した回路

コンデンサの電圧と電流の関係 (式 (5.8)).
$$v_C(t) = \frac{1}{C}\int i(t)dt$$

コンデンサに電流 $i_C(t)$ が流れたときに発生する電圧 $v_C(t)$ は，式 (5.8) となる．図 5.17 の回路では，コンデンサ両端の電圧 $v_C(t)$ が交流電源の電圧 $e(t) = E_m \sin \omega t$ と等しいため，式 (5.8) は以下となる．

$$v_C(t) = \frac{1}{C}\int i_C(t)dt = E_m \sin \omega t \tag{5.24}$$

三角関数の計算には，以下の公式を用いる．
$$\cos \theta = \sin\left(\theta + \frac{\pi}{2}\right)$$

コンデンサに流れる電流 $i_C(t)$ は，式 (5.24) を時間 t で微分することで，以下のように求められる．

$$\begin{aligned} i_C(t) &= C\frac{d}{dt}(E_m \sin \omega t) = C\omega E_m \cos \omega t \\ &= \omega C E_m \sin\left(\omega t + \frac{\pi}{2}\right) \end{aligned} \tag{5.25}$$

なお，式 (5.25) は，以下のように記述することも可能である．

$$i_C(t) = \frac{E_m}{\dfrac{1}{\omega C}} \sin\left(\omega t + \frac{\pi}{2}\right) \tag{5.26}$$

コンデンサに印加した電圧 $e(t)$ と流れる電流 $i_C(t)$ の関係を図 5.18 に示す．コンデンサに流れる電流 $i_C(t)$ の最大値は $\omega C E_m$ である．また，電流 $i_C(t)$ は，電圧 $e(t)$ に比べて，位相が $\frac{\pi}{2}$ (rad) = 90° 進んでいる．

式 (5.26) で $\frac{1}{\omega C}$ は，コンデンサの交流電流の流れづらさを示しており，容量性リアクタンス X_C と呼ばれる．単位はオーム (Ω) である．

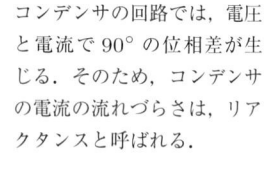

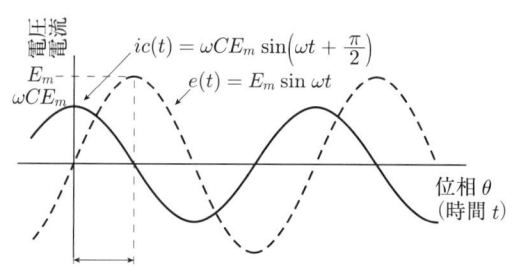

コンデンサの回路では，電圧と電流で 90° の位相差が生じる．そのため，コンデンサの電流の流れづらさは，リアクタンスと呼ばれる．

電流は，電圧より，位相が $\frac{\pi}{2}$(rad)，90° 進んでいる

図 5.18　コンデンサに印加した電圧 $e(t)$ と流れる電流 $i_C(t)$ の波形

【例題 5.9】コンデンサに流れる交流電流

図 5.17 の回路で，交流電圧源の最大値が $E_m = 141(\text{V})$，周波数が $f = 50(\text{Hz})$ であり，コンデンサの静電容量が $C = 79.6(\mu\text{F})$ であるとき，コンデンサに流れる電流の瞬時値 $i_C(t)$ を求めよ．

【例題解答】

交流電圧源の瞬時値 $e(t)$ は以下となる．

$$e(t) = E_m \sin \omega t = 141 \sin \omega t \quad (\text{V}) \tag{5.27}$$

コンデンサに流れる電流の瞬時値 $i_C(t)$ は，式 (5.26) から以下となる．

$$\begin{aligned} i_C(t) &= \frac{E_m}{\dfrac{1}{\omega C}} \sin\left(\omega t + \frac{\pi}{2}\right) \\ &= \frac{141}{\dfrac{1}{2 \cdot \pi \cdot 50 \cdot 79.6 \times 10^{-6}}} \sin\left(\omega t + \frac{\pi}{2}\right) \\ &= 3.53 \sin\left(\omega t + \frac{\pi}{2}\right) \quad (\text{A}) \end{aligned} \tag{5.28}$$

なお，角周波数は $\omega = 2 \cdot \pi \cdot f = 314(\text{rad/s})$，容量性リアクタンスは $X_C = \dfrac{1}{\omega C} = 40(\Omega)$ である．

(4) 各種回路素子での交流電圧 $e(t)$ と交流電流 $i(t)$ の関係

各種回路素子に印加した交流電圧 $e(t)$ と流れる交流電流 $i(t)$ の関係は，表 5.1 となる．

同位相は，位相が等しい（同じ）であることを示す．

表 5.1　各種回路素子の電圧と電流の関係

回路素子	電圧と電流の関係	回路素子に電圧 $e(t) = E_m \sin \omega t$ を印加したときの電流		
		電流の流れづらさ	回路素子に流れる電流	電圧との位相差
抵抗 $R\,(\Omega)$	$i_R(t) = \dfrac{e(t)}{R}$ $e_R(t) = R \cdot i_R(t)$	抵抗 $R\,(\Omega)$	$i_R(t) = \dfrac{E_m}{R} \sin \omega t$	電流は電圧と同位相
コイル $L\,(\text{H})$	$i_L(t) = \dfrac{1}{L} \int e_L(t)\,dt$ $e_L(t) = L \dfrac{di_L(t)}{dt}$	誘導性リアクタンス $X_L = \omega L\,(\Omega)$	$i_L(t) = \dfrac{E_m}{\omega L} \sin\left(\omega t - \dfrac{\pi}{2}\right)$	電流は，電圧より 90° 遅れている
コンデンサ $C\,(\text{F})$	$i_C(t) = C \dfrac{de_C(t)}{dt}$ $e_C(t) = \dfrac{1}{C} \int i_C(t)\,dt$	容量性リアクタンス $X_C = \dfrac{1}{\omega C}\,(\Omega)$	$i_C(t) = \omega C E_m \sin\left(\omega t + \dfrac{\pi}{2}\right)$ $= \dfrac{E_m}{\dfrac{1}{\omega C}} \sin\left(\omega t + \dfrac{\pi}{2}\right)$	電流は，電圧より 90° 進んでいる

5.8 複数の回路素子で構成されている交流回路を流れる電流

複数の回路素子が交流電源に接続されている回路に流れる交流電流 $i(t)$ を求める．ここでは，その例として，(1) 抵抗 R とコイル L の RL 直列回路，(2) 抵抗 R とコンデンサ C の RC 直列回路に，正弦波交流電圧 ($e(t) = E_m \sin \omega t$) を印加した場合に流れる電流 $i(t)$ を求める．

(1) 抵抗とコイルの直列回路に流れる交流電流 $i_{RL}(t)$

図 5.19 に示す抵抗 R とコイル L の直列回路に，正弦波交流電圧 ($e(t) = E_m \sin \omega t$) を印加した場合に流れる電流 $i_{RL}(t)$ を求める．

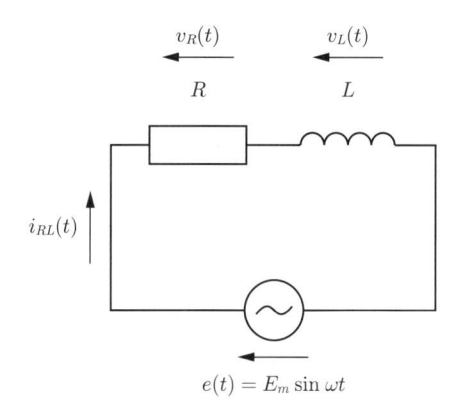

図 5.19 抵抗とコイルの直列接続に交流電圧源を接続した回路

この回路に電流 $i_{RL}(t)$ が流れるとき，抵抗 R とコイル L の両端には，それぞれ以下のような電圧 $v_R(t)$ と $v_L(t)$ が発生する．

$$v_R(t) = R i_{RL}(t) \qquad v_L(t) = L \frac{d i_{RL}(t)}{dt} \tag{5.29}$$

RL 直列回路に流れる電流 $i_{RL}(t)$ が，$i_{RL}(t) = I_m \sin(\omega t + \theta)$ であると仮定すると，抵抗 R およびコイル L の両端電圧の和 ($v_R(t) + v_L(t)$) は，以下となる．

$$\begin{aligned} v_R(t) + v_L(t) &= R i_{RL}(t) + L \frac{d i_{RL}(t)}{dt} \\ &= R I_m \sin(\omega t + \theta) + \omega L I_m \cos(\omega t + \theta) \\ &= \sqrt{R^2 + (\omega L)^2} I_m \sin(\omega t + \theta + \alpha) \end{aligned} \tag{5.30}$$

ここで，α は以下で表される．

$$\alpha = \tan^{-1}\left(\frac{\omega L}{R}\right) \tag{5.31}$$

抵抗 R およびコイル L の両端電圧の和は，交流電圧源の電圧 $e(t)$ と等しいため，以下の式が成り立つ．

図 5.19 の回路には，最大値が I_m で，電圧との位相差が θ である電流が流れていると仮定している．I_m, θ を求めることで，RL 直列回路に流れる電流が分かる．

三角関数の計算には，以下の公式を用いる．

$A \sin\theta + B \cos\theta$
$= \sqrt{A^2 + B^2} \sin(\theta + \alpha)$

ただし，

$\alpha = \tan^{-1} \frac{B}{A}$

$$v_R(t) + v_L(t) = e(t)$$
$$\sqrt{R^2 + (\omega L)^2} I_m \sin(\omega t + \theta + \alpha) = E_m \sin \omega t \qquad (5.32)$$

この式の左辺と右辺を比較することで，RL 直列回路に流れる電流 $i_{RL}(t)$ の最大値 I_m および電圧と電流の位相差 θ を求めることが出来る．

$$\text{電流の最大値：} I_m = \frac{E_m}{\sqrt{R^2 + (\omega L)^2}} \qquad (5.33)$$

$$\text{電圧と電流の位相差：} \theta = -\alpha = -\tan^{-1}\left(\frac{\omega L}{R}\right) \qquad (5.34)$$

以上から，RL 直列回路に流れる電流 $i_{RL}(t)$ は次式となる．

$$i_{RL}(t) = \frac{E_m}{\sqrt{R^2 + (\omega L)^2}} \sin(\omega t + \theta) \qquad (5.35)$$

式 (5.35) の θ は，式 (5.34) で求められ，負の値である．
$$\theta = -\tan^{-1}\left(\frac{\omega L}{R}\right)$$

式 (5.35) で，$\sqrt{R^2 + (\omega L)^2}$ は RL 回路の電流の流れづらさを示しており，インピーダンス Z と呼ばれる．インピーダンスは，抵抗 R とリアクタンス X によって形成され，電圧と電流の間で位相差を生じさせる電流の流れづらさである．その単位はオーム (Ω) である．

RL 直列回路のインピーダンス Z

$$Z = \sqrt{R^2 + (\omega L)^2} \qquad (5.36)$$

交流電圧源の電圧 $e(t)$ と RL 直列回路に流れる電流 $i_{RL}(t)$ の関係を図 5.20 に示す．RL 直列回路に流れる電流は，その最大値が

$$I_m = \frac{E_m}{\sqrt{R^2 + (\omega L)^2}}$$

である．電流 $i_{RL}(t)$ は，電圧 $e(t)$ より，位相が

$$|\theta| = \tan^{-1}\left(\frac{\omega L}{R}\right)$$

遅れている．この位相差 θ は，抵抗 R とコイルのリアクタンス $X_L = \omega L$ によって決定される．

抵抗が $R=0(\Omega)$ の場合，電圧と電流の位相差は $\theta = -90°$ となる．一方，コイルのリアクタンスが $X_L = 0(\Omega)$ の場合は，電圧と電流の位相差が $\theta = 0°$ となる．

電流は，電圧より，位相が $|\theta| = \tan^{-1}\left(\frac{\omega L}{R}\right)$ 遅れている

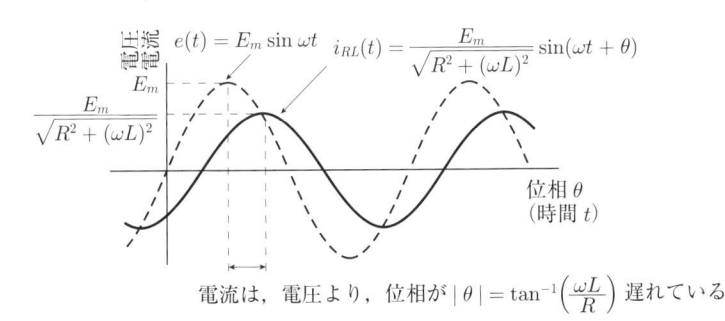

図 5.20　交流電圧源の電圧 $e(t)$ と流れる電流 $i_{RL}(t)$ の波形

【例題 5.10】RL 直列回路に流れる交流電流

図 5.19 の RL 直列回路で，交流電圧源の最大値が $E_m = 141$(V)，周波数が $f = 50$(Hz) であり，抵抗が $R = 50(\Omega)$，コイルのインダクタンスが $L = 159$(mH) であるとき，回路に流れる電流の瞬時値 $i_{RL}(t)$ を求めよ．

【例題解答】

交流電圧源の瞬時値 $e(t)$ は以下となる．

$$e(t) = E_m \sin\omega t = 141\sin\omega t \tag{5.37}$$

RL 直列回路に流れる電流の瞬時値 $i_{RL}(t)$ は，式 (5.35) から以下となる．

$$i_{RL}(t) = \frac{E_m}{\sqrt{R^2+(\omega L)^2}}\sin(\omega t + \theta)$$

ここで，RL 直列接続のインピーダンス Z および電圧と電流の位相差 θ は，以下である．

$$Z = \sqrt{R^2+(\omega L)^2} = \sqrt{50^2+(2\cdot\pi\cdot 50\cdot 159\times 10^{-3})^2}$$
$$= 70.7\ (\Omega) \tag{5.38}$$
$$\theta = -\tan^{-1}\left(\frac{\omega L}{R}\right) = -\tan^{-1}\left(\frac{2\cdot\pi\cdot 50\cdot 159\times 10^{-3}}{50}\right)$$
$$= -\frac{\pi}{4}\ (\text{rad}) \tag{5.39}$$

弧度法の $\frac{\pi}{4}$(rad) は，度数法の $45°$ である．

$$\frac{\pi}{4}(\text{rad}) = 45°$$

以上から，RL 直列回路を流れる電流の瞬時値 $i_{RL}(t)$ は以下となる．

$$i_{RL}(t) = \frac{E_m}{\sqrt{R^2+(\omega L)^2}}\sin(\omega t - \theta) = \frac{141}{70.7}\sin\left(\omega t - \frac{\pi}{4}\right)$$
$$= 1.99\sin\left(\omega t - \frac{\pi}{4}\right)\ (\text{A}) \tag{5.40}$$

なお，角周波数は $\omega = 2\cdot\pi\cdot f = 314$(rad/s) である．

(2) 抵抗とコンデンサの直列回路に流れる交流電流 $i_{RC}(t)$

図 5.21 に示す抵抗 R とコンデンサ C の直列回路に，正弦波交流電圧 $(e(t) = E_m \sin\omega t)$ を印加した場合に流れる電流 $i_{RC}(t)$ を求める．

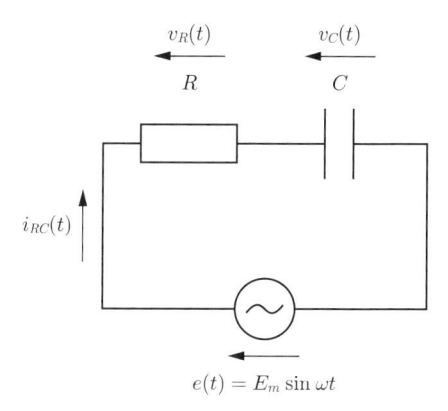

5.8 複数の回路素子で構成されている交流回路を流れる電流

図 5.21 抵抗とコンデンサの直列接続に交流電圧源を接続した回路

この回路に電流 $i_{RC}(t)$ が流れるとき，抵抗 R とコンデンサ C には，それぞれ以下のような電圧 $v_R(t)$ と $v_C(t)$ が発生する．

$$v_R(t) = Ri_{RC}(t) \qquad v_C(t) = \frac{1}{C}\int i_{RC}(t)dt \tag{5.41}$$

RC 直列回路に流れる電流 $i_{RL}(t)$ が，$i_{RC}(t) = I_m \sin(\omega t + \theta)$ であると仮定すると，抵抗 R およびコンデンサ C の両端電圧の和 $(v_R(t) + v_C(t))$ は，以下となる．

$$\begin{aligned} v_R(t) + v_C(t) &= Ri_{RC}(t) + \frac{1}{C}\int i_{RC}(t)dt \\ &= RI_m \sin(\omega t + \theta) - \frac{1}{\omega C}I_m \cos(\omega t + \theta) \\ &= \sqrt{R^2 + \left(\frac{1}{\omega C}\right)^2} I_m \sin(\omega t + \theta - \alpha) \end{aligned} \tag{5.42}$$

ここで，α は以下で表される．

$$\alpha = \tan^{-1}\left(\frac{\frac{1}{\omega C}}{R}\right) = \tan^{-1}\left(\frac{1}{\omega CR}\right) \tag{5.43}$$

抵抗 R およびコンデンサ C の両端電圧の和は，交流電圧源の電圧 $e(t)$ と等しいため，以下の式が成り立つ．

$$v_R(t) + v_C(t) = e(t)$$
$$\sqrt{R^2 + \left(\frac{1}{\omega C}\right)^2} I_m \sin(\omega t + \theta - \alpha) = E_m \sin \omega t \tag{5.44}$$

この式の左辺と右辺を比較することで，RC 直列回路に流れる電流 $i_{RC}(t)$ の最大値 I_m および電圧と電流の位相差 θ を求めることが出来る．

この回路には，大きさが I_m で，電圧との位相差が θ である電流が流れていると仮定している．I_m, θ を求めることで，RC 直列回路に流れる電流が分かる．

三角関数の計算には，以下の公式を用いる．

$$A \sin x - B \cos x$$
$$= \sqrt{A^2 + B^2} \sin(x - \alpha)$$

ただし，

$$\alpha = \tan^{-1}\frac{B}{A}$$

電流の最大値：$I_m = \dfrac{E_m}{\sqrt{R^2 + \left(\dfrac{1}{\omega C}\right)^2}}$ (5.45)

電圧と電流の位相差：$\theta = \alpha = \tan^{-1}\left(\dfrac{1}{\omega CR}\right)$ (5.46)

以上から RC 直列回路に流れる電流 $i_{RC}(t)$ は次式となる.

$$i_{RC}(t) = \dfrac{E_m}{\sqrt{R^2 + \left(\dfrac{1}{\omega C}\right)^2}} \sin(\omega t + \theta) \quad (5.47)$$

> 式 (5.47) の θ は, 式 (5.46) で求められ, 正の値である.
> $\theta = \tan^{-1}\left(\dfrac{1}{\omega CR}\right)$

式 (5.47) で, $\sqrt{R^2 + \left(\dfrac{1}{\omega C}\right)^2}$ は回路全体の電流の流れづらさを示しており, インピーダンス Z と呼ばれる. その単位はオーム (Ω) である.

RC 直列回路のインピーダンス Z

$$Z = \sqrt{R^2 + \left(\dfrac{1}{\omega C}\right)^2} \quad (5.48)$$

交流電圧源の電圧 $e(t)$ と回路に流れる電流 $i_{RC}(t)$ の関係を図 5.22 に示す. RC 直列回路に流れる電流は, その最大値が

$$\dfrac{E_m}{\sqrt{R^2 + \left(\dfrac{1}{\omega C}\right)^2}}$$

である. 電流 $i_{RC}(t)$ は, 電圧 $e(t)$ より, 位相が

$$|\theta| = \tan^{-1}\left(\dfrac{1}{\omega CR}\right)$$

進んでいる. この位相差 θ は, 抵抗 R とコンデンサのリアクタンス $X_C = \dfrac{1}{\omega C}$ によって決定される.

> 抵抗が $R = 0(\Omega)$ の場合, 電圧と電流の位相差は $\theta = 90°$ となる. 一方, コンデンサのリアクタンスが $X_C = 0(\Omega)$ の場合は, 電圧と電流の位相差が $\theta = 0°$ となる.

電流は, 電圧より, 位相が $|\theta| = \tan^{-1}\left(\dfrac{1}{\omega CR}\right)$ 進んでいる

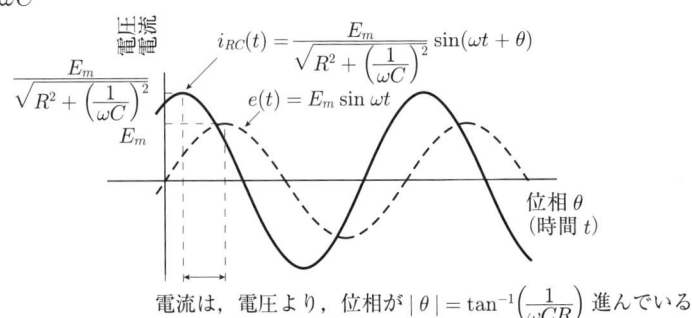

図 5.22 交流電圧源の電圧 $e(t)$ と流れる電流 $i_{RC}(t)$ の波形

【例題 5.11】 RC 直列回路に流れる交流電流

図 5.21 の RC 直列回路で，交流電圧源の最大値が $E_m = 141$(V)，周波数が $f = 50$(Hz) であり，抵抗が $R = 70(\Omega)$，コンデンサの静電容量が $C = 79.6(\mu F)$ であるとき，回路に流れる電流の瞬時値 $i_{RC}(t)$ を求めよ．

【例題解答】

交流電圧源の瞬時値 $e(t)$ は以下となる．

$$e(t) = E_m \sin\omega t = 141\sin\omega t \tag{5.49}$$

RC 直列回路に流れる電流の瞬時値 $i_{RC}(t)$ は，式 (5.47) から以下となる．

$$i_{RC}(t) = \frac{E_m}{\sqrt{R^2 + \left(\frac{1}{\omega C}\right)^2}} \sin(\omega t + \theta)$$

ここで，RC 直列接続のインピーダンス Z および電圧と電流の位相差 θ は，以下である．

$$Z = \sqrt{R^2 + \left(\frac{1}{\omega C}\right)^2} = \sqrt{70^2 + \left(\frac{1}{2\cdot\pi\cdot 50\cdot 79.6\times 10^{-6}}\right)^2}$$
$$= 80.6\ (\Omega) \tag{5.50}$$

$$\theta = \tan^{-1}\left(\frac{1}{\omega CR}\right) = \tan^{-1}\left(\frac{1}{2\cdot\pi\cdot 50\cdot 79.6\times 10^{-6}\cdot 70}\right)$$
$$= \frac{\pi}{6}\ (\text{rad}) \tag{5.51}$$

> 弧度法の $\frac{\pi}{6}$(rad) は，度数法の $30°$ である．
> $$\frac{\pi}{6}(\text{rad}) = 30°$$

以上から，RC 直列回路を流れる電流の瞬時値 $i_{RC}(t)$ は次式となる．

$$i_{RC}(t) = \frac{E_m}{\sqrt{R^2 + \left(\frac{1}{\omega C}\right)^2}} \sin(\omega t + \theta) = \frac{141}{80.6}\sin\left(\omega t + \frac{\pi}{6}\right)$$
$$= 1.75\sin\left(\omega t + \frac{\pi}{6}\right)\ (\text{A}) \tag{5.52}$$

なお，角周波数は $\omega = 2\cdot\pi\cdot f = 314$(rad/s) である．

5.9 抵抗およびリアクタンスの周波数特性

周波数 f とリアクタンス X の関係 (周波数特性) を考える．コイル L，コンデンサ C のリアクタンスは，以下に示す周波数 f の関数である．

> リアクタンスは，電圧と電流の間で 90° の位相差を発生させる電流の流れづらさである．

誘導性リアクタンス：$X_L = \omega L = 2\pi f L$

容量性リアクタンス：$X_C = \dfrac{1}{\omega C} = \dfrac{1}{2\pi f C}$

図 5.23 には，それぞれのリアクタンスの周波数特性を示す．また，抵抗 R についても示した．

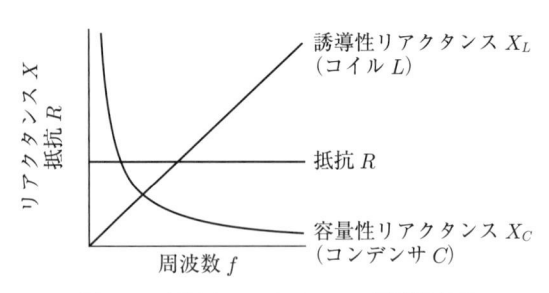

図 5.23 抵抗とリアクタンスの周波数特性

> コイルおよびコンデンサによるリアクタンスは，周波数に関係なく，電圧と電流の間で $90°$ の位相差を生じさせる

各回路素子の周波数特性は以下である．

抵抗：抵抗値は，周波数の関数ではないため，周波数が変化しても R で一定である．

コイル：コイルの誘導性リアクタンスは，周波数が $f = 0$ (直流) のとき，$X_L = 0$ となる．また，周波数が高くなると誘導性リアクタンスは，ωL の関数で増加する．

コンデンサ：コンデンサの容量性リアクタンスは，周波数が $f = 0$ (直流) のとき，無限大 $X_C = \infty$ となる．また，周波数が高くなると容量性リアクタンスは，$\dfrac{1}{\omega C}$ の関数で減少する．

表 5.2 抵抗およびリアクタンスの周波数特性

回路素子	抵抗，リアクタンス	周波数特性		
		$f=0$	周波数が増加	$f=\infty$
抵抗 R	R	R	一定 →	R
コイル L	ωL	0	増加 ↗	∞
コンデンサ C	$\dfrac{1}{\omega C}$	∞	減少 ↘	0

5.9 抵抗およびリアクタンスの周波数特性

演習問題

【演習 5.1】
演習図 5.1(a)〜(c) の回路のそれぞれの端子電圧 v_a, v_b, v_c を求め，その波形を描け．

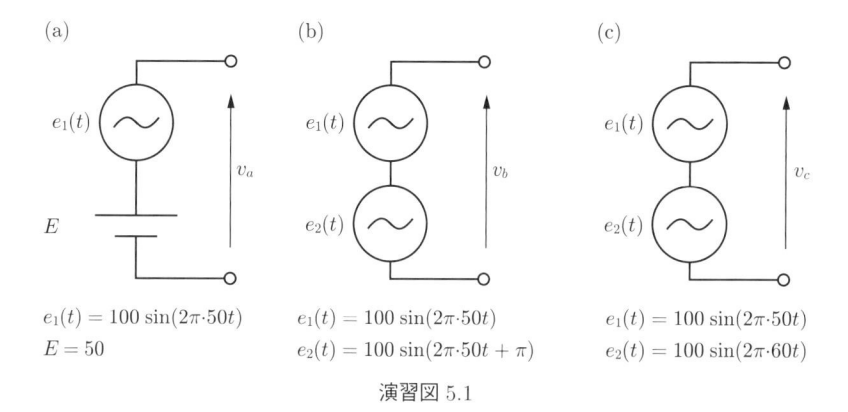

(a)　　　　　　　　(b)　　　　　　　　(c)

$e_1(t) = 100\sin(2\pi \cdot 50t)$ 　　 $e_1(t) = 100\sin(2\pi \cdot 50t)$ 　　 $e_1(t) = 100\sin(2\pi \cdot 50t)$
$E = 50$ 　　　　　　　　$e_2(t) = 100\sin(2\pi \cdot 50t + \pi)$ 　　 $e_2(t) = 100\sin(2\pi \cdot 60t)$

演習図 5.1

【演習解答】

$$v_a = e_1 + E = 100\sin(2\pi \cdot 50t) + 50$$

$$v_b = e_1 + e_2 = 100\sin(2\pi \cdot 50t) + 100\sin(2\pi \cdot 50t + \pi) = 0$$

(b) で，最大値と周波数が等しく，位相が $\pi(\mathrm{rad}) = 180°$ 異なる電圧 e_1, e_2 の和は，$v_b = 0$ となる．

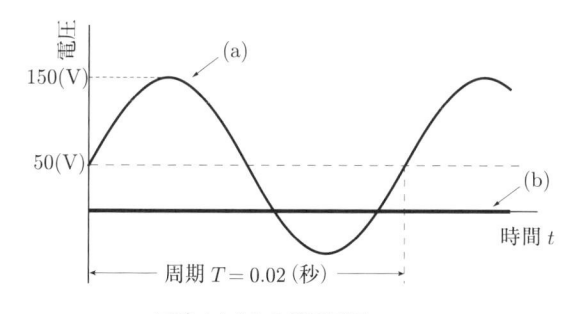

回路 (a),(b) の端子電圧 v_a, v_b

$$v_c = e_1 + e_2 = 100\sin(2\pi \cdot 50t) + 100\sin(2\pi \cdot 60t)$$
$$= 200\cos(2\pi \cdot 5t) \cdot \sin(2\pi \cdot 55t)$$

回路 (c) の端子電圧 v_c は周波数が 55(Hz) の交流であり，その最大値は時間とともに周期的に変化している．その周期は $\dfrac{1}{5}$ (秒) である．

東日本 (50(Hz)) と西日本 (60(Hz)) の送電線を接続すると，v_c のような電圧が発生する．そのため，両送電線を直接接続することが出来ない．

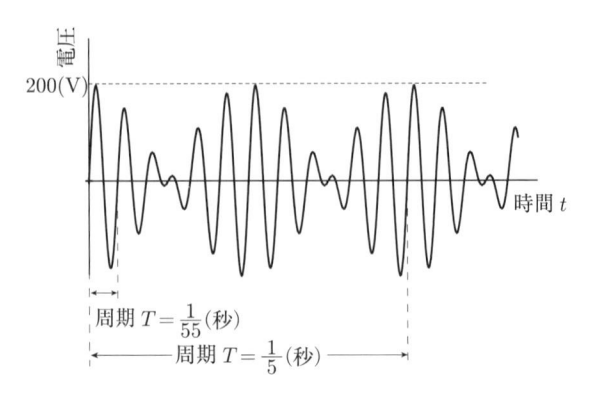

回路 (c) の端子電圧 v_c

【演習 5.2】

演習図 5.2 の回路で，抵抗およびコイルの両端に発生する電圧 $v_R(t), v_L(t)$ を求めよ．ただし，周波数を $f = 50\,(\mathrm{Hz})$ とする．

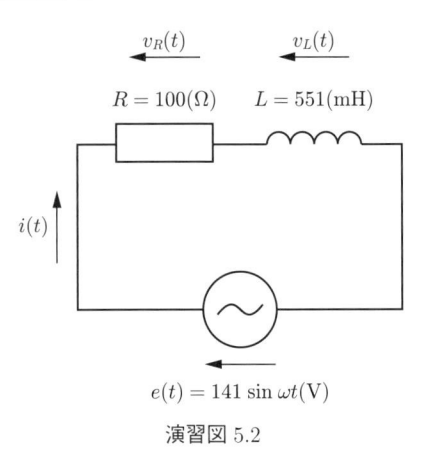

演習図 5.2

【演習解答】

コイルのリアクタンス：$X_L = \omega L = 173.1\ (\Omega)$

RL の合成インピーダンス：$Z = \sqrt{R^2 + X_L{}^2} = 200\ (\Omega)$

電流の最大値：$I_m = \dfrac{141}{Z} = 0.705\ (\mathrm{A})$

電圧と電流の位相差：$\theta = -\tan^{-1}\dfrac{X_L}{R} = -\dfrac{\pi}{3}\ (\mathrm{rad})$

瞬時電流：$i(t) = I_m \sin(\omega t + \theta) = 0.705 \sin\left(\omega t - \dfrac{\pi}{3}\right)\ (\mathrm{A})$

抵抗両端の瞬時電圧：$v_R(t) = R \cdot i(t) = 70.5 \sin\left(\omega t - \dfrac{\pi}{3}\right)\ (\mathrm{A})$

コイル両端の瞬時電圧：$v_L(t) = L\dfrac{di(t)}{dt} = 122 \sin\left(\omega t + \dfrac{\pi}{6}\right)\ (\mathrm{A})$

なお，角周波数は $\omega = 2 \cdot \pi \cdot f = 314\ (\mathrm{rad/s})$ である．

弧度法の $\dfrac{\pi}{3}(\mathrm{rad})$ と $\dfrac{\pi}{6}(\mathrm{rad})$ は，度数法でそれぞれ $60°$ と $30°$ である．

$$\dfrac{\pi}{3}(\mathrm{rad}) = 60°$$
$$\dfrac{\pi}{6}(\mathrm{rad}) = 30°$$

【演習 5.3】

演習図 5.3 の回路で，抵抗およびコンデンサに流れる瞬時電流 $i_R(t), i_C(t)$ を求めよ．また，回路全体に流れる瞬時電流 $i(t)$ を求めよ．ただし周波数を $f = 50(\mathrm{Hz})$ とする．

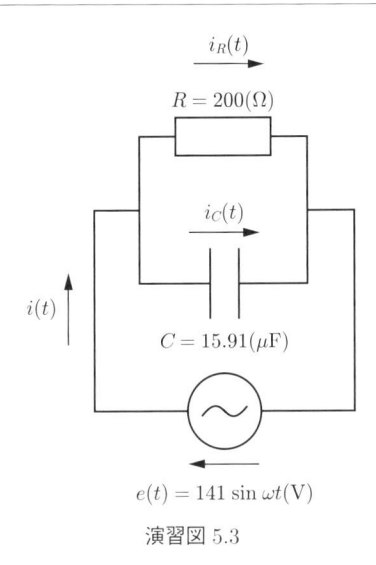

演習図 5.3

【演習解答】

抵抗に流れる瞬時電流：$i_R(t) = \dfrac{e(t)}{R} = 0.705 \sin \omega t$ (A)

コンデンサに流れる瞬時電流：$i_C(t) = 0.705 \sin\left(\omega t + \dfrac{\pi}{2}\right)$ (A)

回路全体を流れる瞬時電流：
$$\begin{aligned}
i(t) &= i_R(t) + i_C(t) \\
&= 0.705 \sin \omega t \\
&\quad + 0.705 \sin\left(\omega t + \dfrac{\pi}{2}\right) \\
&= 0.997 \sin\left(\omega t + \dfrac{\pi}{4}\right) \text{ (A)}
\end{aligned}$$

なお，角周波数は $\omega = 2 \cdot \pi \cdot f = 314$ (rad/s) である

三角関数の計算には，以下の公式を用いる．

$A \sin \omega t + B \sin\left(\omega t + \dfrac{\pi}{2}\right)$
$= A \sin \omega t + B \cos \omega t$
$= \sqrt{A^2 + B^2} \sin(\omega t + \theta)$

ただし，$\theta = \tan^{-1}\left(\dfrac{B}{A}\right)$

第6章

複素数を用いた交流回路解析

第5章では，交流回路を解析するために微分方程式を用いた．この方法は，瞬時値の電圧 $v(t)$ と電流 $i(t)$ を求めることが可能である．その一方で，計算が複雑になるという欠点がある．交流回路では，瞬時値は考慮せず，電圧 V と電流 I の実効値および位相を求めるだけで実用上十分な場合が多い．そのような用途では，微積分の代わりに複素数を用いた交流回路解析が行われる．

6.1 複素数を用いた電圧，電流，インピーダンスの表記法

交流電圧は瞬時値 $e(t)$ を用いて表現される（式 (6.1)）．一方，その電圧の大きさ E と位相差（初期位相）θ は，複素数（フェーザ）で表すことが可能である（式 (6.2)）．

瞬時値：$e_1(t) = E \sin(\omega t + \theta)$ (6.1)

複素数表示：$E_1 = E \angle \theta$ (6.2)
（フェーザ表示）

図 6.1 に，複素数（フェーザ）表示の電圧 $E_1 = E\angle\theta$ を複素平面上に描いた．また，初期位相が $\theta = 0$ である電圧 $E_0 = E$ も描いた．電圧 E_1 および E_0 は，大きさが共に E であり，位相が θ 異なっている．このとき，電圧 E_1 は，電圧 E_0 より，位相が θ 進んでいると表現する．

電圧の大きさ $|E|$ と位相 θ を $E\angle\theta$ の形で表すとき，それはフェーザ表示と呼ばれる．その電圧を複素数を用いて表すと $E\angle\theta = e^{j\theta}$ となる．

電気回路では，主にフェーザ表示が用いられる．

電気回路では，虚数の記号に j を用いる．
$$j = \sqrt{-1}$$
$$j^2 = -1$$

複素平面は，横軸が実数，縦軸が虚数である．

$E_1 = E\angle\theta$ で，θ が正（プラス）の場合は位相が進んでいることを，θ が負（マイナス）の場合は遅れていることを示す．

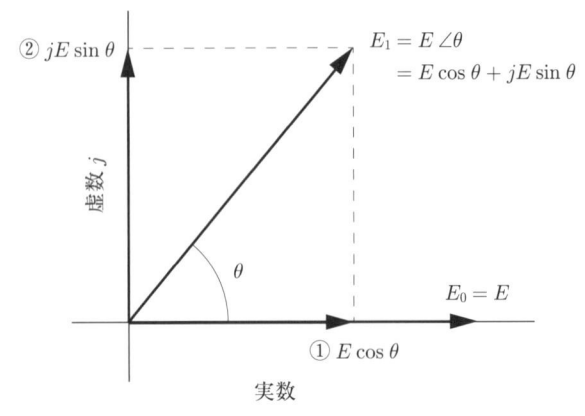

図 6.1 複素平面（フェーザ図）を用いた電圧 E_1, E_0 の表示法

式 (6.2) の電圧はフェーザ表示（極形式）$E_1 = E\angle\theta$ で表されているが，それを直交形式に変換すると式 (6.3) になる．この式を用いれば，電圧 $E_1 = E\angle\theta$ を，①位相が電圧 E_0 と等しい実数成分 ($E\cos\theta$) と②位相が 90° 異なっている虚数成分 ($jE\sin\theta$) に分けられる．

$$E_1 = E\angle\theta = {}^{①}E\cos\theta + {}^{②}jE\sin\theta \tag{6.3}$$

図 6.1 では，電圧を例にして説明を行なったが，電流，抵抗についてもそれらの大きさと位相差（偏角）を複素数を用いて表すことが可能である．

6.2 交流電圧を印加した各種回路素子を流れる電流の複素数表示

抵抗，コイル，コンデンサに流れる交流電流は，第 5 章を参照．

同位相とは，位相が同じであることをいう．

抵抗 R，コイル L，コンデンサ C の各回路素子に交流電圧 $e(t) = E\sin\omega t$ を印加した場合に流れる電流（図 6.2）を，表 6.1 に示す．

表 6.1 各種回路素子に流れる電流

回路素子	電流	位相差（電流は，電圧より）
抵抗 R	$i_R(t) = \dfrac{E}{R}\sin\omega t$	同じ（同位相）
コイル L	$i_L(t) = \dfrac{E}{\omega L}\sin\left(\omega t - \dfrac{\pi}{2}\right)$	$\dfrac{\pi}{2}$ （90°）遅れている
コンデンサ C	$i_C(t) = \dfrac{E}{\dfrac{1}{\omega C}}\sin\left(\omega t + \dfrac{\pi}{2}\right)$	$\dfrac{\pi}{2}$ （90°）進んでいる

6.2 交流電圧を印加した各種回路素子を流れる電流の複素数表示

各種回路素子 (R, L, C)

交流電流
瞬時値：$i(t) = I_m \sin(\omega t + \theta)$
複素数表示：$I = I \angle \theta$
（フェーザ表示）

交流電圧源
瞬時値：$e(t) = E_m \sin \omega t$
複素数表示：$E = E \angle 0°$
（フェーザ表示）

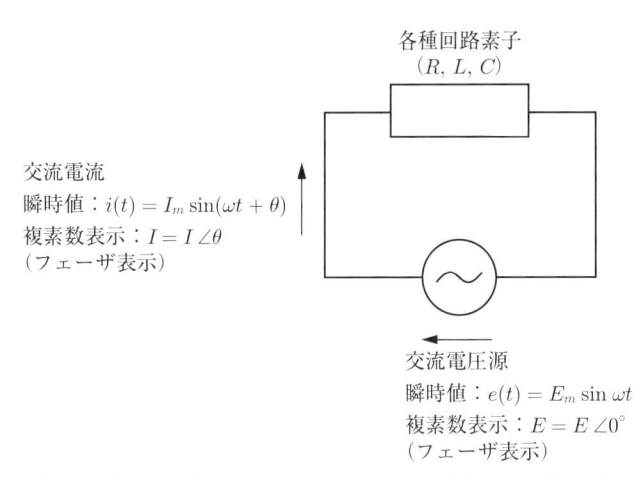

図 6.2 各種回路素子に交流電圧 $e(t) = E \sin \omega t$ を印加した場合に流れる電流

表 6.1 の瞬時電流 $i(t)$ の大きさおよび電圧との位相差を複素数表示（フェーザ表示：$I \angle \theta$）で表し，それぞれをフェーザ図として描くと図 6.3 となる．また，図中には各電流を直交形式でも表している．

> 電流をフェーザ表示 ($I \angle \theta$) で表したとき，電流の偏角 θ は一般的に電圧との位相差を表している．
>
> 電圧，電流を複素数表示で表す場合，一般的にそれらの代数記号は大文字 E, I などを用いる．

④コンデンサを流れる電流（90°進み）
$I_C = \dfrac{E}{\dfrac{1}{\omega C}} \angle 90° = j\dfrac{E}{\dfrac{1}{\omega C}}$

②抵抗を流れる電流（同相）
$I_R = \dfrac{E}{R}$

①交流電圧源 E

③コイルを流れる電流（90°遅れ）
$I_L = \dfrac{E}{\omega L} \angle -90° = -j\dfrac{E}{\omega L}$

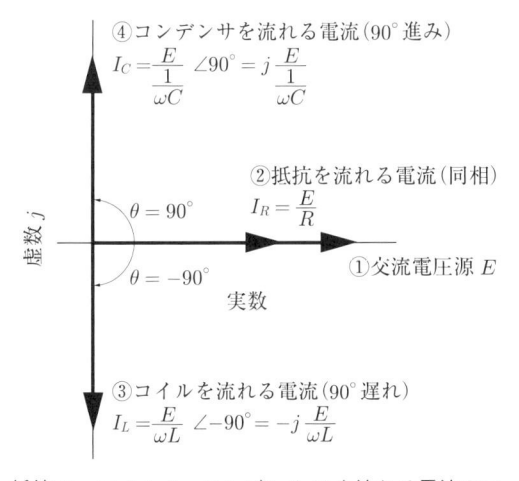

図 6.3 抵抗 R，コイル L，コンデンサ C を流れる電流のフェーザ図

①電圧 E は位相の基準であるので，そのフェーザ（矢印）は実数軸上に描く．②抵抗を流れる電流 I_R のフェーザは，電圧 E と位相差がないので，実数軸上に描く．③コイルを流れる電流 I_L のフェーザは，電圧 E より位相が 90° 遅れているので，虚数軸の負側 ($-j$) に描く．一方，④コンデンサを流れる電流 I_C のフェーザは，電圧 E より位相が 90° 進んでいるので，虚数軸の正側 ($+j$) に描く．

表 6.2 に，以上の電流の複素数表示をまとめた．

> 複素数を用いた電圧，電流の計算では，一般的にそれぞれの実効値を用いる．
>
> コイルおよびコンデンサを流れる電流は，それぞれ以下の式の表記にも変換できる
>
> $I_L = \dfrac{E}{j\omega L}$
>
> $I_C = \dfrac{E}{\dfrac{1}{j\omega C}}$

表 6.2　各種回路素子に流れる電流の複素数（フェーザ）表示

回路素子	電流の複素数表示		位相差 (電流は，電圧より)
	フェーザ（極形式）	直交形式	
抵抗 R	$I_R = \dfrac{E}{R}$	$I_R = \dfrac{E}{R}$	同じ（同位相）
コイル L	$I_L = \dfrac{E}{\omega L} \angle -90°$	$I_L = -j\dfrac{E}{\omega L}$	$\dfrac{\pi}{2}$ (90°) 遅れている
コンデンサ C	$I_C = \dfrac{E}{\frac{1}{\omega C}} \angle 90°$	$I_C = j\dfrac{E}{\frac{1}{\omega C}}$	$\dfrac{\pi}{2}$ (90°) 進んでいる

6.3　複素インピーダンス

複素インピーダンス Z は，交流回路での電流の流れづらさにくわえ，電圧と電流の位相差を生じさせる働きを複素数を用いて表現する方法である．その単位はオーム (Ω) である．

複素インピーダンス Z は，以下の①抵抗 R と②リアクタンス jX で構成され，それぞれの性質は以下である．

① 抵抗 R：電圧と電流の間で位相差を生じさせない電流の流れづらさであり，抵抗器によって発生する．

② リアクタンス jX：電圧と電流の間で位相差を生じさせる電流の流れづらさであり，コイル，コンデンサなどで発生する

コイル L，コンデンサ C で発生するリアクタンス jX_L, jX_C はそれぞれ以下となる．

> インピーダンス Z については，5.8 を参照．
>
> 複素インピーダンス Z は以下の式で表現できる．
> $$Z = R + jX$$

> リアクタンスは，電圧と電流の間に 90° の位相差を生じさせるため，複素表示では虚数 j が付く．

リアクタンス

コイル L：$jX_L = j\omega L$ （誘導性リアクタンス）　　(6.4)

コンデンサ C：$jX_C = \dfrac{1}{j\omega C} = -j\dfrac{1}{\omega C}$

（容量性リアクタンス）　　(6.5)

複素インピーダンス Z は，複素数で表現された電圧 E，電流 I の間で，オームの法則が成り立つ．

> 複素インピーダンスを用いると，コイル，コンデンサに流れる電流を，微分方程式を使わずに，オームの法則で求めることが出来る．

オームの法則

$$I = \dfrac{E}{Z} \tag{6.6}$$

表 6.3 に，各種回路素子の複素インピーダンスおよび交流電圧 E と交流電流 I の関係を示す．

表 6.3 各種回路素子の複素インピーダンスと電圧，電流の関係

回路素子	複素インピーダンス (Ω) （電流の流れづらさ）	電圧 E と電流 I の関係
抵抗 $R(\Omega)$	抵抗 R	$E = R \cdot I$ $I = \dfrac{E}{R}$
コイル $L(\mathrm{H})$	誘導性リアクタンス $jX_L = j\omega L$	$E = j\omega L \cdot I$ $I = \dfrac{E}{j\omega L} = -j\dfrac{E}{\omega L}$
コンデンサ $C(\mathrm{F})$	容量性リアクタンス $jX_C = \dfrac{1}{j\omega C} = -j\dfrac{1}{\omega C}$	$E = \dfrac{1}{j\omega C}I = -j\dfrac{1}{\omega C}I$ $I = \dfrac{E}{\dfrac{1}{j\omega C}} = j\omega C \cdot E$

【例題 6.1】複素インピーダンス

図 6.4(a),(b) に示す回路の複素インピーダンス Z を求めよ．ただし，周波数は $f = 50(\mathrm{Hz})$ とする．

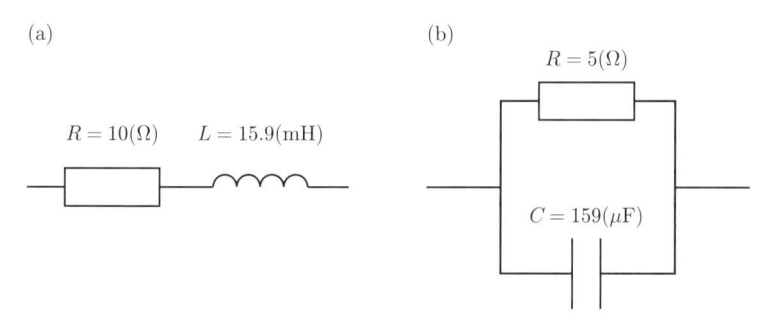

(a) $R = 10(\Omega)$　$L = 15.9(\mathrm{mH})$

(b) $R = 5(\Omega)$　$C = 159(\mu\mathrm{F})$

図 6.4　(a)RL 直列接続，(b)RC 並列接続

【例題解答】

(a) RL 直列接続の複素インピーダンス

コイル L の誘導性リアクタンス jX_L は以下である．

$$jX_L = j\omega L = j2 \cdot \pi \cdot 50 \cdot 15.9 \times 10^{-3} = j5 \ (\Omega) \tag{6.7}$$

このリアクタンス jX_L と抵抗 R が直列に接続されているため，RL 直列接続のインピーダンス Z は以下となる．

$$Z = R + jX_L = 10 + j5 \ (\Omega) \tag{6.8}$$

(b) RL 並列接続の複素インピーダンス

コンデンサ C の容量性リアクタンス jX_C は以下である．

抵抗 R とリアクタンス jX が並列に接続されている回路のインピーダンス Z は，以下の式で求められる．

$$\dfrac{1}{Z} = \dfrac{1}{R} + \dfrac{1}{jX}$$

$$Z = \dfrac{R \cdot jX}{R + jX}$$

$$jX_C = \frac{1}{j\omega C} = \frac{1}{j2\cdot\pi\cdot 50\cdot 159\times 10^{-6}} = -j20 \; (\Omega) \qquad (6.9)$$

このリアクタンス jX_C と抵抗 R が並列に接続されているため，RC 並列接続のインピーダンス Z は以下となる．

$$Z = \frac{R\cdot jX_C}{R + jX_C} = \frac{5\cdot(-j20)}{5+(-j20)} = 4.7 - j1.2 \; (\Omega) \qquad (6.10)$$

6.4　複素インピーダンスの合成

複素インピーダンスの合成法は，抵抗の合成と同じである．

本書では，インピーダンスが Z である回路素子は，以下の記号で表す．

—□ Z □—

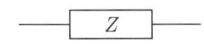

図 6.5 に示す複素インピーダンス Z_1, Z_2 が，(a) 直列および (b) 並列に接続されているとき，それぞれの接続法の合成インピーダンス Z は以下となる．

(a) 直列接続： $Z = Z_1 + Z_2$
$$= (R_1 + R_2) + j(X_1 + X_2) \qquad (6.11)$$

(b) 並列接続： $\dfrac{1}{Z} = \dfrac{1}{Z_1} + \dfrac{1}{Z_2}$

$$Z = \frac{Z_1 \cdot Z_1}{Z_1 + Z_1}$$

$$= \frac{(R_1 R_2 - X_1 X_2) + j(R_1 X_2 + R_2 X_1)}{(R_1 + R_2) + j(X_1 + X_2)} \qquad (6.12)$$

(a) 直列接続　　　　　　　　　　(b) 並列接続

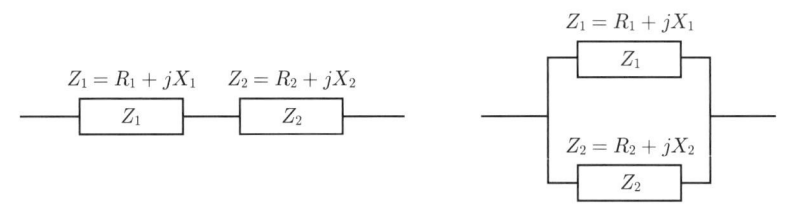

図 6.5　複素インピーダンスの (a) 直列接続および (b) 並列接続

【例題 6.2】抵抗回路

図 6.6 の抵抗回路に流れる電流 I，抵抗 R に発生する電圧 V_R を求めよ．また，これらのフェーザ図を描け．ただし，交流電圧源の周波数は $f = 50\,(\text{Hz})$ とする．

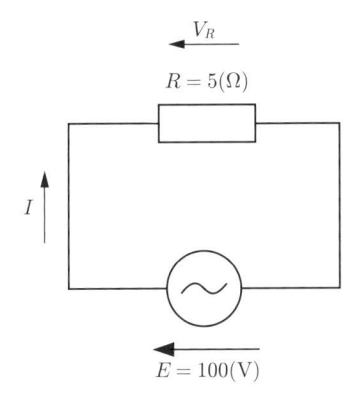

図 6.6 抵抗と交流電圧源の回路

【例題解答】

(a) 負荷の複素インピーダンス Z を求める

図 6.6 の回路は交流回路であるため，負荷 (抵抗 R) の複素インピーダンス Z を求める．

$$Z = R = 5 = 5\angle 0° \ (\Omega) \tag{6.13}$$

本回路はリアクタンス成分 jX を含んでいないため，複素インピーダンス Z は実数成分のみとなる．また，その偏角は $0°$ となる．

(b) 抵抗に流れる電流 I を求める

抵抗 R が形成する複素インピーダンス Z に交流電圧 E が印加されているため，回路に流れる電流 I は以下の式で求められる．

$$I = \frac{E}{Z} = \frac{100}{5\angle 0°} = 20\angle 0° \ (A) \tag{6.14}$$

複素インピーダンスに虚数成分（リアクタンス成分）が含まれていないため，電圧と電流は同位相となる．

この電流 I の偏角は $0°$ である．このことは，抵抗を流れる電流 I は，交流電圧源 E と位相が等しい（同位相）ことを示している．

(c) 抵抗 R に発生する電圧 V_R を求める

抵抗 R に電流 I が流れることで発生する電圧 V_R は，以下の式で求められる．

$$V_R = R \cdot I = 5\angle 0° \cdot 20\angle 0° = 100\angle 0° \ (V) \tag{6.15}$$

抵抗両端の電圧 V_R と交流電圧源の電圧 E は等しい．
$$V_R = E$$

(d) フェーザ図を描く

交流電圧源の電圧 E を位相の基準として描いたフェーザ図は図 6.7 となる．基準である電圧 E のフェーザは，実数軸に $|E| = 100(V)$ の大きさで描く．インピーダンス $Z(= R)$ および電流 I のフェーザは，ともに偏角が $0°$ であるため，実数軸上にそれぞれ $|Z| = 5(\Omega)$ および $|I| = 20(A)$ の大きさで描く．抵抗 R の両端電圧 V_R も偏角が $0°$ であるため，そのフ

本回路では，交流電圧源の電圧 E を抵抗に印加することで，電流および抵抗両端の電圧が発生している．そのため，交流電圧源の電圧 E が全ての基準となっている．よって，フェーザ図での位相の基準は交流電圧源の電圧 E とした．

|Z|, |I| は，インピーダンス Z，電流 I の絶対値（大きさ）を表している．

ェーザは実数軸上に $|V_R| = 100$(V) の大きさで描く．

抵抗回路では，全てのフェーザが同じ方向を向いている．このことは，全ての位相が等しいことを示している．

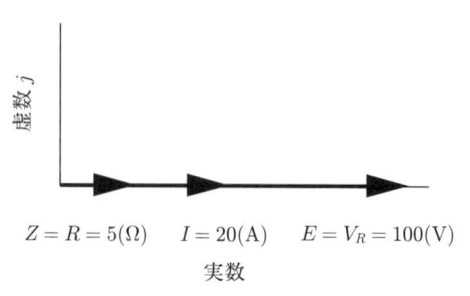

$Z = R = 5(\Omega)$　　$I = 20$(A)　　$E = V_R = 100$(V)

図 6.7　抵抗と交流電圧源のフェーザ図

【例題 6.3】コイル回路

図 6.8 のコイル回路に流れる電流 I，コイル両端に発生する電圧 V_L を求めよ．また，これらのフェーザ図を描け．ただし，交流電圧源の周波数は $f = 50$(Hz) とする．

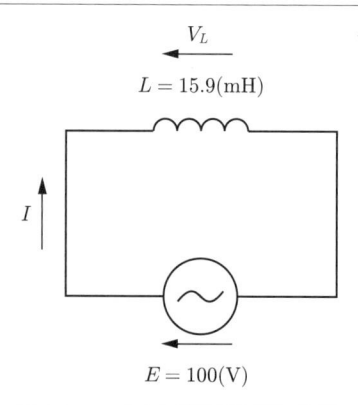

V_L
$L = 15.9$(mH)
I
$E = 100$(V)

図 6.8　コイルと交流電圧源の回路

$Z = j5(\Omega)$ は，複素平面上で実数軸に対して，$\theta = 90°$ の方向にある．そのため，極形式に変換すると，$Z = j5 = 5\angle 90°(\Omega)$ となる．

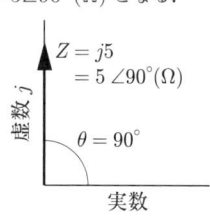

$Z = j5 = 5\angle 90°(\Omega)$
$\theta = 90°$

【例題解答】

(a) 負荷の複素インピーダンスを求める

コイルのインダクタンス L から，複素インピーダンス Z を求める．

$$Z = jX_L$$
$$= j\omega L = j2\pi f L = j2 \cdot \pi \cdot 50 \cdot 15.9 \times 10^{-3} = j5 \ (\Omega)$$
$$= 5\angle 90° \ (\Omega) \tag{6.16}$$

本回路は，抵抗 R を含んでいないため，複素インピーダンス Z は虚数成分のみとなる．

(b) コイルに流れる電流 I を求める

コイルが形成する複素インピーダンス Z に交流電圧 E が印加されてい

るため，回路に流れる電流 I は以下の式で求められる．

$$I = \frac{E}{Z} = \frac{100}{5\angle 90°} = 20\angle -90° \text{ (A)} \tag{6.17}$$

電流の偏角の符号がマイナスであるため，位相は遅れである．

この電流の偏角は $-90°$ である．このことは，コイルに流れる電流 I は，交流電圧源 E より，位相が $90°$ 遅れていることを示している．

(c) コイルに発生する電圧 V_L を求める

コイル L に電流 I が流れることで発生する電圧 V_L は，コイルの誘導性リアクタンス jX_L とそこに流れる電流 I の積によって求められる．

$$V_L = jX_L \cdot I = 5\angle 90° \cdot 20\angle -90° = 100\angle 0° \text{ (V)} \tag{6.18}$$

コイルの流れる電流は位相が $90°$ 遅れているが，コイルに電流 I が流れることで発生する電圧 V_L は，交流電圧源の電圧 E と等しい．

$$V_L = E$$

(d) フェーザ図を描く

交流電圧源 E を位相の基準として描いたフェーザ図は図6.9となる．基準である電圧 E のフェーザは，実数軸に $|E| = 100\text{(V)}$ の大きさで描く．インピーダンス Z のフェーザは，虚数軸の正の方向に $|Z| = 5(\Omega)$ の大きさで描く．コイル回路に流れる電流 I は，偏角が $-90°$ であるため，そのフェーザは虚数軸の負の方向に $|I| = 20\text{(A)}$ の大きさで描く．コイル L の両端電圧 V_L は偏角が $0°$ であるため，そのフェーザは実数軸上に $|V_L| = 100\text{(V)}$ の大きさで描く．

$|Z|, |I|$ は，インピーダンス Z，電流 I の絶対値（大きさ）を表している．

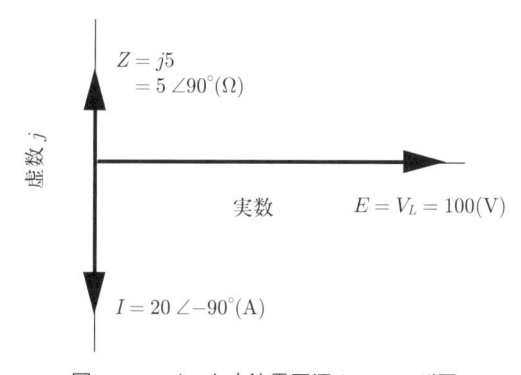

図 6.9 コイルと交流電圧源のフェーザ図

【例題 6.4】コンデンサ回路

図6.10のコンデンサ回路に流れる電流 I，コンデンサ両端に発生する電圧 V_C を求めよ．また，これらのフェーザ図を描け．ただし，交流電圧源の周波数は $f = 50\text{(Hz)}$ とする．

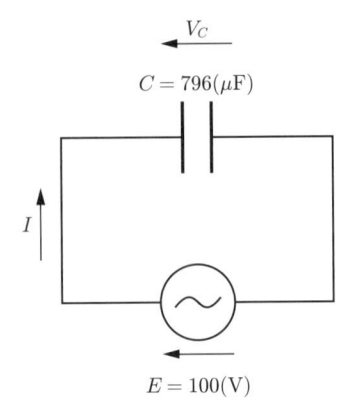

図 6.10 コンデンサと交流電圧源の回路

$Z = -j4(\Omega)$ は，複素平面上で実数軸に対して，$\theta = -90°$ の方向にある．そのため，極形式に変換すると，$Z = -j4 = 4\angle -90°\,(\Omega)$ となる．

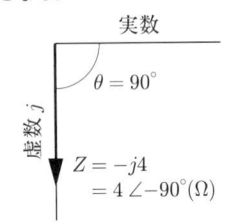

コンデンサでの電圧と電流の位相差は，コイルの場合と逆になる．

【例題解答】

(a) 負荷の複素インピーダンスを求める

コンデンサの静電容量 C から，複素インピーダンス Z を求める．

$$Z = jX_C = \frac{1}{j\omega C} = -j\frac{1}{2\pi fC}$$
$$= -j\frac{1}{2\cdot\pi\cdot 50\cdot 796\times 10^{-6}} = -j4\,(\Omega)$$
$$= 4\angle -90°\,(\Omega) \tag{6.19}$$

(b) コンデンサに流れる電流 I を求める

コンデンサが形成する複素インピーダンス Z に交流電圧 E が印加されているため，回路に流れる電流 I は以下の式で求められる．

$$I = \frac{E}{Z} = \frac{100}{4\angle -90°} = 25\angle 90°\,(A) \tag{6.20}$$

この電流の偏角は $+90°$ である．このことは，コンデンサに流れる電流 I は，交流電圧源 E より，位相が $90°$ 進んでいることを示している．

(c) コンデンサで発生する電圧 V_C を求める

コンデンサ C に電流 I が流れることで発生する電圧 V_C は，コンデンサの容量性リアクタンス jX_C とそこに流れる電流 I の積によって求められる．

$$V_C = jX_C \cdot I = 4\angle -90° \cdot 25\angle 90°$$
$$= 100\angle 0°\,(V) \tag{6.21}$$

(d) フェーザ図を描く

交流電圧源 E を位相の基準として描いたフェーザ図は図 6.11 となる．基準である電圧 E のフェーザは，実数軸に $|E| = 100(V)$ の大きさで描

く．インピーダンス Z のフェーザは，偏角が $-90°$ であるため，虚数軸の負の方向に $|Z| = 4(\Omega)$ の大きさで描く．コンデンサ回路に流れる電流 I は偏角が $90°$ であるため，そのフェーザは虚数軸の正の方向に $|I| = 25(A)$ の大きさで描く．また，コンデンサ C の両端電圧 V_C のフェーザは，偏角が $0°$ であるため，実数軸上に $|V_C| = 100(V)$ の大きさで描く．

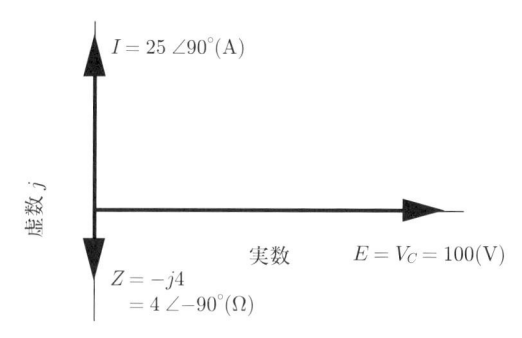

図 6.11 コンデンサと交流電圧源のフェーザ図

【例題 6.5】抵抗-コイル (RL) 直列回路

図 6.12 の RL 直列回路に流れる電流 I，抵抗 R およびコイル L の両端にそれぞれ発生する電圧 V_R, V_L を求めよ．また，これらのフェーザ図を描け．ただし，交流電圧源の周波数は $f = 50(Hz)$ とする．

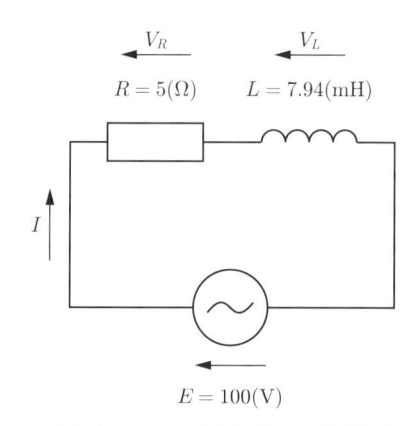

図 6.12 抵抗とコイルの直列接続と交流電圧源の回路

【例題解答】

(a) 負荷の複素インピーダンス Z を求める

図 6.12 の回路では，抵抗およびコイルがそれぞれ複素インピーダンスの実数 (抵抗 R) 成分と虚数 (リアクタンス jX_L) 成分を形成している．よって，複素インピーダンス Z は，抵抗 R と誘導性リアクタンス jX_L から，以下の式で求められる．

抵抗とコイルが直列に接続されてるため，複素インピーダンスは $Z = R + jX_L$ となる．

これらが並列に接続された場合は，抵抗の並列接続と同様に，以下の式を用いて複素インピーダンス Z を求める．

$$\frac{1}{Z} = \frac{1}{R} + \frac{1}{jX_L}$$

$$Z = \frac{R \cdot jX_L}{R + jX_L}$$

コイルのリアクタンスは，$jX_L = j2.49 = 2.49\angle 90°(\Omega)$ である．

インピーダンス Z の直交形式から極形式への変換は，以下の公式を用いる．

$$a + jb = \sqrt{a^2 + b^2}\angle \tan^{-1}\left(\frac{b}{a}\right)$$

$$\begin{aligned}
Z &= R + jX_L = R + j\omega L = R + j2\pi f L \\
&= 5 + j2\cdot\pi\cdot 50\cdot 7.94\times 10^{-3} \\
&= 5 + j2.49 \ (\Omega) \\
&= \sqrt{5^2 + 2.49^2}\angle \tan^{-1}\left(\frac{2.49}{5}\right) \\
&= 5.59\angle 26.5° \ (\Omega)
\end{aligned} \qquad (6.22)$$

抵抗 R とコイル L で形成される複素インピーダンス Z のフェーザ図を図 6.13 に示す．

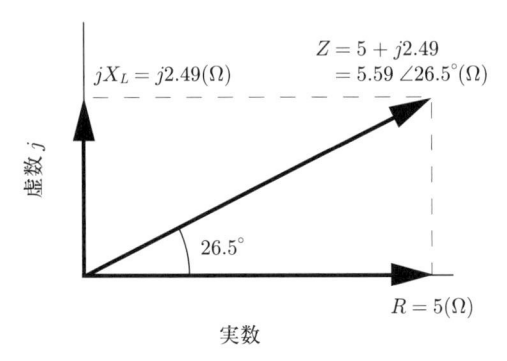

図 6.13 抵抗とコイルで形成される複素インピーダンス Z のフェーザ図

コイルの誘導性リアクタンスが $X_L = 0(\Omega)$ の時（$L = 0$(H) または $f = 0$(Hz)），複素インピーダンス Z の偏角は $\theta = 0°$ となる．

抵抗が $R = 0(\Omega)$ の場合は，複素インピーダンス Z の偏角は $\theta = 90°$ となる．

抵抗 R およびコイルの誘導性リアクタンス jX_L のフェーザは，それぞれ実数軸上に $|R| = 5(\Omega)$ および虚数軸上に $|X_L| = 2.49(\Omega)$ の大きさで描かれる．これらを合成したものが，複素インピーダンス Z のフェーザである．その大きさは $|Z| = 5.59(\Omega)$ となり，偏角は $\theta = 26.5°$ である．

(b) 回路に流れる電流 I を求める

複素インピーダンス Z に交流電圧 E が印加されているため，回路に流れる電流 I は以下の式で求められる．

$$I = \frac{E}{Z} = \frac{100}{5.59\angle 26.5°} = 17.9\angle -26.5° \ (A) \qquad (6.23)$$

この RL 直列回路に流れる電流は，大きさが $|I| = 17.9(A)$ である．また，この電流は，交流電圧源 E より，位相が $26.5°$ 遅れている．

インピーダンス Z と電流 I の関係を示すフェーザ図を図 6.14 に示す．

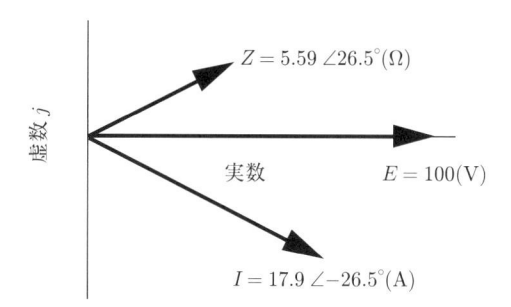

図6.14 交流電圧源 E，インピーダンス Z と電流 I のフェーザ図

図6.13 と図 6.14 の図では，図の縮尺が異なる．

(c) 抵抗およびコイルに発生する電圧 V_R, V_L を求める

抵抗 R に電流 I が流れることで発生する電圧 V_R は，以下の式で求められる．

$$V_R = R \cdot I = 5 \cdot 17.9 \angle -26.5° \\ = 89.5 \angle -26.5° \text{ (V)} \tag{6.24}$$

一方，コイル L で発生する電圧 V_L は，コイルの誘導性リアクタンス jX_L とそこに流れる電流 I の積によって求められる．

$$V_L = jX_L \cdot I = 2.49 \angle 90° \cdot 17.9 \angle -26.5° \\ = 44.6 \angle 63.5° \text{ (V)} \tag{6.25}$$

電圧 V_L を求める場合，リアクタンス jX_L と電流 I の積であることに注意．

抵抗およびコイルの両端で発生する電圧 V_R, V_L の大きさを加算した場合，$|V_R| + |V_L| = 134.1\text{(V)}$ となり，交流電圧源の値 $E = 100\text{(V)}$ を越えてしまう．これは，抵抗とコイルで発生する電圧 V_R, V_L に位相差があり，単純に大きさのみを加算出来ないためである．それぞれの電圧を位相を含めて加算すると以下となり，加算結果と交流電源の電圧値は一致する．

$$\begin{aligned} V_R + V_L &= 89.5 \angle -26.5° + 44.6 \angle 63.5° \\ &= (80.1 - j39.9) + (19.9 + j39.9) \\ &= 100 - j0 \text{ (V)} \\ &= E \end{aligned} \tag{6.26}$$

極形式の複素数を直交形式に変換してから，加算する．直交形式への変換法は以下である．

$$V \angle \theta = V \cos \theta + jV \sin \theta$$

交流を取り扱うときは，電圧，電流，インピーダンスの大きさに加え，それぞれの偏角についても注意を払う必要がある．

抵抗とコイルで発生する電圧 V_R, V_L と交流電源の電圧 E との関係を表したフェーザ図は，図 6.15 となる．

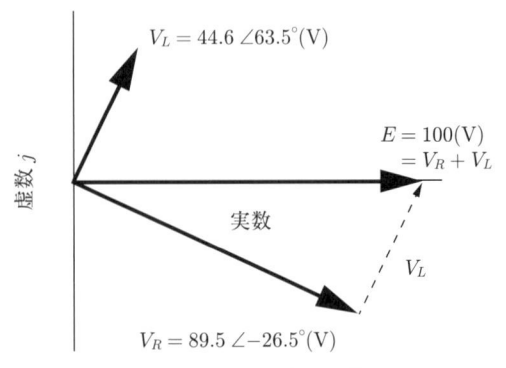

図 6.15 抵抗とコイルで発生する電圧 V_R, V_L と交流電源の電圧 E のフェーザ図

【例題 6.6】抵抗-コンデンサ (RC) 直列回路

図 6.16 に示す RC 直列回路で，回路に流れる電流 I，抵抗 R およびコンデンサ C の両端で発生する電圧 V_R, V_C を求めよ．また，これらのフェーザ図を描け．ただし，交流電圧源の周波数は $f = 50(\text{Hz})$ とする．

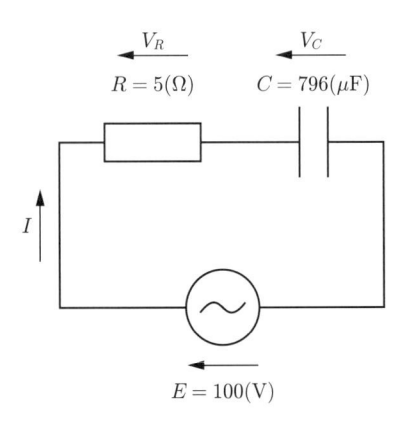

図 6.16 抵抗，コンデンサの直列接続と交流電圧源の回路

【例題解答】

(a) **負荷の複素インピーダンス Z を求める**

抵抗 R とコイル C の直列接続で形成される複素インピーダンス Z は，抵抗 R と容量性リアクタンス jX_C から，以下の式で求められる．

インピーダンス Z の直交形式から極形式への変換は，以下の公式を用いる．

$$a + jb = \sqrt{a^2 + b^2} \angle \tan^{-1}\left(\frac{b}{a}\right)$$

$$Z = R + jX_C = R + \frac{1}{j\omega C} = R - j\frac{1}{2\pi f C}$$
$$= 5 - j\frac{1}{2 \cdot \pi \cdot 50 \cdot 796 \times 10^{-6}}$$
$$= 5 - j4 \ (\Omega)$$
$$= \sqrt{5^2 + (-4)^2} \angle \tan^{-1}\left(\frac{-4}{5}\right)$$
$$= 6.4 \angle -38.7° \ (\Omega) \tag{6.27}$$

抵抗 R とコンデンサ C で形成される複素インピーダンスのフェーザ図を図 6.17 に示す.

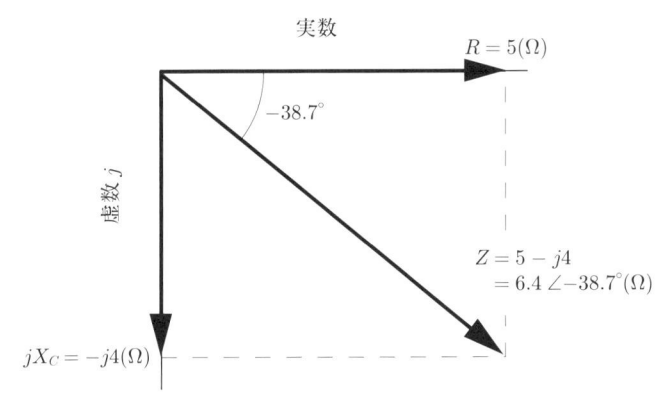

図 6.17 抵抗とコンデンサで形成されるインピーダンス Z のフェーザ図

抵抗 R およびコンデンサの容量性リアクタンス jX_C のフェーザは，それぞれ実数軸上に $|R| = 5(\Omega)$ および負の虚数軸上に $|X_C| = 4(\Omega)$ の大きさで描かれる．これらを合成したものが，インピーダンス Z のフェーザである．その大きさは $|Z| = 6.4(\Omega)$ となり，偏角は $-38.7°$ である．

コンデンサの容量性リアクタンスが $jX_C = j0(\Omega)$ の時 ($C = 0(F)$)，複素インピーダンス Z の偏角は $\theta = 0°$ となる.
抵抗が $R = 0(\Omega)$ の場合は，複素インピーダンス Z の偏角は $\theta = -90°$ となる．

(b) 回路に流れる電流 I を求める

複素インピーダンス Z に交流電圧 E が印加されているので，流れる電流 I は以下の式で求められる．

$$I = \frac{E}{Z} = \frac{100}{6.4 \angle -38.7°} = 15.6 \angle 38.7° \ (A) \tag{6.28}$$

この RC 直列回路に流れる電流は，大きさが $|I| = 15.6(A)$ である．また，この電流は，交流電圧源の電圧 E より，位相が $38.7°$ 進んでいる．

複素インピーダンス Z と電流 I のフェーザ図を 6.18 に示す．

図 6.18 は，図 6.17 とフェーザ図の縮尺が異なることに注意．

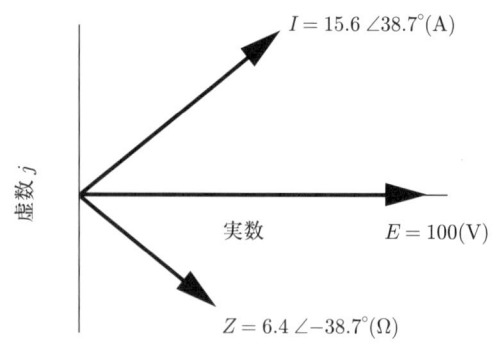

図 6.18 電圧 E，インピーダンス Z と電流 I のフェーザ図

(c) 抵抗およびコンデンサに発生する電圧 V_R, V_C を求める

抵抗 R に電流 I が流れることで発生する電圧 V_R は，以下の式で求められる．

$$V_R = R \cdot I = 5 \cdot 15.6 \angle 38.7°$$
$$= 78 \angle 38.7° \text{ (V)} \tag{6.29}$$

抵抗とコンデンサで発生する電圧の和は，電源の電圧と等しくなる．ただし，これらの電圧を複素数（フェーザ）として計算する必要がある．

一方，コンデンサ C で発生する電圧は，コンデンサの容量性リアクタンス jX_C とそこに流れる電流 I の積によって求められる．

$$V_C = jX_C \cdot I = 4\angle -90° \cdot 15.6 \angle 38.7°$$
$$= 62.4 \angle -51.3° \text{ (V)} \tag{6.30}$$

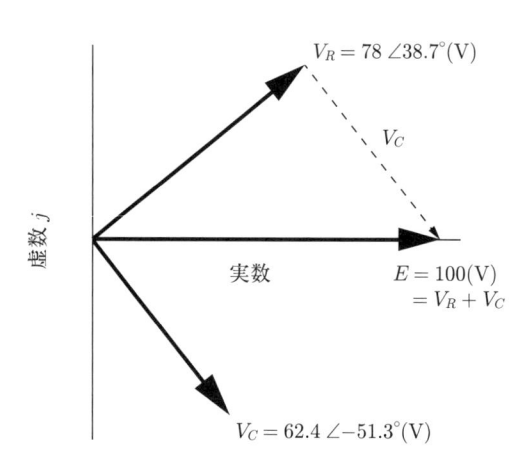

図 6.19 抵抗とコンデンサで発生する電圧 V_R, V_C と交流電源の電圧 E のフェーザ図

【例題 6.7】抵抗-コイル-コンデンサ (RLC) 直列回路

図 6.20 に示す RLC 直列回路の複素インピーダンス Z を求め，この回路に流れる電流 I を求めよ．ただし，交流電圧源の周波数は $f = 50$(Hz) とする．

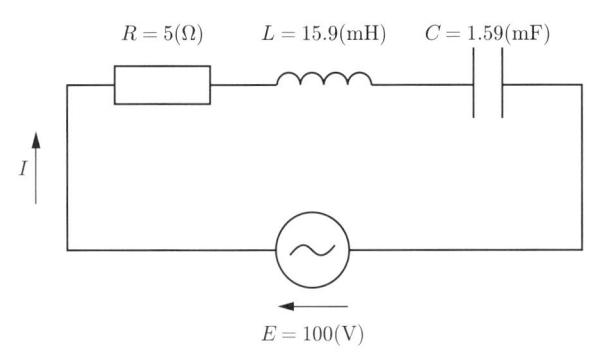

図 6.20　抵抗 R，コイル L，コンデンサ C の直列接続と交流電圧源の回路

【例題解答】

(a) 負荷の複素インピーダンスを求める

抵抗 R，コイル L およびコンデンサ C の直列接続で形成される複素インピーダンス Z は，以下の式で求められる．

$$\begin{aligned}
Z &= R + jX_L + jX_C \\
&= R + j\omega L + \frac{1}{j\omega C} = R + j\omega L - j\frac{1}{\omega C} \\
&= 5 + j5 - j2 = 5 + j3 \ (\Omega) \\
&= \sqrt{5^2 + 3^2} \angle \tan^{-1}\left(\frac{3}{5}\right) \\
&= 5.83 \angle 31° \ (\Omega)
\end{aligned} \tag{6.31}$$

抵抗 R とコイル L，コンデンサ C で形成される複素インピーダンス Z のフェーザ図を図 6.21 に示す．

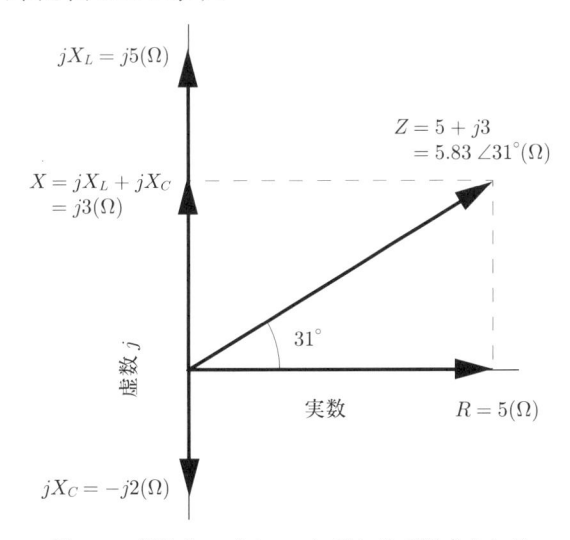

図 6.21　抵抗とコイル，コンデンサで形成される複素インピーダンス Z のフェーザ図

> コンデンサのリアクタンス jX_C の大きさがコイルのそれ jX_L より大きい場合 ($|X_C| > |X_L|$) には，負荷のインピーダンス Z の虚数成分は負となる．

> RLC 回路での負荷のインピーダンス Z は，偏角が $-90° \leq \theta \leq 90°$ の範囲で変化する．

抵抗 R のフェーザは，実数軸上に $|R| = 5(\Omega)$ の大きさで描かれる．コイルの誘導性リアクタンス jX_L は虚数軸上で正であるのに対し，コンデンサの容量性リアクタンス jX_C は負となり，フェーザの向きが逆である．これらのリアクタンスは直列に接続されているので，複素インピーダンスの虚数成分 jX は，$jX = jX_L + jX_C = j5 - j2 = j3(\Omega)$ となる．

(b) 回路に流れる電流 I を求める

抵抗 R およびコイル L，コンデンサ C で形成されるインピーダンス Z に交流電圧 E が印加されているので，流れる電流 I は以下の式で求められる．

$$I = \frac{E}{Z} = \frac{100}{5.83\angle 31°} = 17.2\angle -31° \text{ (A)} \tag{6.32}$$

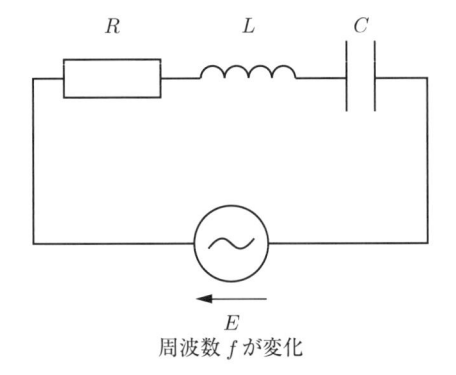

6.5 抵抗-コイル-コンデンサ (RLC) 直列共振回路

RLC 直列共振回路とは，抵抗 R，コイル L およびコンデンサ C が直列に接続された回路である．

図 6.22 のように RLC 直列共振回路に交流電源を接続し，電源の周波数 f を変化させると，回路全体の複素インピーダンス Z が変化する．また，この回路は，ある特定の周波数で複素インピーダンスの大きさ $|Z|$ が最小 ($|Z| = R$) となる性質がある (図 6.23)．

> 共振周波数 f_0 では，インピーダンスの偏角が $\theta = 0°$ となる．

複素インピーダンスの大きさ $|Z|$ が最小となる周波数は，共振周波数 f_0 と呼ばれ，以下のように求められる．

図 6.22 抵抗-コイル-コンデンサ (RLC) 直列共振回路

6.5 抵抗-コイル-コンデンサ (RLC) 直列共振回路

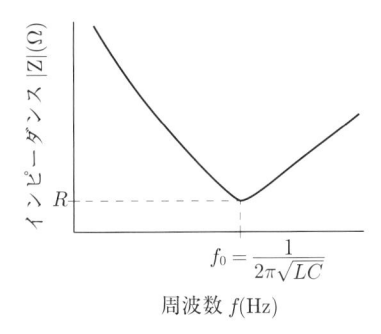

図 6.23 周波数 f の変化に対する RLC 直列共振回路のインピーダンス $|Z|$ の変化

図 6.22 の RLC 直列共振回路の複素インピーダンス Z は以下になる．

$$Z = R + jX_L + jX_C = R + j\omega L + \frac{1}{j\omega C}$$
$$= R + j\left(\omega L - \frac{1}{\omega C}\right) \tag{6.33}$$

この合成インピーダンスの大きさ $|Z|$ は以下である．

$$|Z| = \sqrt{R^2 + \left(\omega L - \frac{1}{\omega C}\right)^2} \tag{6.34}$$

RLC 直列共振回路では，角周波数 ω が変化すると，複素インピーダンス Z のリアクタンス成分 $\left(\omega L - \frac{1}{\omega C}\right)$ が変化する．複素インピーダンスの大きさが最小となる条件は，リアクタンス成分が $\omega L - \frac{1}{\omega C} = 0$ になることである．よって，共振周波数 f_0 は以下のように求められる．

$$\omega L - \frac{1}{\omega C} = 0$$
$$\therefore \omega = \frac{1}{\sqrt{LC}}, \quad f_0 = \frac{1}{2\pi\sqrt{LC}} \tag{6.35}$$

複素インピーダンス $Z = R + jX$ の大きさは，以下の式で求める．

$$|Z| = \sqrt{R^2 + X^2}$$

周波数 $f(\mathrm{Hz})$ と角周波数 $\omega(\mathrm{rad/s})$ の間には，以下の関係があるため，角周波数の変化は，周波数の変化に等しい．

$$\omega = 2\pi f$$

リアクタンス成分 X は周波数の関数であるが，抵抗成分 R は周波数の関数ではない．

【例題 6.8】RLC 直列共振回路

図 6.24 の RLC 直列回路で，交流電源の周波数 f が変化するとき，回路に流れる電流 I が最大となる周波数を求めよ．

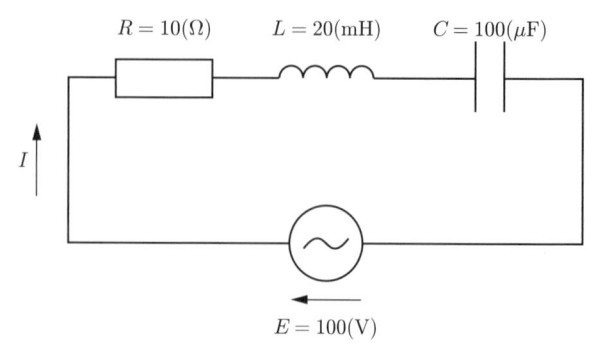

図 6.24 抵抗-コイル-コンデンサ (RLC) 直列共振回路

【例題解答】

図 6.24 の RLC 直列共振回路で，回路に流れる電流 I が最大となる条件は，この回路が共振状態となり，リアクタンス成分が $jX = 0$ になることである．共振周波数 f_0 は以下の式で求められる．

$$f_0 = \frac{1}{2\pi\sqrt{LC}} = \frac{1}{2\pi\sqrt{20 \times 10^{-3} \cdot 100 \times 10^{-6}}} = 113 \text{ (Hz)} \tag{6.36}$$

共振周波数 f_0 以外のとき，回路に流れる電流 I は以下である．

$$I = \frac{E}{Z}$$
$$= \frac{E}{R + j\left(\omega L - \dfrac{1}{\omega C}\right)}$$

また，そのとき RLC 直列共振回路のインピーダンスは $Z = R$ となるため，回路に流れる電流 I は以下となる．

$$I = \frac{E}{Z} = \frac{E}{R} = \frac{100}{10} = 10 \text{ (A)} \tag{6.37}$$

【例題 6.9】RLC 並列共振回路

図 6.25 に示す抵抗-コイル-コンデンサ (RLC) の並列共振回路で，複素インピーダンス Z の大きさが最大となる共振周波数 f_0 を求めよ．

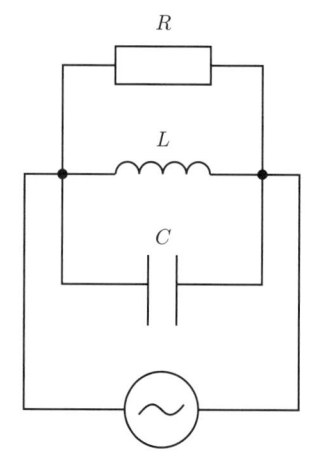

図 6.25 抵抗-コイル-コンデンサ (RLC) 並列共振回路

【例題解答】

図 6.25 に示す RLC 並列共振回路の複素インピーダンス Z は，以下の式で求められる．

$$\frac{1}{Z} = \frac{1}{R} + \frac{1}{j\omega L} + \frac{1}{\frac{1}{j\omega C}} = \frac{1}{R} + j\left(-\frac{1}{\omega L} + \omega C\right)$$

$$Z = \frac{1}{\frac{1}{R} + j\left(-\frac{1}{\omega L} + \omega C\right)} \tag{6.38}$$

RLC 並列共振回路の複素インピーダンスの大きさ $|Z|$ が最大値となるためには，リアクタンス成分が $X = 0$ になればよい．よって，共振周波数 f_0 は，以下で求められる．

$$-\frac{1}{\omega L} + \omega C = 0$$
$$\omega = \frac{1}{\sqrt{LC}}, \quad f_0 = \frac{1}{2\pi\sqrt{LC}} \tag{6.39}$$

RLC 並列共振回路が共振状態 f_0 にあるとき，この回路のインピーダンスは，$Z = R$ となる．

> 並列共振回路のインピーダンスの大きさ $|Z|$ は，以下の式および図となる．
>
> $$|Z| = \frac{1}{\sqrt{\left(\frac{1}{R}\right)^2 + \left(-\frac{1}{\omega L} + \omega C\right)^2}}$$

6.6 複素アドミッタンス

複素アドミッタンス Y は，複素数を用いて電流の流れやすさを示す．単位はシーメンス (S) である．複素アドミッタンス Y は，複素インピーダンス Z と逆数の関係 ($Y = \frac{1}{Z}$) にある．

複素アドミッタンス Y は，以下の①コンダクタンス G と②サセプタンス B で構成され，これらの単位はともにシーメンス (S) である．

① コンダクタンス G：電圧と電流の間で位相差を生じさせない電流の流れやすさであり，抵抗器によって発生する．
② サセプタンス jB：電圧と電流の間で位相差を生じさせる電流の流れやすさであり，コイル，コンデンサなどで発生する．

コイル L，コンデンサ C によって発生するサセプタンス jB_L, jB_C はそれぞれ以下である．

> 複素アドミッタンス Y の値が高いほど，電流は流れやすい．
>
> 複素アドミッタンス Y は以下の式で表現できる．
>
> $$Y = G + jB$$

サセプタンス

$$\text{コイル L：} jB_L = \frac{1}{j\omega L} = -j\frac{1}{\omega L} \tag{6.40}$$

(誘導性サセプタンス)

$$\text{コンデンサ C：} jB_C = j\omega C \tag{6.41}$$

(容量性サセプタンス)

コンダクタンス G と抵抗 R, サセプタンス jB とリアクタンス jX の間には，以下の関係が成り立つ．

$$G = \frac{1}{R} \tag{6.42}$$

$$jB = \frac{1}{jX} = -j\frac{1}{X} \tag{6.43}$$

> サセプタンスは，電圧と電流の間に $90°$ の位相差を生じさせるため，複素表示では虚数 j が付く．

複素インピーダンスが $Z = R + jX$ であるとき，それを複素アドミタンス Y に変換すると以下になる．

$$\begin{aligned} Y &= \frac{1}{Z} = \frac{1}{R+jX} = \frac{R-jX}{R^2+X^2} \\ &= \left(\frac{R}{R^2+X^2}\right) - j\left(\frac{X}{R^2+X^2}\right) \end{aligned} \tag{6.44}$$

6.7 複素アドミタンスを用いたオームの法則

複素アドミタンス Y は，電圧 E と電流 I の間で，オームの法則が成り立つ．ただし，複素アドミタンス Y は，インピーダンス Z と逆数の関係にあるため，オームの法則は以下の式となる．

複素アドミタンスを用いたオームの法則

$$Y = \frac{I}{E} \qquad E = \frac{I}{Y} \qquad I = Y \cdot E \tag{6.45}$$

表 6.4　各種回路素子の複素アドミタンスと電圧，電流の関係

回路素子	複素アドミタンス Y (S) （電流の流れやすさ）	電圧 E と電流 I の関係
抵抗器 R (Ω)	コンダクタンス $G = \dfrac{1}{R}$	$E = \dfrac{I}{G}$ $I = G \cdot E$
コイル L (H)	誘導性サセプタンス $jB_L = \dfrac{1}{j\omega L} = -j\dfrac{1}{\omega L}$	$E = \dfrac{I}{jB_L} = \dfrac{I}{\frac{1}{j\omega L}} = j\omega L \cdot I$ $I = jB_L \cdot E = \dfrac{1}{j\omega L}E = -j\dfrac{1}{\omega L}E$
コンデンサ C (F)	容量性サセプタンス $jB_C = j\omega C$	$E = \dfrac{I}{jB_C} = \dfrac{I}{j\omega C} = -j\dfrac{I}{\omega C}$ $I = jB_C \cdot E = j\omega C \cdot E$

6.8 複素アドミッタンスの合成

図 6.26 に示す複素アドミッタンス Y_1, Y_2 が，(a) 直列および (b) 並列に接続されているとき，それぞれの合成アドミッタンス Y は以下となる．

(a) 直列接続：$\dfrac{1}{Y} = \dfrac{1}{Y_1} + \dfrac{1}{Y_2}$

$$Y = \frac{Y_1 \cdot Y_2}{Y_1 + Y_2}$$
$$= \frac{(G_1 G_2 - B_1 B_2) + j(G_1 B_2 + G_2 B_1)}{(G_1 + G_2) + j(B_1 + B_2)} \tag{6.46}$$

(b) 並列接続：$Y = Y_1 + Y_2$
$$= (G_1 + G_2) + j(B_1 + B_2) \tag{6.47}$$

本書では，アドミッタンスが Y である回路素子は，以下の記号で表す．

複素アドミッタンス Y の合成法は，複素インピーダンス Z の場合と，直列接続と並列接続で逆である．

(a) 直列接続

(b) 並列接続

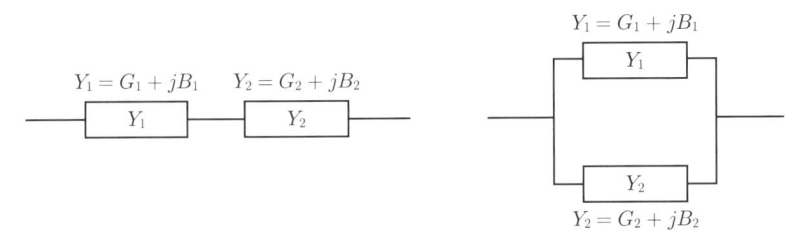

図 6.26 複素インピーダンスの (a) 直列接続および (b) 並列接続

【例題 6.10】並列アドミッタンス回路

図 6.27 の RLC 並列回路に流れる電流 I を，複素アドミッタンス Y を用いて求めよ．ただし，交流電圧源の周波数は $f = 50\,(\mathrm{Hz})$ とする．

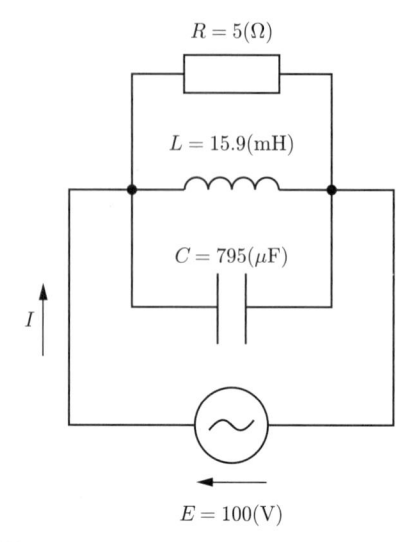

図 6.27 抵抗，コイル，コンデンサの並列接続と交流電圧源の回路

【例題解答】
(a) 負荷の複素アドミッタンス Y を求める

抵抗 R，コイル L およびコンデンサ C が並列に接続されているので，複素アドミッタンス Y の合成は，それらの回路素子のコンダクタンス G およびサセプタンス jB_L, jB_C の和となる．

抵抗器は，その抵抗値 $R(\Omega)$ が示されているので，コンダクタンス $G(S)$ に変換する必要がある．
$$G = \frac{1}{R}$$

$$\begin{aligned}
Y &= G + jB_L + jB_C = \frac{1}{R} + \frac{1}{j\omega L} + j\omega C \\
&= \frac{1}{5} + \frac{1}{j2\cdot\pi\cdot 50\cdot 15.9\times 10^{-3}} + j2\cdot\pi\cdot 50\cdot 795\times 10^{-6} \\
&= 0.2 - j0.20 + j0.25 = 0.2 + j0.05 \\
&= 0.21\angle 14° \text{ (S)} \tag{6.48}
\end{aligned}$$

(b) 回路に流れる電流 I を求める

交流電圧源 E と複素アドミッタンス Y によって，電流 I が決定される．

アドミッタンス Y を用いたオームの法則は，以下である．
$$I = Y \cdot E$$

$$\begin{aligned}
I = Y\cdot E &= 0.21\angle 14°\cdot 100 \\
&= 21\angle 14° \text{ (A)} \tag{6.49}
\end{aligned}$$

6.8 複素アドミッタンスの合成

演習問題

【演習 6.1】
演習図 6.1(a) の RL 並列接続を (b)RL 直列接続に変換するとき，RL 直列回路に用いる抵抗 R_s およびコイル L_s を求めよ．ただし，周波数は $f = 50(\text{Hz})$ とする．

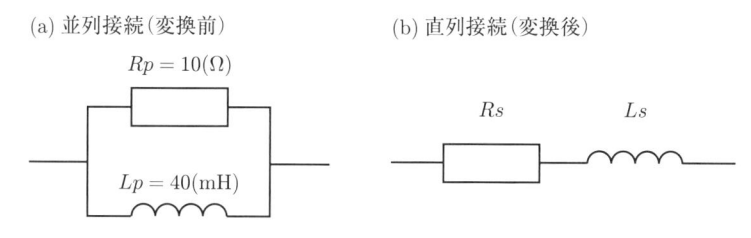

(a) 並列接続（変換前）　　(b) 直列接続（変換後）

$Rp = 10(\Omega)$

$Lp = 40(\text{mH})$

Rs　　Ls

演習図 6.1

【演習解答】

(a) RL 並列接続の合成インピーダンス Z_p は，以下である．

$$Z_p = \frac{R_p \cdot j\omega L_p}{R_p + j\omega L_p} = 6.12 + j4.87 \ (\Omega)$$

(b) RL 直列接続の合成インピーダンス Z_s を，(a) 並列回路の合成インピーダンス Z_p と等しくすることで，RL 直列回路の抵抗 R_s，コイル L_s を求める．

$$Z_s = R_s + j\omega L_s = Z_p$$

$$R_s = 6.12 \ (\Omega)$$

$$jX_{Ls} = j4.87 \ (\Omega) \quad \therefore L_s = 15.5 \ (\text{mH})$$

コイルのインダクタンス L とリアクタンス jX の関係は，以下である．

$$jX = j\omega L$$

【演習 6.2】
演習図 6.2 で，各インピーダンスに流れる電流 I_1, I_2，回路全体に流れる電流 I を求めよ．ただし，交流電圧源の周波数を $f = 50(\text{Hz})$ とする．

$E = 100(\text{V})$　$R_1 = 10(\Omega)$　$L = 63.7(\text{mH})$　$R_2 = 20(\Omega)$　$C = 106(\mu\text{F})$

演習図 6.2

【演習解答】

$R_1 L$ の合成インピーダンス：
$$Z_1 = R_1 + j\omega L = 10 + j20 = 22.4\angle 63.4° \ (\Omega)$$

$R_2 C$ の合成インピーダンス：
$$Z_c = R_2 + \frac{1}{j\omega C} = 20 - j30 = 36.1°\angle -56.3 \ (\Omega)$$

各電流：
$$I_1 = \frac{E}{Z_1} = 4.46\angle -63.4° \ (A)$$
$$I_2 = \frac{E}{Z_2} = 2.77\angle 56.3° \ (A)$$

回路全体を流れる電流：
$$I = I_1 + I_2 = (2 - j3.99) + (1.54 + j2.30) = 3.54 - j1.69$$
$$= 3.92\angle -25.5°(A)$$

【演習 6.3】
演習図 6.3 の回路が，周波数に関係なく常に一定の抵抗値 R となる条件を求めよ．

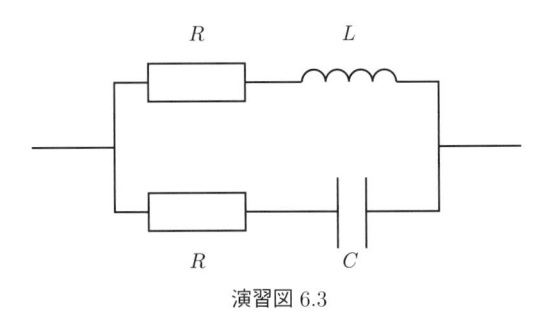

周波数に関係なく常に一定の抵抗値となる回路は，定抵抗回路と呼ばれる．定抵抗回路のリアクタンス成分は $jX = 0$ であり，抵抗成分のみである．
共振回路は，ある特定の周波数でリアクタンス成分が打ち消され，抵抗成分のみになる回路である．
定抵抗回路と共振回路は異なる回路である．

演習図 6.3

【演習解答】

演習図 6.3 の回路の合成インピーダンス Z は以下である．

$$Z = \frac{(R + j\omega L)(R + \frac{1}{j\omega C})}{(R + j\omega L) + (R + \frac{1}{j\omega C})} = \frac{(R^2 + \frac{L}{C}) + j(\omega LR - \frac{R}{\omega C})}{2R + j(\omega L - \frac{1}{\omega C})}$$

この合成インピーダンス Z が，抵抗 R で定抵抗回路となるためには，上式が R であればよい．その条件は以下となる．

$$\frac{(R^2 + \dfrac{L}{C}) + j(\omega LR - \dfrac{R}{\omega C})}{2R + j(\omega L - \dfrac{1}{\omega C})} = R$$

$$\frac{(R + \dfrac{L}{RC}) + j(\omega L - \dfrac{1}{\omega C})}{2R + j(\omega L - \dfrac{1}{\omega C})} = 1$$

$$\left(R + \frac{L}{RC}\right) + j\left(\omega L - \frac{1}{\omega C}\right) = 2R + j\left(\omega L - \frac{1}{\omega C}\right)$$

$$R + \frac{L}{RC} = 2R$$

$$\therefore \frac{L}{C} = R^2$$

第7章

フェーザ軌跡

　複素数を用いた交流回路の解析では，フェーザ図を用いると解析結果が理解しやすい．交流回路では，周波数が変化すると，回路素子のインピーダンスが変化し，その結果，電圧と電流も変化する．そのような変化をフェーザ図上に示したものが，フェーザ軌跡である．

7.1　フェーザ図

　図 7.1(a) に示す RL 直列回路のインピーダンス Z は，抵抗 R とコイルのインダクタンス jX_L で構成され，以下の式となる．

$$Z = R + jX_L = R + j\omega L \tag{7.1}$$

コイルのリアクタンス jX_L は角周波数 ω の関数であるため，インピーダンス Z の虚数成分は角周波数 ω によって変化する．

　図 7.1(b) は，角周波数が ω_1 と ω_2 の場合の RL 直列回路のインピーダンス Z_1, Z_2 をフェーザ図で示した．角周波数が $\omega_1 < \omega_2$ であるとき，インピーダンス Z の虚数成分 $\mathrm{Im}(Z)$ は $j\omega_1 L < j\omega_2 L$ となる．

> 角周波数 ω は，周波数 f と以下の関係がある．
> $$\omega = 2\pi f$$

> 複素数 Z の実数成分および虚数成分は，以下のように表現される．
> 実数成分：$\mathrm{Re}(Z)$
> 虚数成分：$\mathrm{Im}(Z)$

(a) RL 直列回路　　　　(b) インピーダンス Z のベクトル図

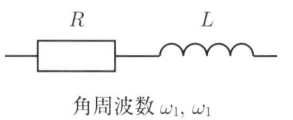

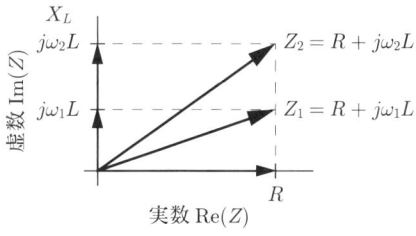

図 7.1　RL 直列回路のフェーザ図

7.2　フェーザ軌跡

　フェーザ軌跡は，フェーザが変化した場合にその先端が描く軌跡である．

図 7.2(a) に示す RL 直列回路で，そのインピーダンス Z のフェーザ軌跡を考える．インピーダンス Z の実数成分 $\mathrm{Re}(Z)$ は R で一定である．一方，虚数成分 $\mathrm{Im}(Z) = j\omega L$ は角周波数 ω によって変化するため，インピーダンス Z のフェーザ軌跡は，実数が R である直線になる (図 7.2(b))．

RL 直列回路のフェーザ軌跡では，角周波数が $\omega = 0$ の場合は，虚数成分は $\mathrm{Im}(Z) = 0$ となる．一方，角周波数が $\omega = \infty$ では，虚数成分は $\mathrm{Im}(Z) = \infty$ となる．角周波数は 0 または正であるため，フェーザ軌跡は正の領域のみに存在する．

> RL 直列回路のフェーザ軌跡は，虚数の正方向に無限大まで続く．図 7.2(b) では，このことを $\uparrow \omega = \infty$ と表現した．

(a) RL 直列回路

(b) インピーダンス Z のフェーザ軌跡

図 7.2　RL 直列回路のフェーザ軌跡

【例題 7.1】抵抗-コンデンサ (RC) 直列回路のフェーザ軌跡

図 7.3 に示す RC 直列回路で，角周波数 ω が連続的に変化した場合のインピーダンス Z のフェーザ軌跡を描け．

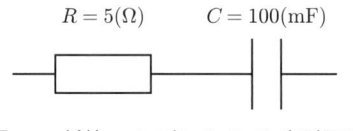

図 7.3　抵抗-コンデンサ (RC) 直列回路

【例題解答】

(a) インピーダンス Z を求める

図 7.3 の RC 直列回路のインピーダンス Z は，以下である．

$$Z = R + jX_C = R - j\frac{1}{\omega C} = 5 - j\frac{1}{\omega 100 \times 10^{-3}}$$
$$= 5 - j10\frac{1}{\omega} \ (\Omega) \tag{7.2}$$

(b) インピーダンスを実数部と虚数部に分ける

式 (7.2) のインピーダンス Z を実数部 $\mathrm{Re}(Z)$ と虚数部 $\mathrm{Im}(Z)$ に分けると，以下の式となる．

実数部：$\mathrm{Re}(Z) = 5$ (Ω) \hfill (7.3)

虚数部：$\mathrm{Im}(Z) = -10\dfrac{1}{\omega}$ (Ω) \hfill (7.4)

(c) フェーザ軌跡を描く

図 7.4 に式 (7.3),(7.4) から描いたフェーザ軌跡を示す．実数部は，$R = 5(\Omega)$ で一定である．一方，虚数部は，角周波数 ω によってその大きさ $|X_C| = \dfrac{1}{\omega C}$ が変化する．ただし，角周波数 ω は 0(rad/S) または正であるため，虚数部は 0(Ω) または負の値となる．

角周波数が $\omega = \infty$ のとき，虚数成分は

$$\mathrm{Im}(Z) = -10\dfrac{1}{\infty} = 0$$

となる．一方，$\omega = 0$ のときは，

$$\mathrm{Im}(Z) = -10\dfrac{1}{0} = -\infty$$

である．

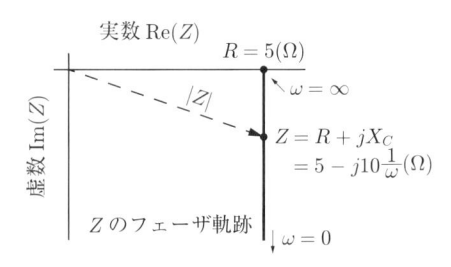

図 7.4 抵抗-コンデンサ (RC) 直列回路のフェーザ軌跡

【例題 7.2】抵抗-コイル (RL) 直列回路に流れる電流のフェーザ軌跡

図 7.5 に示す RL 直列回路で，角周波数 ω が連続的に変化したときに，回路に流れる電流 I のフェーザ軌跡を求めよ．

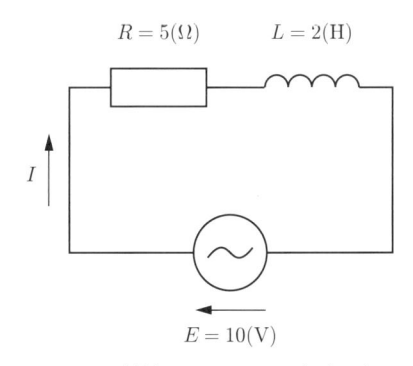

図 7.5 抵抗-コイル (RL) 直列回路

【例題解答】

(a) RL 回路に流れる電流 I を求める

図 7.5 の RL 直列回路に流れる電流 I は以下である．

$$I = \dfrac{E}{Z} = \dfrac{E}{R + jX_L} = \dfrac{10}{5 + j\omega \cdot 2} \text{ (A)} \hfill (7.5)$$

（左マージン）
角周波数 ω は 0 または正であるので，電流 I の実数部，虚数部は以下となる．

実数部：$\mathrm{Re}(I) \geqq 0$

虚数部：$\mathrm{Im}(I) \leqq 0$

円の式は，以下である．

$(x-a)^2 + (y-b)^2 = r^2$

この式で円の中心は (a,b) であり，半径は $|r|$ である．

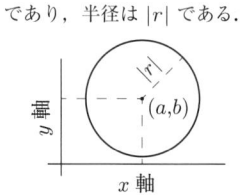

角周波数が，$\omega = \infty$ のとき，実数部および虚数部は式 (7.6),(7.7) を用いて以下となる．

$\mathrm{Re}(I) = \dfrac{50}{25 + 4\infty^2}$

$\quad = \dfrac{1}{\infty^2} = 0$

$\mathrm{Im}(I) = -\dfrac{20\infty}{25 + 4\infty^2}$

$\quad = -\dfrac{1}{\infty} = 0$

（本文）

(b) 電流を実数部と虚数部に分ける

式 (7.5) の電流 I を有理化し，実数部 $\mathrm{Re}(I)$，虚数部 $\mathrm{Im}(I)$ に分けると，以下の式となる．

$$I = \frac{10(5 - j\omega \cdot 2)}{(5 + j\omega \cdot 2)(5 - j\omega \cdot 2)} = \frac{50 - j20\omega}{25 + 4\omega^2} \text{ (A)}$$

実数部：$\mathrm{Re}(I) = \dfrac{50}{25 + 4\omega^2}$ (A) \hfill (7.6)

虚数部：$\mathrm{Im}(I) = -\dfrac{20\omega}{25 + 4\omega^2}$ (A) \hfill (7.7)

(c) 実数部と虚数部の関係を求める

電流 I の実数部と虚数部は，ともに角周波数 ω の関数である．電流 I のフェーザ軌跡を描くためには，以下のように実数部 $\mathrm{Re}(I)$ と虚数部 $\mathrm{Im}(I)$ の関係式を求める必要がある．

電流 I の実数部と虚数部の式 (7.6),(7.7) から角周波数 ω の式を求める．

$$\frac{\mathrm{Re}(I)}{\mathrm{Im}(I)} = -\frac{5}{2\omega} \qquad \therefore \ \omega = -\frac{5}{2}\frac{\mathrm{Im}(I)}{\mathrm{Re}(I)} \tag{7.8}$$

式 (7.8) で求めた ω を式 (7.6) に代入すると，円の式が求められる．

$$\mathrm{Re}(I) = \frac{50}{25 + 4\left(-\dfrac{5}{2}\dfrac{\mathrm{Im}(I)}{\mathrm{Re}(I)}\right)^2} = \frac{50}{25 + 25\dfrac{\mathrm{Im}(I)^2}{\mathrm{Re}(I)^2}}$$

$$\mathrm{Re}(I) = \frac{2}{1 + \dfrac{\mathrm{Im}(I)^2}{\mathrm{Re}(I)^2}}$$

$$\mathrm{Re}(I) + \frac{\mathrm{Im}(I)^2}{\mathrm{Re}(I)} = 2$$

$$\mathrm{Re}(I)^2 - 2\mathrm{Re}(I) + \mathrm{Im}(I)^2 = 0$$

$$\therefore \ (\mathrm{Re}(I) - 1)^2 + (\mathrm{Im}(I) - 0)^2 = 1^2 \tag{7.9}$$

式 (7.9) は，中心が $(1, j0)$ で，半径が 1 の円形を表している．ただし，式 (7.7) に示したインピーダンス Z の虚数部は常に負であるため，式 (7.9) のフェーザ軌跡の虚数部は負のみである．

(d) フェーザ軌跡を描く

式 (7.9) を用いて RL 直列回路に流れる電流 I のフェーザ軌跡を描くと図 7.6 となる．角周波数が $\omega = \infty$ のとき，実数部，虚数部ともに 0(A) となる．$\omega = 0$(直流) のときは，実数部は $\mathrm{Re}(I) = 2$(A) となり，虚数部は $\mathrm{Im}(I) = 0$(A) となる．角周波数 ω が 0 から ∞ まで変化すると，電流 I の位相 θ は，電圧 E を基準にして $0°$ から $-90°$ まで変化する．

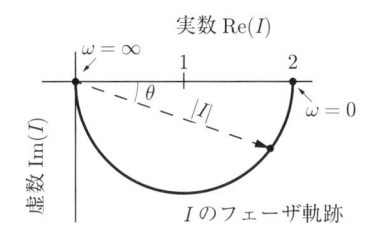

図 7.6　抵抗-コイル (RL) 直列回路に流れる電流 I のフェーザ軌跡

演習問題

【演習 7.1】
演習図 7.1 示す RLC 直列回路で，角周波数 ω が連続的に変化するときのインピーダンス Z のフェーザ軌跡を求めよ．

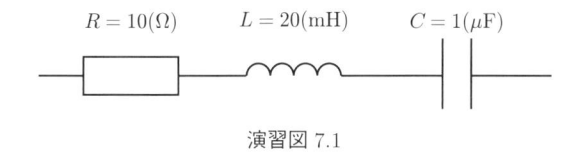

演習図 7.1

【演習解答】
RLC 直列回路の合成インピーダンス Z は以下である．

$$Z = 10 + j\left(\omega L - \frac{1}{\omega C}\right)$$
$$= 10 + j\left(\omega \cdot 20 \times 10^{-3} - \frac{1}{\omega \cdot 1 \times 10^{-6}}\right) \quad (\Omega)$$

このインピーダンス Z の実数部，虚数部は以下である．

実数部：$\mathrm{Re}(Z) = 10 \quad (\Omega)$

虚数部：$\mathrm{Im}(Z) = 20 \times 10^{-3} \cdot \omega - 1 \times 10^{6} \frac{1}{\omega} \quad (\Omega)$

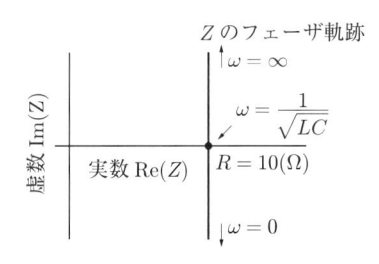

RLC 直列回路の合成インピーダンス Z のフェーザ軌跡は，正と負の両方の虚数軸に存在する．共振条件 $\omega = \frac{1}{\sqrt{LC}}$ のとき，インピーダンス Z の虚数部は 0 となる．

【演習 7.2】

演習図 7.2 に示す RC 直列回路に流れる電流 I のフェーザ軌跡を求めよ。ただし，抵抗は $R = 0 \sim \infty (\Omega)$ で変化する。また，周波数は $f = 50 (\text{Hz})$ で一定とする。

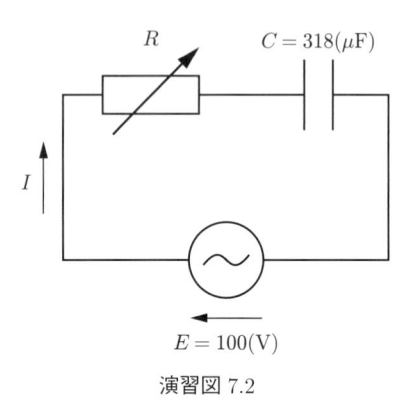

演習図 7.2

【演習解答】

RC 直列回路に流れる電流 I は以下である．

$$I = \frac{E}{R - j\dfrac{1}{\omega C}} = \frac{100}{R - j10} \quad (\text{A})$$

電流 I の実数部 $\text{Re}(I)$，虚数部 $\text{Im}(I)$ は以下である．

実数部：$\text{Re}(I) = \dfrac{100 \cdot R}{R^2 + 100}$ (A)

虚数部：$\text{Im}(I) = \dfrac{1000}{R^2 + 100}$ (A)

抵抗 R は 0 または正であるので，電流 I の実数部，虚数部は以下となる．

実数部：$\text{Re}(I) \geqq 0$

虚数部：$\text{Im}(I) \geqq 0$

抵抗 R とこれら実数成分 $\text{Re}(I)$，虚数成分 $\text{Im}(I)$ の関係は以下である．

$$R = 10 \frac{\text{Re}(I)}{\text{Im}(I)}$$

以上から，RC 直列回路に流れる電流 I のフェーザ軌跡は，以下の円の式で示される．

$$(\text{Re}(I) - 0)^2 + (\text{Im}(I) - 5)^2 = 5^2$$

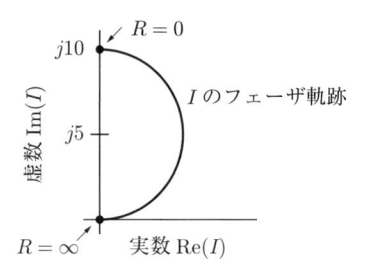

【演習 7.3】

演習図 7.3 に示す RC 直列回路で,角周波数 ω が連続的に変化するとき,合成アドミッタンス Y のフェーザ軌跡を求めよ.

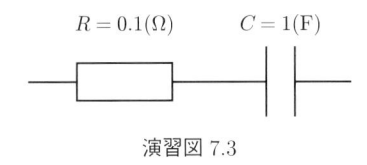

演習図 7.3

【演習解答】

RC 直列回路の合成アドミッタンス Y は以下である.

$$Y = \frac{\frac{1}{0.1} \cdot j\omega \cdot 1}{\frac{1}{0.1} + j\omega \cdot 1} \text{ (S)}$$

アドミッタンス Y の実数部 $\mathrm{Re}(Y)$,虚数部 $\mathrm{Im}(Y)$ は以下である.

実数部:$\mathrm{Re}(Y) = \dfrac{10 \cdot \omega^2}{100 + \omega^2}$ (S)

虚数部:$\mathrm{Im}(Y) = \dfrac{100 \cdot \omega}{100 + \omega^2}$ (S)

角周波数 ω とこれら実数成分 $\mathrm{Re}(Y)$,虚数成分 $\mathrm{Im}(Y)$ の関係は以下である.

$$\omega = 10 \frac{\mathrm{Re}(Y)}{\mathrm{Im}(Y)}$$

以上から,RC 直列回路のアドミッタンス Y のフェーザ軌跡は,以下の円の式で示される.

$$(\mathrm{Re}(Y) - 5)^2 + (\mathrm{Im}(Y) - 0)^2 = 5^2$$

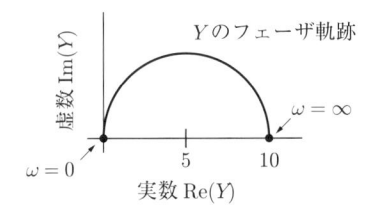

角周波数 ω は 0 または正であるので,アドミッタンス Y の実数部,虚数部は以下となる.

実数部:$\mathrm{Re}(Y) \geq 0$

虚数部:$\mathrm{Im}(Y) \geq 0$

第8章

交流電力

　直流回路での電力は，電圧 V と電流 I の積 $(P = V \cdot I)$ で求められる．一方，交流回路では，時間とともに電圧 $v(t)$ および電流 $i(t)$ が変化する．さらに，コンデンサやコイルを含む交流回路では，電圧と電流の間で位相差が生じる．そのため，交流回路での電力は，単純な電圧と電流の大きさの積で求めることが出来ず，位相差（力率）を考慮する必要がある．

8.1　抵抗で消費される瞬時電力

　図 8.1 に示す交流電圧源 $v(t)$ と抵抗 R の回路で，抵抗 R で消費される電力 $p_R(t)$ を求める．

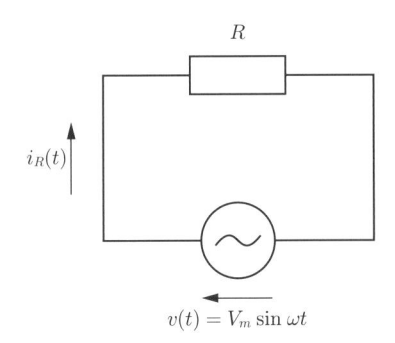

図 8.1　交流電圧源と抵抗の回路

　この抵抗回路で，抵抗に印加される瞬時電圧 $v(t)$ および回路に流れる瞬時電流 $i_R(t)$ は以下である．この回路の負荷は抵抗のみであり，リアクタンス成分がないため，電流 $i_R(t)$ は，電圧 $v(t)$ と同位相である．

$$v(t) = V_m \sin \omega t \tag{8.1}$$

$$i_R(t) = \frac{v(t)}{R} = \frac{V_m}{R} \sin \omega t$$
$$= I_m \sin \omega t \tag{8.2}$$

式 (8.2) では，抵抗に流れる電流 $i_R(t)$ の最大値を $I_m (= \dfrac{V_m}{R})$ と定義している．

　抵抗で消費される電力 $p_R(t)$ は，電圧 $v(t)$ と電流 $i_R(t)$ の積であることから，以下の式で求められる．この電力 $p_R(t)$ は，時間 t に消費される電力を表しているため，瞬時電力と呼ばれる．

三角関数の計算では，以下の公式を用いる．
$$\sin^2\frac{\theta}{2} = \frac{1}{2}(1-\cos\theta)$$

$$\begin{aligned}p_R(t) &= v(t)\cdot i_R(t) \\ &= V_m\sin\omega t \cdot I_m\sin\omega t \\ &= \frac{V_m I_m}{2}(1-\cos 2\omega t)\end{aligned} \quad (8.3)$$

瞬時電力が常に正であることは，電源からの電気エネルギーが負荷によって他のエネルギーに変換（消費）されたことを示している（抵抗器の場合は，熱エネルギーに変換される）．

式 (8.3) で求められた抵抗で消費される瞬時電力 $p_R(t)$ をグラフで表すと図 8.2 となる．抵抗 R で消費される瞬時電力 $p_R(t)$ は常に正である．

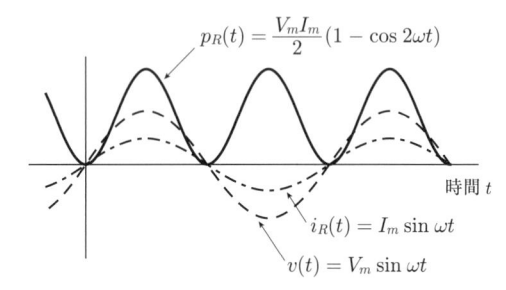

図 8.2　抵抗 R で消費される瞬時電力 $p_R(t)$

8.2　コイルで発生する瞬時電力

図 8.3 に示す交流電圧源 $v(t)$ とコイル L の回路で発生する瞬時電力 $p_L(t)$ を求める．

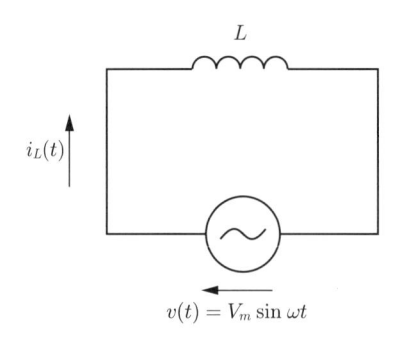

図 8.3　交流電源とコイルの回路

X_L はコイル L のリアクタンスである．
$$X_L = \omega L$$
I_m は電流の最大値である．
$$I_m = \frac{V_m}{\omega L}$$
弧度法の $\frac{\pi}{2}$ (rad) は，度数法の $90°$ である．

交流電圧 $v(t) = V_m\sin\omega t$ によって，コイルに流れる電流 $i_L(t)$ は以下となる．この電流 $i_L(t)$ は，電圧 $v(t)$ より，位相が $90°$ 遅れている．

$$i_L(t) = \frac{v(t)}{X_L} = \frac{V_m}{\omega L}\sin\left(\omega t - \frac{\pi}{2}\right) = I_m\sin\left(\omega t - \frac{\pi}{2}\right) \quad (8.4)$$

コイルで発生する瞬時電力 $p_L(t)$ は，電圧 $v(t)$ と電流 $i_L(t)$ の積で求められる．

$$p_L(t) = v(t) \cdot i_L(t)$$
$$= V_m \sin \omega t \cdot I_m \sin\left(\omega t - \frac{\pi}{2}\right) = V_m \sin \omega t \cdot (-I_m \cos \omega t)$$
$$= -\frac{V_m I_m}{2} \sin 2\omega t \tag{8.5}$$

式 (8.5) で求めたコイルで発生する瞬時電力 $p_L(t)$ をグラフで表すと，図 8.4 となる．コイルで発生する瞬時電力 $p_L(t)$ は正負の両方が存在している．このことは，コイルは電力を消費しないことを示している．

三角関数の計算では，以下の公式を用いる．
$$\sin 2\theta = 2\sin\theta\cos\theta$$

コイルは，電気エネルギーを磁力のエネルギーに変えることで，エネルギーの蓄積と放出を行なう．そのため，コイルは電力を消費しない．

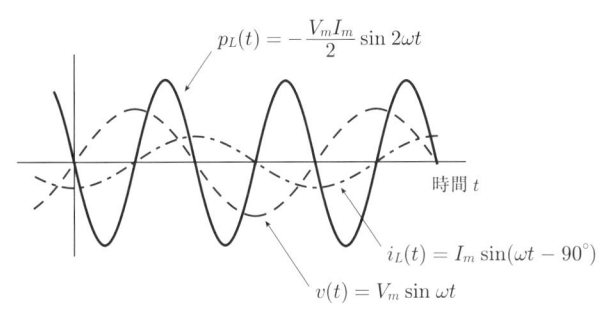

図 8.4　コイルで発生する瞬時電力 $p_L(t)$

8.3　コンデンサで発生する瞬時電力

図 8.5 に示す交流電圧源 $v(t)$ とコンデンサ C の回路で発生する瞬時電力 $p_C(t)$ を求める．

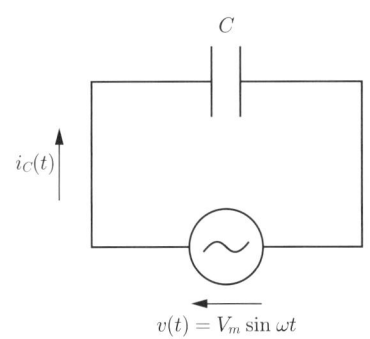

図 8.5　交流電圧源とコンデンサの回路

交流電圧 $v(t) = V_m \sin \omega t$ によって，コンデンサに流れる電流 $i_C(t)$ は以下となる．この電流 $i_C(t)$ は，電圧 $v(t)$ より，位相が 90° 進んでいる．

$$i_C(t) = \frac{v(t)}{X_C} = \omega C E \sin\left(\omega t + \frac{\pi}{2}\right)$$
$$= I_m \sin\left(\omega t + \frac{\pi}{2}\right) \tag{8.6}$$

コンデンサで発生する瞬時電力 $p_C(t)$ は，電圧 $v(t)$ と電流 $i_C(t)$ の積

X_C はコンデンサ C のリアクタンスである．
$$X_C = \frac{1}{\omega C}$$
I_m は電流の最大値である．
$$I_m = \omega C E$$
弧度法の $\frac{\pi}{2}$ (rad) は，度数法の 90° である．

で求められる．

$$\begin{aligned}p_C(t) &= v(t) \cdot i_C(t) \\ &= V_m \sin \omega t \cdot I_m \sin\left(\omega t + \frac{\pi}{2}\right) = V_m \sin \omega t \cdot I_m \cos \omega t \\ &= \frac{V_m I_m}{2} \sin 2\omega t \end{aligned} \quad (8.7)$$

> 三角関数の計算では，以下の公式を用いる．
> $$\sin 2\theta = 2 \sin \theta \cos \theta$$

式 (8.7) で求めたコンデンサで発生する瞬時電力 $p_C(t)$ をグラフで表すと，図 8.6 となる．コンデンサで発生する瞬時電力 $p_C(t)$ は，正負の両方が存在している．瞬時電力 $p_C(t)$ が正の時は，電源からの電気エネルギーがコンデンサに送られている状態を示している（充電）．一方，瞬時電力 $p_C(t)$ が負の時は，コンデンサ内に貯えられていた電気エネルギーが電源に戻って行くことを示している（放電）．コンデンサに充電された電力と放電した電力は等しいため，コンデンサは電力を消費しない．

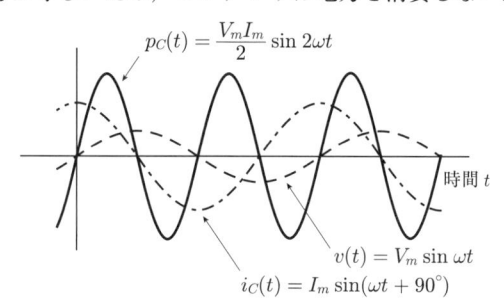

> 交流の 1 周期の間に，コンデンサは充電と放電を 2 回行なう．瞬時電力を時間平均すると値が 0 となるので，電力が消費されないとも表現できる．

図 8.6　コンデンサで発生する瞬時電力 $p_C(t)$

8.4　負荷 Z で発生する瞬時電力

図 8.7 に示すような交流回路の負荷 ($Z = R + jX = Z\angle\theta$) で発生する瞬時電力を考える．この回路は，電圧と電流の位相差 θ が $-90°$ から $90°$ の範囲で変化する．

> 負荷 $Z = R + jX$ とは，抵抗 R と，コンデンサ C およびコイル L で発生するインダクタンス X_C, X_L で構成された回路を示している．

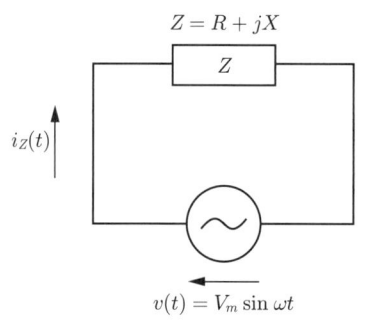

図 8.7　交流電源と負荷 ($Z = R + jX = Z\angle\theta$) の回路

> 負荷が $Z = R + jX = Z\angle\theta$ の場合，電源の交流電圧 $v(t)$ と負荷を流れる電流 $i_Z(t)$ には $-\theta$ の位相差が生じる．

図 8.7 の回路で負荷に印加される交流電圧 $v(t)$ および負荷を流れる電流 $i_Z(t)$ の瞬時値を以下とする．

$$v(t) = V_m \sin \omega t \tag{8.8}$$
$$i_Z(t) = I_m \sin(\omega t - \theta) \tag{8.9}$$

負荷 Z で発生する瞬時電力 $p(t)$ は，これらの積で求められる．

$$\begin{aligned} p_Z(t) &= v(t) \cdot i_Z(t) \\ &= V_m \sin \omega t \cdot I_m \sin(\omega t - \theta) \\ &= \frac{V_m I_m}{2} \{\cos \theta - \cos(2\omega t - \theta)\} \\ &= ① \frac{V_m I_m}{2} \cos \theta - ② \frac{V_m I_m}{2} \cos(2\omega t - \theta) \end{aligned} \tag{8.10}$$

三角関数の計算では，以下の公式を用いる．
$$\begin{aligned} &\sin \alpha \sin \beta \\ &= \frac{1}{2}\{\cos(\alpha - \beta) \\ &\quad - \cos(\alpha + \beta)\} \end{aligned}$$

負荷 Z で発生する瞬時電力 $p_Z(t)$ は，①常に一定で正の値となる電力 ($\frac{V_m I_m}{2} \cos \theta$) と，②時間 t を変数とするコサインの関数で正負両方が存在する電力 ($-\frac{V_m I_m}{2} \cos(2\omega t - \theta)$) で構成されている (図 8.8)．

①の電力 ($\frac{V_m I_m}{2} \cos \theta$) は，時間 t の関数でないため，時間が変化しても常に一定の値となる．

有効電力 P_a を電圧と電流の実効値 V_{rms}, I_{rms} で表すと以下となる．
$$P_a = V_{rms} I_{rms} \cos \theta$$
$$V_{rms} = \frac{V_m}{\sqrt{2}}$$
$$I_{rms} = \frac{I_m}{\sqrt{2}}$$

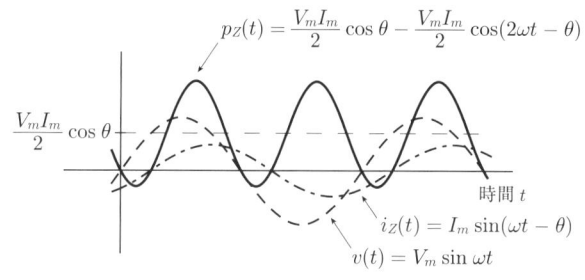

図 8.8 負荷 ($Z = R + jX = Z\angle\theta$) で発生する瞬時電力 $p_Z(t)$

負荷 Z で発生する瞬時電力 $p_Z(t)$ の時間平均は，以下となる．

$$P_a = \frac{1}{T} \int_0^T p_Z(t) dt = \frac{V_m I_m}{2} \cos \theta \tag{8.11}$$

この時間平均された電力は，有効電力 P_a と呼ばれ，負荷 Z で消費される電力を示している．有効電力 P_a の単位はワット (W) である．

式 (8.11) の $\cos \theta$ は力率と呼ばれ，θ は電圧と電流の位相差である．この位相差の変化 $-90° \leq \theta \leq 90°$ によって，力率 $\cos \theta$ は $0 \sim 1 (0 \sim 100\%)$ の値を取る．

負荷で消費される電力とは，電気エネルギーが他のエネルギー (熱など) に変換されることを示している．また，電気が行なった単位当たりの仕事量とも表現できる．
交流回路で消費電力とは，有効電力を示している．

8.5 複素数を用いた電力の計算

複素数を用いて交流回路の解析を行ない，その結果から電力の計算を行なう．図 8.9 の回路で，負荷 Z に交流電圧源 V を接続した場合に流れる電流を $I\angle\theta$ とする．すなわち，負荷 Z によって，電圧 V と電流 I の間に位相差 θ が生じている．

複素数を用いた電力計算では，通常，電圧および電流は実効値を用いる．

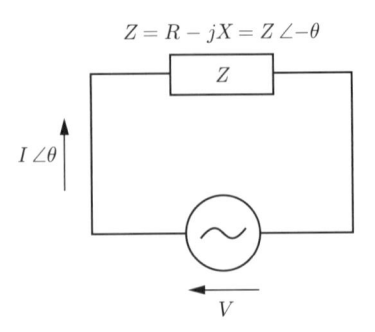

図8.9 負荷 ($Z = R - jX = Z\angle-\theta$) に印加される
交流電圧 V と流れる電流 I(複素表示)

電圧と電流の位相が同じ場合には電力が消費され，位相が 90° 異なる場合には電力は消費されない．

図 8.9 の交流回路で，負荷に印加される電圧 V と流れる電流 $I\angle\theta$ の関係をフェーザ図で表すと図 8.10 になる．電流は電圧と位相が θ 異なっている．しかし，電流 $I\angle\theta$ は，①電圧と位相が等しい成分 ($I\cos\theta$) と②位相差が 90° ある成分 ($I\sin\theta$) に分けることが出来る．これら 2 つの電流成分①，②に電圧 V を掛けることで電力の計算が出来る．そのため，交流回路では以下の 3 種類の電力が発生する．

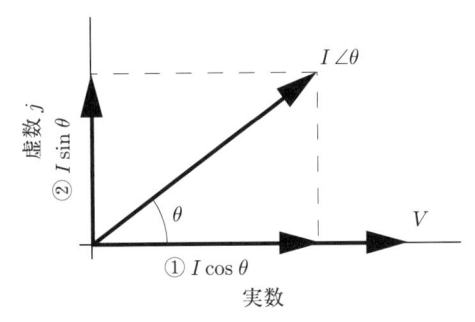

図 8.10 負荷 ($Z = R - jX = Z\angle-\theta$) に印加される
交流電圧 V と流れる電流 I(フェーザ表示)

■交流回路で発生する 3 種類の電力

有効電力 P_a(W)

有効電力は，消費電力とも呼ばれる．

θ は電圧と電流の位相差である

図 8.10 で，電圧と位相が等しい電流成分 (① $I\cos\theta$) と電圧 V の積は，有効電力 P_a である．有効電力は，実際に消費される電気エネルギーを示している．有効電力は以下の式で求められ，単位はワット (W) である．また，$\cos\theta$ は力率と呼ばれる．

有効電力
$$P_a = V \cdot I = |V||I|\cos\theta \tag{8.12}$$

無効電力 P_r(var)

図 8.10 で，電圧と位相が 90° 異なる電流成分 (② $I\sin\theta$) と電圧 V の積は，無効電力 P_r と呼ばれる．その単位は，ボルトアンペアリアクティ

ブまたはバル (var) である．無効電力は，コンデンサ，コイルなどで発生
し，電気エネルギーが消費されない（充放電のみを行なう）電力である．

無効電力

$$P_r = V \times I = |V||I|\sin\theta \tag{8.13}$$

皮相電力 $|P|$ (VA)

電圧 V と電流 I の大きさの積は，皮相電力 $|P|$ と呼ばれる．その単位はボルトアンペア (VA) である．

力率 $\cos\theta$ は，以下の式でも求められる．

皮相電力

$$|P| = |V||I| \tag{8.14}$$

$$\cos\theta = \frac{P_a\,(\text{有効電力})}{|P|\,(\text{皮相電力})}$$

【例題 8.1】RL 回路の電力計算

図 8.11 の RL 回路の有効電力 P_a，無効電力 P_r，皮相電力 $|P|$ を求めよ．また，抵抗 R およびコイル L で発生する有効電力 P_a，無効電力 P_r，皮相電力 $|P|$ も求めよ．ただし，交流電源の周波数を $f = 50\,(\text{Hz})$ とする．

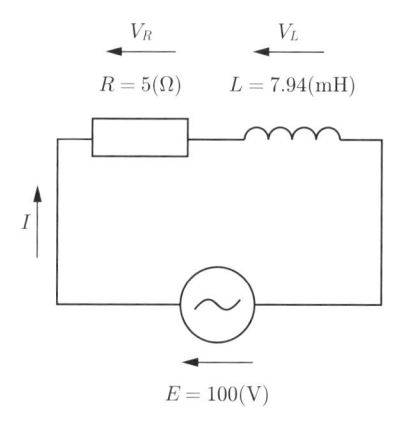

図 8.11　RL 回路での電力計算

【例題解答】

(a) 電流 I，抵抗およびコイル両端の電圧 V_R, V_L を求める

図 8.11 の RL 回路に流れる電流 I，抵抗およびコイル両端の電圧 V_R，V_L は以下である．

詳しい計算法は，第 6 章を参照．

電流：$I = 17.9\angle-26.5°$ (A)

抵抗両端の電圧：$V_R = 89.5\angle-26.5°$ (V)

コイル両端の電圧：$V_L = 44.6\angle 63.5°$ (V) $\tag{8.15}$

(b) RL 回路全体で発生する有効電力 P_a，無効電力 P_r，皮相電力 $|P|$ を求める

この RL 回路に流れる電流 I は，交流電圧源 E より，位相が $26.5°$ 遅れている (位相差が $\theta = -26.5°$)．この位相差を用いて，回路全体で発生する各電力は以下となる (式 (8.12),(8.13),(8.14) 参照)．

$$\text{有効電力}: P_a = E \cdot I = |E||I|\cos\theta$$
$$= 100 \cdot 17.9\cos(-26.5°) = 1602 \text{ (W)}$$
$$\text{無効電力}: P_r = E \times I = |E||I|\sin\theta$$
$$= 100 \cdot 17.9\sin(-26.5°) = -799 \text{ (var)}$$
$$\text{皮相電力}: |P| = |E||I| = 100 \cdot 17.9 = 1790 \text{ (VA)} \quad (8.16)$$

> RL 回路での無効電力は，位相が遅れている電流によって発生するため，遅れ無効電力と呼ばれる．
> 遅れ無効電力は，負の値となる．

(c) 抵抗で発生する有効電力 P_a，無効電力 P_r，皮相電力 $|P|$ を求める

抵抗 R で発生する電力は，抵抗の両端電圧 V_R とそこに流れる電流 I を用いて求められる．これらの電圧と電流の位相差は，式 (8.15) から $\theta = 0°$(同位相) である．このことから，各電力は以下となる．

$$\text{有効電力}: P_a = V_R \cdot I = |V_R||I|\cos\theta$$
$$= 89.5 \cdot 17.9\cos 0° = 1602 \text{ (W)}$$
$$\text{無効電力}: P_r = V_R \times I = |V_R||I|\sin\theta$$
$$= 89.5 \cdot 17.9\sin 0° = 0 \text{ (var)}$$
$$\text{皮相電力}: |P| = |V_R||I| = 89.5 \cdot 17.9 = 1602 \text{ (VA)} \quad (8.17)$$

> 抵抗で発生する有効電力は，回路全体で発生する有効電力と等しい．そのため，回路全体で発生する有効電力 P_a は，負荷 Z の抵抗成分 R を用いて，以下の式で求めることも出来る．
> $$P_a = R|I|^2$$

(d) コイルで発生する有効電力 P_a，無効電力 P_r，皮相電力 $|P|$ を求める

コイル L で発生する電力は，コイルの両端電圧 V_L とそこに流れる電流 I を用いて求められる．コイル両端の電圧と電流の位相差 θ は，電流の偏角から電圧の偏角を引くことで求められるため，$\theta = -26.5 - 63.5 = -90°$ である．このことから，それぞれの電力は以下となる．

$$\text{有効電力}: P_a = V_L \cdot I = |V_L||I|\cos\theta$$
$$= 44.6 \cdot 17.9\cos(-90°) = 0 \text{ (W)}$$
$$\text{無効電力}: P_r = V_L \times I = |V_L||I|\sin\theta$$
$$= 44.6 \cdot 17.9\sin(-90°) = -798 \text{ (var)}$$
$$\text{皮相電力}: |P| = |V_L||I| = 44.6 \cdot 17.9 = 798 \text{ (VA)} \quad (8.18)$$

> 無効電力の符号が負であるため，コイルでは遅れの無効電力が発生している．

■**別解** インピーダンスと電流から有効電力 P_a を求める

有効電力は，合成インピーダンス Z とそこに流れる電流 I から，以下の式を用いて求めることが出来る．

> 電流 I と負荷のインピーダンス Z の偏角は，大きさは等しいが，符号が異なる．

有効電力
$$P_a = V \cdot I = Z \cdot I^2 = |Z||I|^2 \cos\theta \tag{8.19}$$

この電力の式を用いて，図 8.11 の RL 回路全体で発生する有効電力 P_a を計算すると以下となる．なお，力率 $\cos\theta$ に用いる偏角 θ は，負荷のインピーダンス Z の偏角を用いる．本回路の負荷インピーダンスは，$Z = 5.59\angle 26.5°$ であり，その偏角は $\theta = 26.5°$ である．

$$\text{有効電力：} P_a = 5.59 \cdot 17.9^2 \cos(26.5°) = 1603 \text{ (W)} \tag{8.20}$$

8.6 複素電力

電圧と電流が複素数（フェーザ）として分かっている場合，以下の式で求める電力を複素電力 P と呼ぶ．

複素電力
$$P = \overline{V}I \tag{8.21}$$

$\overline{V}$ は V の共役複素数である．
$$\overline{a + jb} = a - jb$$
$$\overline{r\angle\theta} = r\angle -\theta$$

負荷に電圧 $V\angle\theta_e$ が印加され，電流 $I\angle\theta_i$ が流れているとき，負荷で発生する複素電力 P は以下の式で求められる．

$$P = \overline{V\angle\theta_e}I\angle\theta_i = VI\angle(\theta_i - \theta_e)$$
$$= \overset{①}{VI\cos(\theta_i - \theta_e)} + j\overset{②}{VI\sin(\theta_i - \theta_e)} \tag{8.22}$$

電圧の共役複素数 $\overline{V\angle\theta_e}$ に電流 $I\angle\theta_i$ を掛けることに注意．

複素電力では，その①実数成分が有効電力 $P_a = VI\cos(\theta_i - \theta_e)$，②虚数成分が無効電力 $P_r = VI\cos(\theta_i - \theta_e)$ を表している．

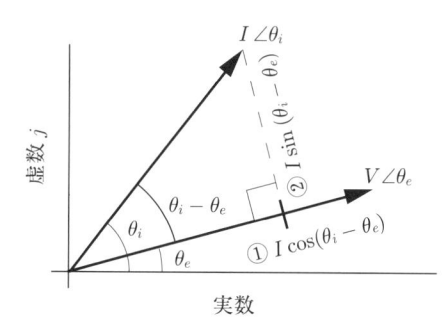

$(\theta_i - \theta_e)$ は，電圧と電流の位相差を示すことから，$\cos(\theta_i - \theta_e)$ は力率である．

図 8.12 電圧 $V\angle\theta_e$，電流 $I\angle\theta_i$ であるときの複素電力

【例題 8.2】複素電力を用いた電力計算

複素電力を用いて，図 8.13 に示す RC 回路全体で発生する有効電力 P_a，無効電力 P_r，皮相電力 $|P|$ を求めよ．ただし，交流電源の周波数を $f = 50(\text{Hz})$ とする．

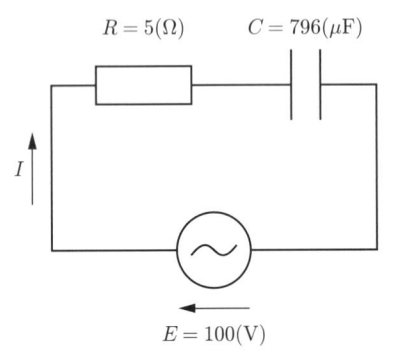

図 8.13 RC 直列回路

【例題解答】

図 8.13 の RC 回路のインピーダンス Z および回路に流れる電流 I は，以下である．

詳しい計算法は，第 6 章を参照．

$$Z = R + X_C = R + \frac{1}{j\omega C} = 5 - j4 = 6.4\angle -38.7° \ (\Omega)$$

$$I = \frac{E}{Z} = \frac{100}{6.4\angle -38.7°} = 15.6\angle 38.7° \ (\text{A}) \tag{8.23}$$

回路全体で発生する複素電力 P は，式 (8.21) を用いて，以下となる．

$E = 100(\text{V})$ の共役複素数は以下である．

$$\overline{E} = \overline{100\angle 0°}$$
$$= 100\angle -0°$$
$$= E$$

$$P = \overline{E}I = 100 \cdot 15.6\angle 38.7° = 1560\angle 38.7°$$
$$= 1560\cos(38.7°) + j1560\sin(38.7°)$$
$$= 1217 + j975 \tag{8.24}$$

無効電力の符号が正であることから，進み無効電力と呼ばれる．

以上の結果から，式 (8.22) を用いて，有効電力 P_a，無効電力 P_r，皮相電力 $|P|$ を求める．

有効電力：$P_a = 1217 \ (\text{W})$

無効電力：$P_r = 975 \ (\text{var})$

皮相電力：$|P| = 1560 \ (\text{VA})$ \hfill (8.25)

8.7 交流電源の最大電力供給条件

現実に存在する交流電源は，交流電圧源 E_0 および内部インピーダンス $z_0 = r_0 + jx_0$ で構成される等価電圧源で表すことが出来る (図 8.14)．こ

の交流電源に外部インピーダンス $Z = R + jX$ を接続し，外部インピーダンスで消費される電力 P_a が最大となる条件を求める．

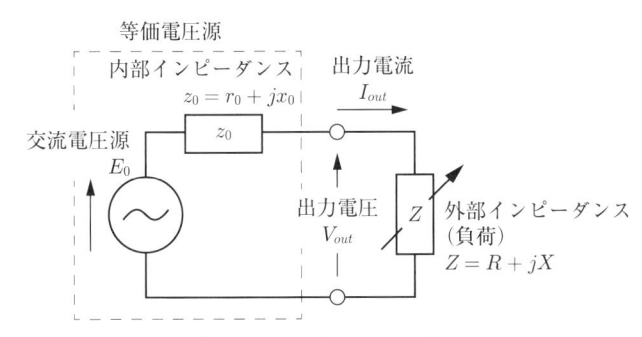

図 8.14 交流の等価電圧源に接続された外部インピーダンス

> 交流回路での消費電力とは，有効電力を示し，インピーダンスの抵抗成分 R で発生する．

> 外部インピーダンスで消費される電力が最大とは，交流電源から外部インピーダンスに最大の電力を供給していることになる（最大電力供給）．

交流電源に外部インピーダンス Z を接続した場合に流れる電流 I_{out} は，以下で求められる．

$$I_{out} = \frac{E_0}{(z_0 + Z)} = \frac{E_0}{(r_0 + R) + j(x_0 + X)} \tag{8.26}$$

外部インピーダンス Z で消費される電力 P_a（有効電力）は，R に出力電流 I_{out} が流れることで発生する．このことから，消費電力 P_a は以下の式で求められる．

$$P_a = R|I_{out}|^2 = R\left|\frac{E_0}{(r_0+R)+j(x_0+X)}\right|^2$$
$$= R\frac{E_0{}^2}{(r_0+R)^2 + (x_0+X)^2} \tag{8.27}$$

> 有効電力は $P_a = V_R \cdot I_{out}$ で求められる．V_R は抵抗両端の電圧であり，抵抗 R に電流 I_{out} が流れることで発生する．このことから，有効電力は以下となる．
> $$P_a = V_R \cdot I_{out}$$
> $$= R|I_{out}|^2$$

外部インピーダンス $Z = R + jX$ を変化させたとき，消費される電力 P_a が最大となる条件を見出す．外部インピーダンスの抵抗成分 R は常に正の値である．一方，リアクタンス成分 X は正または負の値となる．このことから，式 (8.27) で求められる消費電力 P_a が最大となる条件の1つは，内部インピーダンスと外部インピーダンスのリアクタンス成分が以下の関係になることである．

$$(x_0 + X) = 0 \quad \therefore \quad X = -x_0 \tag{8.28}$$

> 交流回路では，消費電力が最大となるために，2つの条件を満足する必要がある．
> 2つの条件は偏微分を用いて以下のように求めることも出来る．
> $$\frac{\partial P_a}{\partial R} = 0, \quad \frac{\partial P_a}{\partial X} = 0$$

このとき，外部インピーダンスで消費される電力 P_a は，式 (8.27) に条件式 (8.28) を代入することで以下となる．

$$P_a = R\frac{E_0{}^2}{(r_0+R)^2} \quad \text{ただし } X = -x_0 \tag{8.29}$$

この式は，第4章で求めた直流電源の最大電力供給と同じある．そのため，式 (8.29) で求められる消費電力 P_a が最大となるのは，内部インピーダンスと外部インピーダンスの抵抗成分が以下の条件のときである．これが，消費電力が最大となる2つ目の条件である．

> 条件の1つ $X = -x_0$ が成り立つとき，回路中にはリアクタンス成分が存在しなくなる．そのときの等価回路は以下となる．

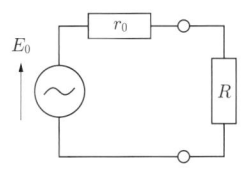

$$R = r_0 \quad \text{ただし } X = -x_0 \tag{8.30}$$

また，そのときの消費電力 P_a は，式 (8.29) に条件式 (8.30) を代入することで以下となる．

$$P_a = \frac{E_0{}^2}{4r_0} \quad \text{ただし } X = -x_0 \text{ かつ } R = r_0 \tag{8.31}$$

以上の2つの条件 (式 (8.28) と (8.30)) から，交流電源からの供給電力が最大になる条件は，内部インピーダンス $z_0 = r_0 + jx_0$ に対して，外部インピーダンス Z(負荷) を以下にすることである．

> **最大電力供給の条件**
>
> $$Z = r_0 - jx_0$$
> $$= \overline{z_0} \tag{8.32}$$

すなわち，外部インピーダンス Z を，内部インピーダンス z_0 の共役複素数 $\overline{z_0}$ にすることである．このような条件が成り立つとき，外部インピーダンスと内部インピーダンスが整合しているという．

> **【例題 8.3】最大電力供給条件**
>
> 図 8.15 の回路で，交流電源からの供給電力 P_a が最大となる外部インピーダンス Z(負荷) を求めよ．また，その外部インピーダンス Z を電気回路を用いて示せ．ただし，交流電圧源の周波数を $f = 50(\mathrm{Hz})$ とする．

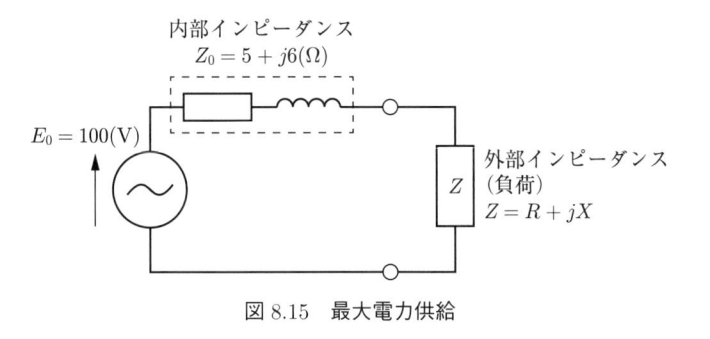

図 8.15 最大電力供給

【例題解答】

この交流電源の内部インピーダンスは $z_0 = 5 + j6(\Omega)$ であるため，それと共役複素数の関係にある外部インピーダンス Z を接続することで，交流電源から外部インピーダンスに供給される電力 P_a が最大になる．

$$Z = \overline{z_0} = \overline{5 + j6}$$
$$= 5 - j6 \ (\Omega) \tag{8.33}$$

$Z = 5 - j6(\Omega)$ の外部インピーダンスとは，$5(\Omega)$ の抵抗とリアクタン

共役複素数 $\overline{Z}$ とは，複素数が $Z = R + jX = r\angle\theta°$ であるとき，以下の関係をいう．

$$\overline{Z} = R - jX$$
$$= r\angle -\theta°$$

$z_0 = 5 + j6(\Omega)$ の内部インピーダンスとは，$R = 5(\Omega)$ の抵抗とインダクタンスが $L = 19(\mathrm{mH})$ のコイルの直列接続である

$z_0 = 5 - j6(\Omega)$ の外部インピーダンスとは，$R = 5(\Omega)$ の抵抗と静電容量が $C = 530(\mu\mathrm{F})$ のコンデンサの直列接続である

スが $-j6(\Omega)$ のコンデンサの直列接続である．よって，以下の回路で示される．

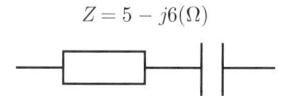

$$Z = 5 - j6(\Omega)$$

図 8.16　最大電力供給の条件を満足する外部インピーダンス Z

そのときの供給電力 P_a は，式 (8.31) を用いて以下となる．

$$P_a = \frac{E_0{}^2}{4r_0} = \frac{100^2}{4 \cdot 5} = 500 \text{ (W)} \tag{8.34}$$

本回路では，この供給電力 P_a が抵抗 R で消費される．

演習問題

【演習 8.1】
　演習図 8.1 の RLC 直列回路の共振周波数は，$f_0 = 50(\text{Hz})$ である．交流電圧源の周波数が $f_0 = 50(\text{Hz})$ であるとき，回路全体で発生する有効電力 P_a，無効電力 P_r，皮相電力 $|P|$ を求めよ．

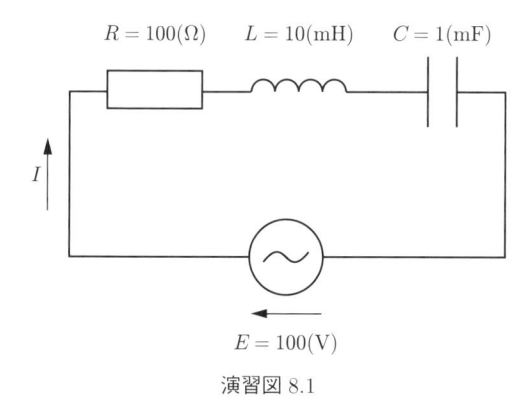

演習図 8.1

【演習解答】
　共振周波数 $f_0 = 50(\text{Hz})$ では合成インピーダンスが $Z = 100 + j0(\Omega)$ となり，回路に流れる電流 I は以下となる．

$$I = \frac{E}{Z} = 1\angle 0° \text{ (A)}$$

複素電力 $P = \overline{E}I$ から，各種電力は以下である．

　　有効電力：$P_a = 100$ (W)，　　無効電力：$P_r = 0$ (var)
　　皮相電力：$|P| = 100$ (VA)

共振回路で，共振条件を満足している場合，その回路では無効電力が発生しない．

【演習 8.2】

演習図 8.2 の回路は，$E = 100\,(\mathrm{V})$ の交流電源に遅れ力率 $\cos\theta_1 = 0.8$，消費電力 $P_1 = 240\,(\mathrm{W})$ の負荷 Z_1 と遅れ力率 $\cos\theta_2 = 0.6$，消費電力 $P_2 = 120\,(\mathrm{W})$ の負荷 Z_2 が並列接続されている．この回路全体を流れる電流 I および負荷 Z_1，Z_2 の合成力率を求めよ．

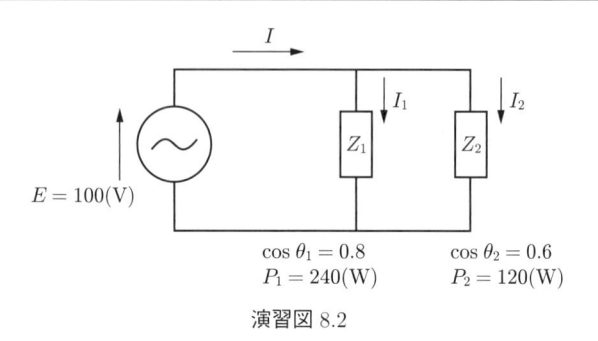

演習図 8.2

【演習解答】

それぞれの負荷を流れる電流の大きさ $|I_1|, |I_2|$ は以下の式で求められる．

$$|I_1| = \frac{P_1}{|E|\cos\theta_1} = 3\ (\mathrm{A})$$

$$|I_2| = \frac{P_2}{|E|\cos\theta_2} = 2\ (\mathrm{A})$$

負荷の力率が異なることから，I_1 と I_2 は位相が異なる．

交流電源の電圧 E を位相の基準にした電流 I_1, I_2 は，それぞれの電流の大きさ $|I_1|, |I_2|$ と力率 $\cos\theta_1, \cos\theta_2$ を用いて，以下のように求められる．

$\sin\theta$ は，力率 $\cos\theta$ から以下の式で求められる．

$$\sin^2\theta + \cos^2\theta = 1$$
$$\sin\theta = \pm\sqrt{1 - \cos^2\theta}$$

負荷が遅れ力率であるので，電流は，電圧に対して，位相が遅れる．そのため，電流 I_1, I_2 の虚数成分は負である．

$$I_1 = |I_1|\cos\theta_1 - j|I_1|\sin\theta_1 = 2.4 - j1.8\ (\mathrm{A})$$

$$I_2 = |I_2|\cos\theta_2 - j|I_2|\sin\theta_2 = 1.2 - j1.6\ (\mathrm{A})$$

回路全体を流れる電流 I および合成力率 $\cos\theta$ は以下である．

電流の実数成分 $Re(I)$ は電圧との同相成分であることから，電流と力率には以下の関係がある．

$$I = I_1 + I_2 = 3.6 - j3.4\ (\mathrm{A})$$

$$\cos\theta = \frac{Re(I)}{|I|} = \frac{3.6}{\sqrt{3.6^2 + 3.4^2}} = 0.73$$

$$\cos\theta = \frac{Re(I)}{|I|}$$

【演習 8.3】

交流電圧源 $E = 100$(V) を接続すると電流 $|I| = 10$(A) が流れ，遅れ力率が $\cos\theta_L = 0.8$ である負荷 Z_L がある．演習図 8.3 に示すように，この負荷にコンデンサ C を並列に接続することで，回路全体の合成力率を $\cos\theta = 1$ にする．そのために必要なコンデンサの静電容量 C を求めよ．ただし，交流電源の周波数は $f = 50$(Hz) とする．

> 回路の力率を $\cos\theta = 1$ にするために接続されるコンデンサは，力率改善コンデンサと呼ばれる．

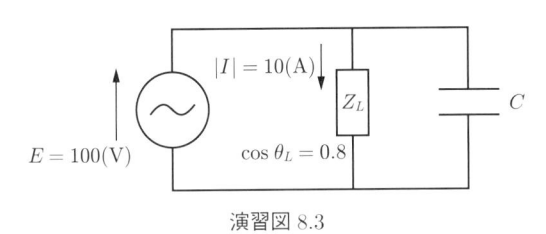

演習図 8.3

【演習解答】

負荷の大きさ $|Z_L|$ は，交流電圧源 E および電流 I のそれぞれの大きさ $|E|, |I|$ から，以下の式で求められる．

$$|Z_L| = \frac{|E|}{|I|} = 10 \ (\Omega)$$

負荷の複素インピーダンス Z_L は，負荷の大きさ $|Z_L|$ と力率 $\cos\theta_L$ から，以下の式で求められる．

$$Z_L = |Z_L|\cos\theta_L + j|Z_L|\sin\theta_L = 8 + j6 \ (\Omega)$$

負荷 Z_L とコンデンサ C を並列接続した回路の合成インピーダンス Z は，コンデンサのリアクタンスを $-jX_C$ とすると，以下の式で求められる．

$$Z = \frac{Z_L(-jX_C)}{Z_L - jX_C} = \frac{(8+j6)(-jX_C)}{(8+j6) - jX_C}$$
$$= \frac{8X_C^2}{100 - 12X_C + X_C^2} + j\frac{6X_C^2 - 100X_C}{100 - 12X_C + X_C^2}$$

回路全体の合成力率が $\cos\theta = 1$ になる条件は，合成インピーダンス Z の虚数成分が $\mathrm{Im}(Z) = 0$ になることである．また，その条件を満たすコンデンサのリアクタンス X_C は，以下の式で求められる．

$$6X_C^2 - 100X_C = 0 \qquad \therefore X_C = 16.7 \ (\Omega)$$

合成力率が $\cos\theta = 1$ になるコンデンサの静電容量 C は，リアクタンス X_C から，以下の式で求められる．

$$C = \frac{1}{\omega X_C} = 191 \ (\mu\mathrm{F}) \tag{8.35}$$

> $\sin\theta$ は，力率 $\cos\theta$ から以下の式で求められる．
> $$\sin^2\theta + \cos^2\theta = 1$$
> $$\sin\theta = \pm\sqrt{1 - \cos^2\theta}$$
>
> 遅れ力率の負荷は，電流の位相を遅らせる働きがある．そのため，負荷の虚数成分は正である．
>
> 遅れ力率の負荷は，抵抗とコイルで構成されている．
>
> $R = 8(\Omega)$
> $jX_L = j6(\Omega)$

第9章

相互誘導回路

交流電気回路でコイルはリアクタンス ($j\omega L$) を発生する回路素子である．一方，コイルに電流が流れるとコイルでは磁気（磁束）が発生する．そのため，2つのコイルが近づくとお互いに磁気的に結合される相互誘導作用が起こる．相互誘導作用を用いると電気的に接続されていないコイル間で電気エネルギーを伝えることが出来る．

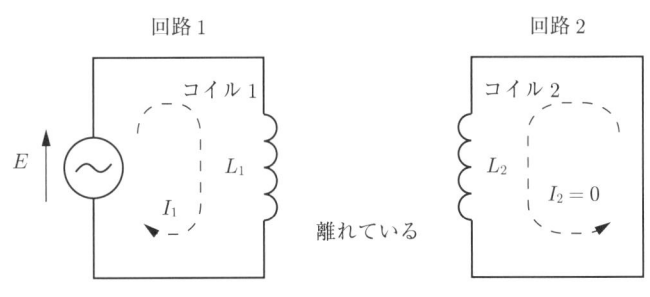

9.1　自己インダクタンス

図 9.1 に示すような交流電圧源 E と自己インダクタンス L_1 で構成されている回路 1 がある．また，回路 1 から離れた場所には，自己インダクタンス L_2 のみで構成されている回路 2 がある．回路 1 には，交流電圧 E によって，電流 $I_1 = -j\dfrac{E}{\omega L}$ が流れる．一方，回路 2 には電源が存在しないので，電流は流れない．

図 9.1 の回路では，コイル 1 と 2 は，それぞれが十分に離れているので，お互いに影響しない．

> コイルが他のコイルからの影響を受けない環境にある場合，そのコイルのインダクタンスは自己インダクタンスと呼ばれる．
>
> 図 9.1 に示す回路 1 の回路解析は，第 6 章を参照．

図 9.1　自己インダクタンスの回路

9.2　相互誘導回路と相互インダクタンス

図 9.2 は，コイル 1 と 2 が十分に近づいている回路であり，交互誘導回路と呼ばれる．この回路では，2つのコイルが十分に近いために，一方のコイルで発生した磁気（磁束）が他方のコイルに入る（磁気結合）．このことによって，一次回路と二次回路を流れる電流がお互いに影響を受け

相互誘導回路で，左右の回路は一次回路，二次回路と呼ばれる．

自己インダクタンス L_1, L_2 と相互インダクタンス M には，以下の関係がある．

$$M = k\sqrt{L_1 L_2}$$

この式で，k は結合係数と呼ばれ，相互作用の強さを示す．その値の範囲は，$-1 \leq k \leq 1$ である．

る（相互誘導作用）．この2つのコイル間の相互作用を表す値は，相互インダクタンス M と呼ばれる．その単位は，自己インダクタンスと同じヘンリー (H) である．

一次回路と二次回路の相互誘導作用は，以下の順に起こる．

(a) 交流電圧源 E によって一次回路に電流が流れ，コイル1では磁気（磁束）が発生する．

(b) コイル1で発生した磁気（磁束）がコイル2に入ると，その磁気（磁束）によってコイル2には誘導起電力（電圧）が発生する．

(c) コイル2で発生した誘導起電力（電圧）によって，二次回路には電流が流れる．

(d) 二次回路に流れる電流によって，コイル2では磁気（磁束）が発生する．

(e) コイル2で発生した磁気（磁束）がコイル1に入り，コイル1には誘導起電力（電圧）が発生する．

図 9.2 中の黒い点 (●) は，電圧の向きを示している．黒い点 (●) が正である．

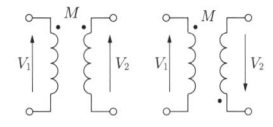

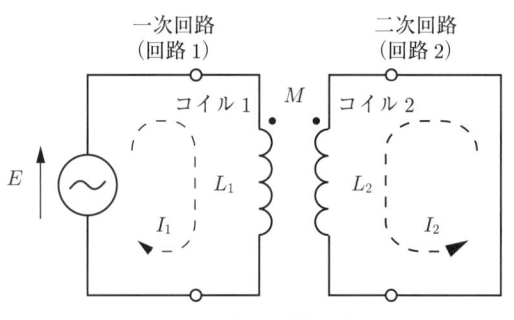

図 9.2 相互誘導回路

閉路方程式の立て方は，3.1 を参照．

図 9.2 の相互誘導回路で一次回路，二次回路に流れる電流を I_1, I_2 として，それぞれの回路に閉路方程式を立てると以下となる．

相互誘導回路の基本式

一次回路：①$j\omega L_1 I_1$ + ②$j\omega M I_2$ = ③E (9.1)

二次回路：④$j\omega M I_1$ + ⑤$j\omega L_2 I_2$ = ⑥$0$ (9.2)

これらの閉路方程式を構成する各項①〜④は，以下の電圧を示している．

① コイル1に電流 I_1 が流れることで発生する電圧．L_1 はコイル1の自己インダクタンスである．

② 二次回路に流れる電流 I_2 との相互誘導作用によって，一次回路のコイル1に発生する電圧．M は相互インダクタンスである．

③ 一次回路で発生する電圧①と②の和は，交流電圧源 E に等しい．

④ 一次回路に流れる電流 I_1 との相互作用によって，二次回路のコイル2に発生する電圧．M は相互インダクタンスである．

⑤ コイル2に電流 I_2 が流れることで発生する電圧．L_2 はコイル2の自

⑥ 二次回路には交流電圧源がないため，電圧④と⑤の和は0となる．

相互誘導回路の基本式 (9.1),(9.2) から，一次回路と二次回路に流れる電流 I_1, I_2 は以下となる．

$$一次回路の電流：I_1 = -j\frac{\omega L_2}{\omega^2 L_1 L_2 - \omega^2 M^2} E \qquad (9.3)$$

$$二次回路の電流：I_2 = j\frac{\omega M}{\omega^2 L_1 L_2 - \omega^2 M^2} E \qquad (9.4)$$

一次回路の交流電圧源 E およびそれによって回路を流れる電流（一次電流）I_1 の式 (9.3) から，一次回路のインピーダンス Z_1 を求めることが出来る．

$$一次回路のインピーダンス：Z_1 = \frac{E}{I_1} = j\frac{\omega^2 L_1 L_2 - \omega^2 M^2}{\omega L_2}$$
$$= j\left(\omega L_1 - \omega\frac{M^2}{L_2}\right) \qquad (9.5)$$

一次回路，二次回路を流れる電流 I_1 と I_2 の関係は，式 (9.3),(9.4) から以下となる．

$$電流の関係：I_2 = -\frac{M}{L_2} I_1 \qquad (9.6)$$

式 (9.1),(9.2) を連立方程式として電流を求めると式 (9.3),(9.4) となる．
一次回路の電流（一次電流）が負の虚数であることは，一次電流 I_1 は，交流電圧源 E より，位相が 90°遅れていることを示している．

式 (9.5) は，一次回路のインピーダンスは，二次回路との誘導結合の影響を受け，コイル1のリアクタンス $j\omega L_1$ から $\omega\frac{M^2}{L_2}$ 減少することを示している．

式 (9.6) は，一次回路に電流 I_1 が流れると，二次回路にはその $-\frac{M}{L_2}$ 倍の電流 I_2 が流れることを示している．

【例題 9.1】相互誘導回路に流れる電流

図 9.3 の相互誘導回路で，一次回路と二次回路の閉路方程式を立て，それぞれに流れる電流 I_1, I_2 を求めよ．また，一次側から見たインピーダンス Z_1，一次電流と二次電流の関係を示せ．交流電圧源の周波数は，$f = 50$(Hz) とする．

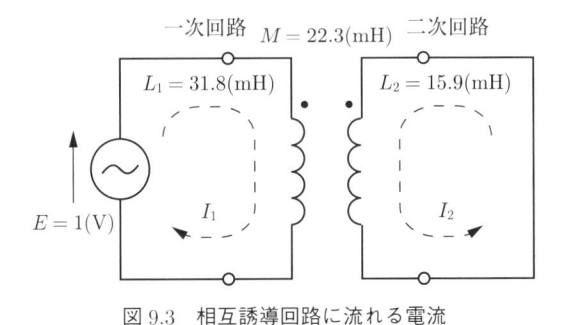

図 9.3 相互誘導回路に流れる電流

【例題解答】

(a) 閉路方程式を立てる

一次回路，二次回路の閉路方程式は，式 (9.1),(9.2) を用いて以下となる．

$$\text{一次回路}：j\omega L_1 I_1 + j\omega M I_2 = E$$
$$j10 \cdot I_1 + j7 \cdot I_2 = 1 \tag{9.7}$$
$$\text{二次回路}：j\omega M I_1 + j\omega L_2 I_2 = 0$$
$$j7 \cdot I_1 + j5 \cdot I_2 = 0 \tag{9.8}$$

連立方程式 (9.7),(9.8) を行列に変換し，クラメルの公式を用いて電流を求める．
$$\begin{pmatrix} j10 & j7 \\ j7 & j5 \end{pmatrix} \begin{pmatrix} I_1 \\ I_2 \end{pmatrix} = \begin{pmatrix} 1 \\ 0 \end{pmatrix}$$
$$I_1 = \frac{\begin{vmatrix} 1 & j7 \\ 0 & j5 \end{vmatrix}}{\begin{vmatrix} j10 & j7 \\ j7 & j5 \end{vmatrix}}$$
$$= \frac{1 \cdot j5 - j7 \cdot 0}{j10 \cdot j5 - j7 \cdot j7}$$
$$= -j5\,(\mathrm{A})$$

虚数 j を含めて，連立方程式を解くことに注意．

(b) **一次回路，二次回路に流れる電流を求める**

閉路回路の連立方程式 (9.7),(9.8) から，各回路に流れる電流 I_1, I_2 を求めると以下となる．

$$I_1 = -j5 = 5\angle -90°\,(\mathrm{A}) \qquad I_2 = j7 = 7\angle 90°\,(\mathrm{A}) \tag{9.9}$$

(c) **一次回路から見たインピーダンスを求める**

一次回路から見たインピーダンス Z は，相互誘導回路に印加した交流電圧源 E と一次回路に流れた電流 I_1 から求める．

$$Z = \frac{E}{I_1} = \frac{1}{-j5} = j0.2 = 0.2\angle 90°\,(\Omega) \tag{9.10}$$

(d) **一次電流と二次電流の関係を求める**

一次電流 I_1 と二次電流 I_2 の関係は，式 (9.9) から以下となる．

$$\frac{I_2}{I_1} = \frac{j7}{-j5} = -1.4 \qquad \therefore I_2 = -1.4 \cdot I_1 \tag{9.11}$$

9.3　抵抗を含む相互誘導回路

図 9.4 は，抵抗を含む相互誘導回路である．回路中に抵抗があるため，電力が消費される．

図 9.4 は，定電圧源 E と内部抵抗 R_1 を持つ等価電圧源を相互誘導回路の 1 次側に接続することで，二次側に接続された抵抗 R_2 へ電力を供給する回路である．

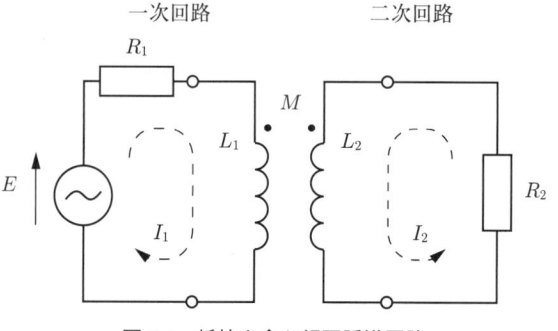

図 9.4　抵抗を含む相互誘導回路

図 9.4 で，一次回路，二次回路に流れる電流を I_1, I_2 として，それぞれ閉路方程式を立てると以下となる．

一次回路：①$(R_1 + j\omega L_1)I_1 +$ ②$j\omega M I_2 =$ ③E (9.12)

二次回路：④$j\omega M I_1 +$ ⑤$(R_2 + j\omega L_2)I_2 =$ ⑥$0$ (9.13)

① 一次回路の抵抗 R_1 とコイル L_1 に電流 I_1 が流れることで発生する電圧の合計．L_1 は自己インダクタンスである．

② 二次回路に流れる電流 I_2 との相互誘導作用によって，一次回路のコイルに発生する電圧．M は相互インダクタンスである．

③ 一次回路で発生する電圧①と②の和は，交流電圧源 E に等しい．

④ 一次回路に流れる電流 I_1 との相互作用によって，二次回路のコイルに発生する電圧．M は相互インダクタンスである．

⑤ 二次回路の抵抗 R_2 とコイル L_2 に電流 I_2 が流れることで発生する電圧の合計．

⑥ 二次回路には交流電圧源がないため，電圧④と⑤の和は0となる．

式 (9.12),(9.13) 中の合成インピーダンスを以下のように Z_1, Z_2, Z_M とおく．

$$Z_1 = R_1 + j\omega L_1 \qquad Z_2 = R_2 + j\omega L_2 \qquad Z_M = j\omega M$$

その結果，抵抗を含む相互誘導回路の閉路方程式 (9.12),(9.13) は以下となる．

抵抗を含む相互誘導回路の基本式

一次回路：$Z_1 I_1 + Z_M I_2 = E$ (9.14)

二次回路：$Z_M I_1 + Z_2 I_2 = 0$ (9.15)

これらの閉路方程式を解くことによって，電流 I_1, I_2，一次回路のインピーダンス Z および一次と二次回路の電流の関係は以下となる．

一次回路の電流：$I_1 = \dfrac{Z_2}{Z_1 Z_2 - Z_M{}^2} E$ (9.16)

二次回路の電流：$I_2 = -\dfrac{Z_M}{Z_1 Z_2 - Z_M{}^2} E$ (9.17)

一次回路のインピーダンス：$Z = \dfrac{E}{I_1} = Z_1 - \dfrac{Z_M{}^2}{Z_2}$ (9.18)

電流の関係：$I_2 = -\dfrac{Z_M}{Z_2} I_1$ (9.19)

図9.14には抵抗が存在するため，この回路では電力 P_a が消費される．この回路全体の消費電力 P_a は，一次回路，二次回路に流れる電流 I_1, I_2 が，それぞれ抵抗 R_1, R_2 に流れるために発生する．このことから，この回路の消費電力は，以下となる．

消費電力（有効電力）：$P_a = R_1 |I_1|^2 + R_2 |I_2|^2$ (9.20)

この電力は全て交流電圧源 E から供給されている．二次回路は，一次

合成インピーダンス Z_1, Z_2, Z_M は，回路中の以下の部分を示している．

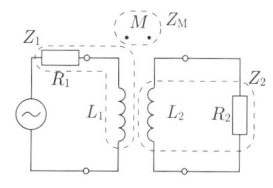

Z_1, Z_2 は，相互誘導作用がない場合の合成インピーダンスを示している．

一次回路のインピーダンス Z は，一次回路だけのインピーダンス Z_1 より $\dfrac{Z_M{}^2}{Z_2}$ 減少する．

二次回路には，一次回路の電流 I_1 の $-\dfrac{Z_M}{Z_2}$ 倍の電流が流れる．

電力消費とは，有効電力 P_a の発生を示している．

式 (9.20) は，式 (9.16),(9.17) を用いて以下のように変換出来る．

$$P_a = R_1 \left| \dfrac{Z_2}{Z_1 Z_2 - Z_M{}^2} E \right|^2$$
$$+ R_2 \left| -\dfrac{Z_M}{Z_1 Z_2 - Z_M{}^2} E \right|^2$$

回路とは導線で繋がっていないが，相互誘導作用によって繋がっている．相互誘導作用を用いることで，電力を一次回路から二次回路に供給することが可能である．

> **【例題 9.2】抵抗を含む相互誘導回路に流れる電流**
> 図 9.5 は抵抗を含む相互誘導回路である．この回路の一次回路と二次回路で閉路方程式を立て，それぞれに流れる電流 I_1, I_2 を求めよ．また，一次側から見たインピーダンス Z_1，一次電流と二次電流の関係を示せ．交流電圧源の周波数は，$f = 50 (\text{Hz})$ とする．

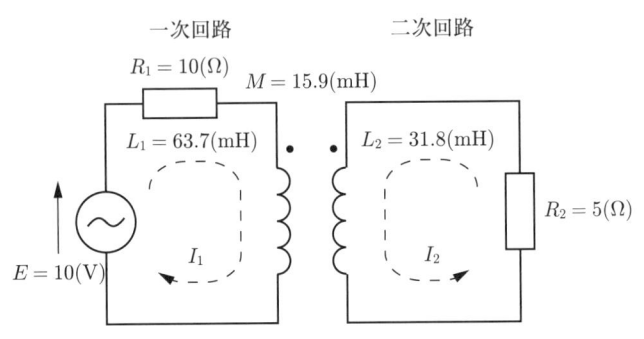

図 9.5 相互誘導回路に流れる電流

【例題解答】

(a) 閉路方程式を立てる

回路中の合成インピーダンスを Z_1, Z_2, Z_M とおくと以下となる．

$$Z_1 = R_1 + j\omega L_1 = 10 + j20 \ (\Omega)$$

$$Z_2 = R_2 + j\omega L_2 = 5 + j10 \ (\Omega)$$

$$Z_M = j\omega M = j5 \ (\Omega)$$

一次回路，二次回路それぞれの閉路方程式は，式 (9.14),(9.15) を用いて以下となる．

一次回路：$Z_1 I_1 + Z_M I_2 = E$

$$(10 + j20)I_1 + j5 \cdot I_2 = 10 \tag{9.21}$$

二次回路：$Z_M I_1 + Z_2 I_2 = 0$

$$j5 \cdot I_1 + (5 + j10)I_2 = 0 \tag{9.22}$$

(b) 一次回路，二次回路に流れる電流を求める

閉路回路の連立方程式 (9.21),(9.22) から，各回路に流れる電流 I_1, I_2 を求める．

$$I_1 = 0.247 - j0.404 = 0.474\angle -58.6° \text{ (A)}$$
$$I_2 = -0.180 + j0.112 = 0.212\angle 148° \text{ (A)}$$
$$= -(0.212\angle -32°) \text{ (A)} \quad (9.23)$$

I_2 の偏角が $148°$ であるのは，位相が $180°$ 反転しているためである．I_2 は，以下のように変換が可能である．

$$I_2 = 0.212\angle 148°$$
$$= -\{0.212\angle(148° - 180°)\}$$
$$= -(0.212\angle -32°)$$

(c) 一次回路から見たインピーダンスを求める

一次回路から見たインピーダンス Z は，相互誘導回路に印加した交流電圧源 E と一次回路に流れた電流 I_1 から求める．

$$Z = \frac{E}{I_1} = \frac{10}{0.474\angle -58.6°} = 21.1\angle 58.6° \text{ (Ω)} \quad (9.24)$$

(d) 一次電流と二次電流の関係を求める

一次電流 I_1 と二次電流 I_2 の関係は，式 (9.23) から以下となる．

$$\frac{I_2}{I_1} = \frac{-(0.212\angle -32°)}{0.474\angle -58.6°} = -(0.447\angle 26.6°)$$
$$\therefore I_2 = -(0.447\angle 26.6°) \cdot I_1 \quad (9.25)$$

一次電流と二次電流の関係は，式 (9.19) から求めることも出来る．

9.4 相互誘導回路の等価回路

相互誘導回路 (図 9.6(a)) は，インピーダンス Z_A, Z_B, Z_C からなる T 形等価回路 (図 9.6(b)) に変換することが出来る．(a) 相互誘導回路および (b) その等価回路に流れる閉路電流を I_1, I_2 としたとき，それぞれの回路で閉路方程式を立てると式 (9.26)〜(9.29) となる．

T 形等価回路の閉路方程式 (9.28),(9.29) は，以下の式から導かれる．

$$Z_A I_1 + Z_C(I_1 + I_2) = E$$
$$Z_B I_2 + Z_C(I_2 + I_1) = 0$$

(a) 相互誘導回路

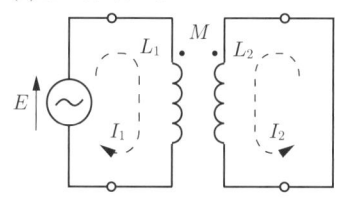

相互誘導回路の閉路方程式
$$j\omega L_1 I_1 + j\omega M I_2 = E \quad (9.26)$$
$$j\omega M I_1 + j\omega L_2 I_2 = 0 \quad (9.27)$$

(b) T 形等価回路

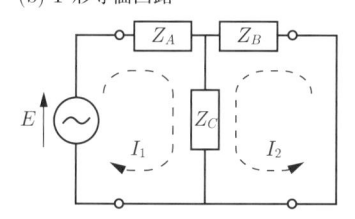

T 形等価回路の閉路方程式
$$(Z_A + Z_C) I_1 + Z_C I_2 = E \quad (9.28)$$
$$Z_C I_1 + (Z_B + Z_C) I_2 = 0 \quad (9.29)$$

図 9.6 (a) 相互誘導回路と (b) その T 形等価回路

式 (9.26) と (9.28)，式 (9.27) と (9.29) をそれぞれ比較すると，以下の

第9章 相互誘導回路

Z_A, Z_B は，式 (9.30) から以下の式に変形できる

$$Z_A = j\omega L_1 - Z_C$$
$$Z_B = j\omega L_2 - Z_C$$

式が得られる．

$$Z_A + Z_C = j\omega L_1, \quad Z_C = j\omega M, \quad Z_B + Z_C = j\omega L_2 \quad (9.30)$$

その結果，T 形等価回路中のインピーダンス Z_A, Z_B, Z_C は，以下の式で示される．

> **T 形等価回路を構成するインピーダンス**
>
> $$Z_A = j\omega(L_1 - M)$$
> $$Z_B = j\omega(L_2 - M)$$
> $$Z_C = j\omega M \quad (9.31)$$

T 形等価回路を一次側の交流電圧源および二次側の短絡を含めて描くと以下の回路となる．

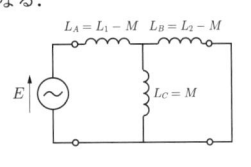

これらのインピーダンスから，相互誘導回路の T 形等価回路は図 9.7 に示す 3 つのコイル L_A, L_B, L_C で表される．

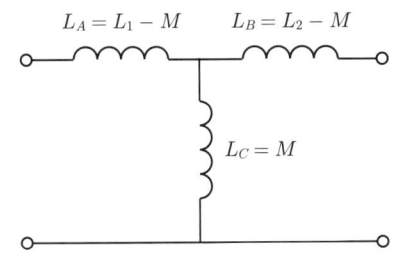

図 9.7 相互誘導回路の T 形等価回路

【例題 9.3】抵抗を含む相互誘導回路の T 形等価回路

図 9.8 は抵抗を含む相互誘導回路である．この回路を T 形等価回路に変換せよ．また，その等価回路を用いて，一次電流 I_1 と二次電流 I_2 を求めよ．交流電圧源の周波数は，$f = 50(\text{Hz})$ とする．

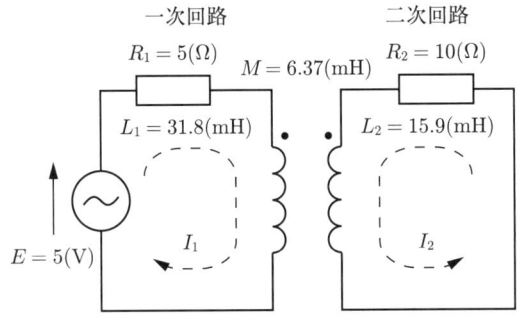

図 9.8 抵抗を含む相互誘導回路

【例題解答】

(a) 等価回路に変換する

図 9.9 に示す相互誘導回路の T 形等価回路で，コイル L_A, L_B, L_C は，図 9.7 を用いて以下となる．

$$L_A = L_1 - M = 31.8 - 6.37 = 25.4 \text{ (mH)} \tag{9.32}$$

$$L_B = L_2 - M = 15.9 - 6.37 = 9.53 \text{ (mH)} \tag{9.33}$$

$$L_C = M = 6.37 \text{ (mH)} \tag{9.34}$$

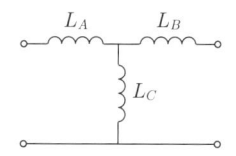

図 9.9 相互誘導回路の T 形等価回路

(b) 回路全体の等価回路を描く

図 9.9 の T 形等価回路を用いて，図 9.8 を等価変換すると図 9.10 になる．

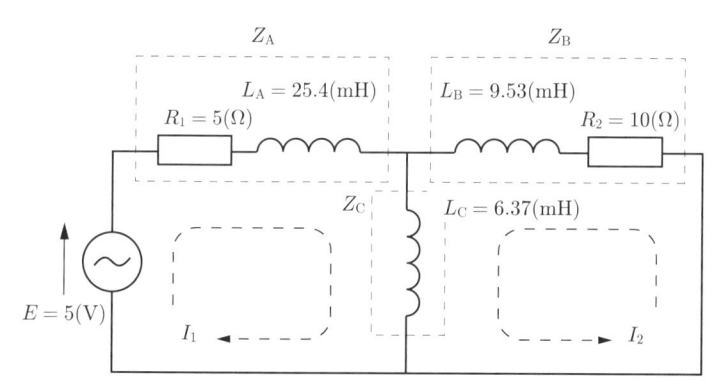

図 9.10 相互誘導回路の T 形等価回路と各インダクタンスの値

各枝の抵抗とコイルの合成インピーダンスを Z_A, Z_B, Z_C とすると，それぞれ以下となる．

$$Z_A = R_1 + j\omega L_A = 5 + j8 (\Omega)$$

$$Z_B = R_2 + j\omega L_B = 10 + j3 (\Omega)$$

$$Z_C = j\omega L_C = j2 (\Omega) \tag{9.35}$$

(c) 閉路方程式を用いて，各電流を求める

合成インピーダンスを Z_A, Z_B, Z_C を用いて，図 9.10 の回路の閉路方程式を立てると以下となる．

$$Z_A I_1 + Z_C (I_1 + I_2) = E$$

$$Z_B I_2 + Z_C (I_2 + I_1) = 0 \tag{9.36}$$

式 (9.36) の閉路方程式に，式 (9.35) の各インピーダンスの値を代入して，整理すると以下となる．

$$(5+j10)I_1 + j2 \cdot I_2 = 5$$
$$j2 \cdot I_1 + (10+j5)I_2 = 0 \qquad (9.37)$$

この方程式から，一次電流 I_1 と二次電流 I_2 は以下の値となる．

$$I_1 = 0.213 - j0.393 = 0.447\angle -61.5°\ (\text{A})$$
$$I_2 = -0.0799 - j0.00256 = 0.0799\angle -178°\ (\text{A})$$
$$= -(0.0799\angle 2°)\ (\text{A}) \qquad (9.38)$$

> I_2 の偏角が $-178°$ であるのは，位相が $180°$ 反転しているためである．I_2 は，以下のように変換が可能である．
>
> $I_2 = 0.0799\angle -178°$
> $= -\{0.0799\angle(-178°$
> $\qquad\qquad +180°)\}$
> $= -(0.0799\angle 2°)$

9.5 密結合変成器

密結合変成器 (図 9.11) とは，自己インダクタンス L_1, L_2，相互インダクタンス M の間で，以下の 2 つの式（条件）が成り立つ相互誘導回路である．ここで，n は一次側と二次側のコイルの巻き数比 ($n = \dfrac{n_2}{n_1}$) である．

$$M = \sqrt{L_1 L_2} \qquad (9.39)$$
$$n = \sqrt{\dfrac{L_2}{L_1}} \qquad (9.40)$$

> 式 (9.39) は，相互誘導回路の結合係数が $k=1$ であることを示している．そのため，密結合変成器と呼ばれる．
>
> コイルの自己インダクタンスは，巻き数の 2 乗に比例するため，巻き数比は式 (9.40) となる．

なお，式 (9.39),(9.40) の関係は，以下のように示すことも出来る．

$$L_1 = \dfrac{M}{n}, \qquad M = nL_1, \qquad L_2 = nM$$

図 9.11　密結合変成器

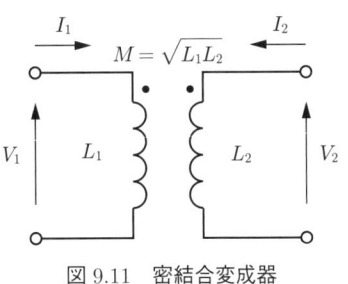

図 9.11 の密結合変成器では，一次側と二次側では相互誘導作用が起こり，一般の相互誘導回路と同様に以下の閉路方程式が成り立つ．

$$\text{一次側}: j\omega L_1 I_1 + j\omega M I_2 = V_1 \qquad (9.41)$$
$$\text{二次側}: j\omega M I_1 + j\omega L_2 I_2 = V_2 \qquad (9.42)$$

密結合変成器で，一次電圧 V_1 と二次電圧 V_2 の関係 $\dfrac{V_2}{V_1}$ は，式 (9.41), (9.42) から以下となる．

> 式 (9.43) の計算では，式 (9.39) と (9.40) の関係から求めた式 $M=nL_1, L_2=nM$ を用いる．

$$\dfrac{V_2}{V_1} = \dfrac{j\omega M I_1 + j\omega L_2 I_2}{j\omega L_1 I_1 + j\omega M I_2} = \dfrac{j\omega n L_1 I_1 + j\omega n M I_2}{j\omega L_1 I_1 + j\omega M I_2} = n \qquad (9.43)$$

このことは，密結合変成器では，二次電圧 V_2 は，一次電圧 V_1 の巻き数比 n 倍であることを示している．

密結合変成器の電圧変換

$$V_2 = nV_1 \tag{9.44}$$

【例題 9.4】密結合変成器の電圧変換
図 9.12 に示す密結合変成器の一次側に交流電圧源 $E = 100(\mathrm{V})$ を接続した．このときの二次電圧 V_2 を求めよ．

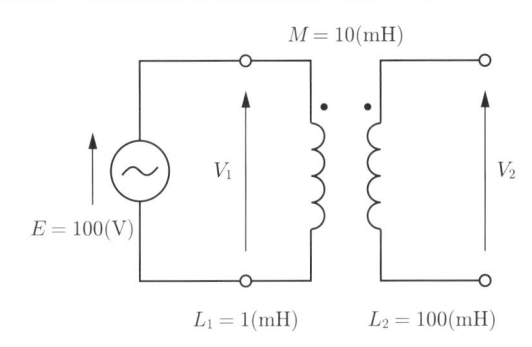

図 9.12 密結合変成器の電圧変換

【例題解答】
(a) 一次と二次の巻き数比を求める
密結合変成器の一次と二次の巻き数比 n は，式 (9.40) から以下で求められる．

$$n = \sqrt{\frac{L_2}{L_1}} = \sqrt{\frac{100 \times 10^{-3}}{1 \times 10^{-3}}} = 10 \tag{9.45}$$

(b) 二次電圧を求める
密結合変成器の一次側には，交流電圧源 $E = 100(\mathrm{V})$ が接続されているため，一次電圧は $V_1 = 100(\mathrm{V})$ である．一次電圧と二次電圧には，式 (9.44) の関係があるため，二次電圧 V_2 は以下となる．

$$V_2 = nV_1 = 10 \times 100 = 1000 \ (\mathrm{V}) \tag{9.46}$$

9.6 理想変成器

理想変成器は，一次と二次のコイルが密結合状態 $(M = \sqrt{L_1 L_2})$ にあり，一次側に入力される複素電力 $\overline{V_1} I_1$ と二次側から出力される複素電力

理想変成器に特性が近い素子は，変圧器（トランス）である．変圧器は，交流電圧を必要な電圧に変換する場合に用いられる．

理想変成器では，電力損失が起こらない．

理想変成器では，一般的に相互インダクタンス M の代わりに，巻き数比 $(1:n)$ を用いてその特性を表す．

$-\overline{V_2}I_2$ が等しい相互誘導回路である．

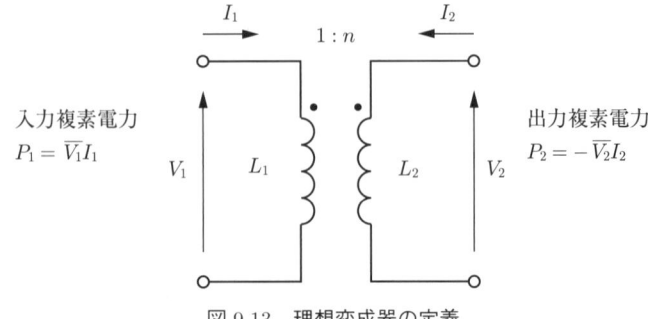

図 9.13 理想変成器の定義

図 9.13 の電流設定では，二次電流の符号が負となる．そのため，二次側から出力される複素電力は $-\overline{V_2}I_2$ と設定する．

図 9.13 は，一次と二次の巻き数比が n である理想変成器である．理想変成器は密結合状態であるため，一次電圧 V_1 と二次電圧 V_2 には $V_2 = nV_1$ の関係がある．そのため，それらの共役複素数 $\overline{V_1}, \overline{V_2}$ も以下の関係となる．

$$\overline{V_2} = n\overline{V_1} \tag{9.47}$$

式 (9.48) は以下から導かれる．

$$\overline{V_1}I_1 = -\overline{V_2}I_2$$
$$= -n\overline{V_1}I_2$$
$$I_1 = -nI_2$$
$$I_2 = -\frac{1}{n}I_1$$

入力と出力の複素電力が等しいことから ($\overline{V_1}I_1 = -\overline{V_2}I_2$)，理想変成器の一次電流 I_1 と二次電流 I_2 の関係は以下となる．

理想変成器の電流変換
$$I_2 = -\frac{1}{n}I_1 \tag{9.48}$$

この式は，理想変成器の二次回路には，一次回路に流れる電流 I_1 の $-\dfrac{1}{n}$ 倍が流れることを示している．

9.7 理想変成器のインピーダンス変換

図 9.14 は，巻き数比が n である理想変成器である．その一次側に電圧 V_1 が印加され，二次側には負荷 Z が接続されている．

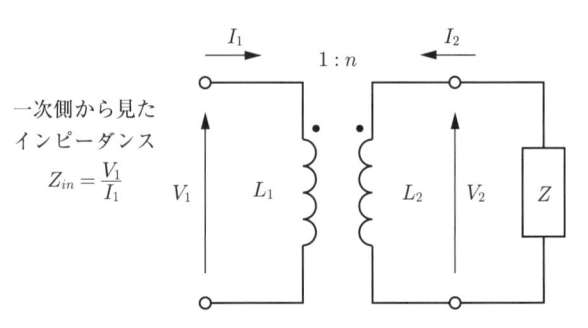

図 9.14 理想変成器のインピーダンス変換

理想変成器では，一次側と二次側の電圧，電流に以下の関係が成り立つ．

電圧の関係：$V_2 = nV_1$　　　∴ $V_1 = \dfrac{V_2}{n}$

電流の関係：$I_2 = -\dfrac{1}{n}I_1$　　　∴ $I_1 = -nI_2$

また，二次電圧 V_2 と二次電流 I_2 の関係は，負荷 Z で決定されるため，以下となる．

$$Z = \dfrac{V_2}{-I_2} \tag{9.49}$$

以上の関係から，理想変成器の一次側から見たインピーダンス Z_{in} は以下となる．

理想変成器によるインピーダンス変換

$$Z_{in} = \dfrac{1}{n^2}Z \tag{9.50}$$

この式は，負荷 Z を理想変成器の二次側に接続した場合，一次側から見たインピーダンスは，負荷 Z の $\dfrac{1}{n^2}$ 倍になることを示している．このことから，図 9.14 の回路で一次側から見たインピーダンスは，図 9.15 の等価回路で表すことが出来る．

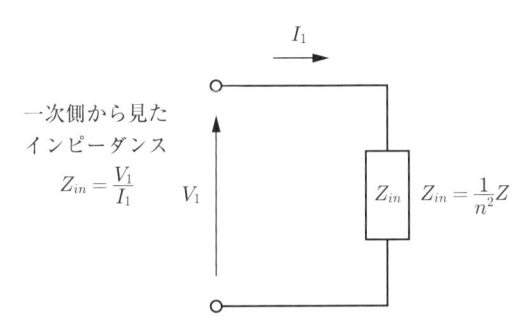

> 回路図の設定では，負荷に印加した二次電圧と流れる二次電流の向きが逆であるため，二次電流は $-I_2$ となる．

> 式 (9.50) は，以下から導かれる．
> $$\begin{aligned}Z_{in} &= \dfrac{V_1}{I_1} = \dfrac{\frac{V_2}{n}}{-nI_2}\\&= \dfrac{1}{n^2}\dfrac{V_2}{-I_2}\\&= \dfrac{1}{n^2}Z\end{aligned}$$

> 式 (9.50) は，インピーダンス Z を理想変成器の二次側に接続することで，1 次側から見たインピーダンスが $\dfrac{1}{n^2}Z$ に変換されるとも表現できる．

一次側から見たインピーダンス $Z_{in} = \dfrac{V_1}{I_1}$　　V_1　　Z_{in}　$Z_{in} = \dfrac{1}{n^2}Z$

図 9.15　一次側から見たインピーダンスの等価回路

【例題 9.5】理想変成器の電圧と電流

図 9.16 に示す巻き数比が $n = 5$ の理想変成器の 1 次側に交流電源 $E = 10(\mathrm{V})$ を接続し，二次側には負荷 $Z = 500(\Omega)$ を接続した．このとき，一次側から見た負荷 Z_{in} を求めよ．さらに，理想変成器の一次側と二次側の電圧 V_1, V_2 および電流 I_1, I_2 を求めよ．

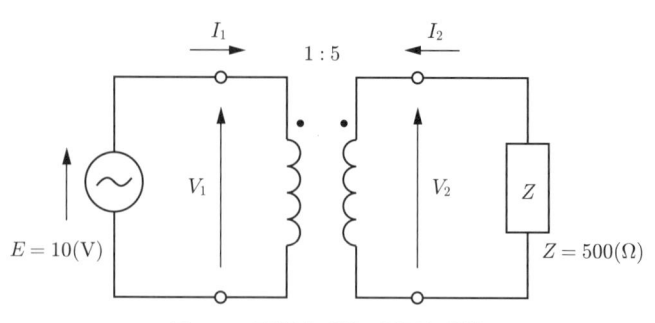

図 9.16　理想変成器の電圧と電流

【例題解答】

(a) 一次側から見たインピーダンス Z_{in} を求める

理想変成器の一次側から見たインピーダンス Z_{in} は，式 (9.50) を用いて二次側の負荷 Z を変換することで求める．

$$Z_{in} = \frac{1}{n^2}Z = \frac{1}{5^2}500 = 20 \ (\Omega) \tag{9.51}$$

図 9.16 の回路で，一次側から見たインピーダンスは，図 9.17 の等価回路で示される．

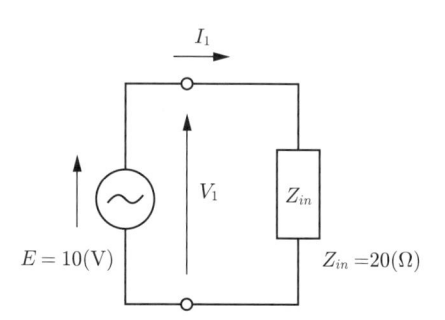

図 9.17　理想変成器の一次側から見た負荷の等価回路

(b) 一次電圧，一次電流を求める

図 9.17 の等価回路から，理想変成器の一次電圧 V_1，一次電流 I_1 は以下で求められる．

$$V_1 = E = 10 \ (V) \tag{9.52}$$

$$I_1 = \frac{V_1}{Z_{in}} = \frac{10}{20} = 0.5 \ (A) \tag{9.53}$$

(c) 二次電圧，二次電流を求める

二次電圧 V_2，二次電流 I_2 は，式 (9.44) と (9.48) を用いて，一次電圧 V_1，一次電流 I_1 を変換して求める．

$$V_2 = nV_1 = 5 \times 10 = 50 \text{ (V)} \tag{9.54}$$
$$I_2 = -\frac{1}{n}I_1 = -\frac{1}{5}0.5 = -0.1 \text{ (A)} \tag{9.55}$$

―――――― 演習問題 ――――――

【演習 9.1】
演習図 9.1 の回路で，閉路方程式を求め，一次電流 I_1，二次電流 I_2 を求めよ．ただし，交流電圧源の周波数は，$f = 50 \text{(Hz)}$ とする．

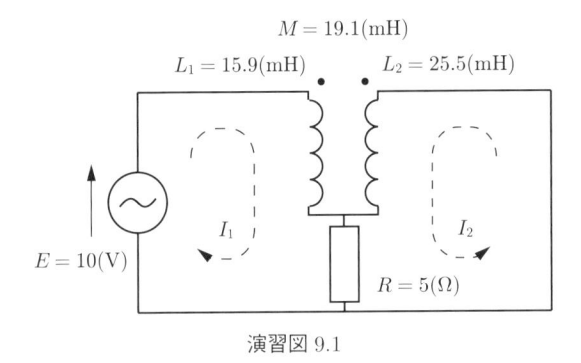

演習図 9.1

【演習解答】
一次回路および二次回路の閉路方程式は以下である．

一次回路：$j\omega L_1 I_1 + j\omega M I_2 + R(I_1 + I_2) = E$
$$(5 + j5)I_1 + (5 + j6)I_2 = 10$$

二次回路：$j\omega L_2 I_2 + j\omega M I_1 + R(I_2 + I_1) = 0$
$$(5 + j6)I_1 + (5 + j8)I_2 = 0$$

一次電流 I_1，二次電流 I_2 は，これらの閉路方程式を解くことで求められる．

$$I_1 = 4.88 - j13.9 = 14.7\angle -71° \text{ (A)}$$
$$I_2 = -2.44 + j12 = 12.2\angle 101° \text{ (A)}$$
$$\quad = -(12.2\angle -79°) \text{ (A)}$$

【演習 9.2】

演習図 9.2 に示す巻き数比が $n_1 : n_2$ の理想変成器の回路で，一次側と二次側の電圧 V_1, V_2 および電流 I_1, I_2 を求めよ．

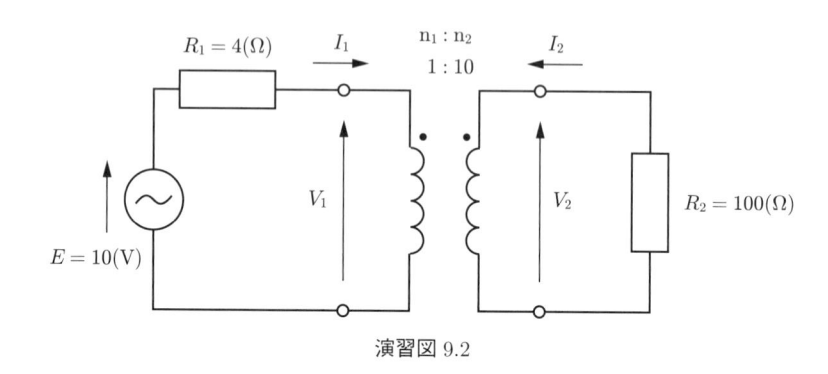

演習図 9.2

【演習解答】

演習図 9.2 の理想変成器の巻き数比は，$n = \dfrac{n_2}{n_1} = 10$ であるため，理想変成器の一次側から見たインピーダンス Z_{in} は以下となる．

$$Z_{in} = \frac{1}{n^2} R_2 = 1 \ (\Omega)$$

一次電流 I_1 は，交流電圧源 E，抵抗 R_1 および理想変成器の一次側から見たインピーダンス Z_{in} から求められる．

$$I_1 = \frac{E}{R_1 + Z_{in}} = 2 \ (A)$$

理想変成器に一次電流 I_1 が流れているとき，二次側には以下の電流 I_2 が流れる．

$$I_2 = -\frac{1}{n} I_1 = -0.2 \ (A)$$

二次電流 I_2 が負荷 R_2 に流れることで，理想変成器の二次電圧 V_2 が決定される．

$$V_2 = -R_2 I_2 = 20 \ (V)$$

二次電圧が $V_2 = 20(V)$ であるとき，理想変成器の一次電圧 V_1 は以下となる．

$$V_1 = \frac{V_2}{n} = 2 \ (V)$$

> 理想変成器の一次電圧 V_1 は，抵抗 R_1 による電圧降下 $(R_1 \cdot I_1)$ があるため，交流電圧源 E とは異なる．

第10章

三相交流回路

本章では，送電および大電力の配電で用いられる三相交流回路について学ぶ．三相交流による送電は，単相交流に比べて，電力損失が少ないという利点がある．三相交流による送電が行なわれているため，電柱に設置されている電線の本数は一般的に3の倍数である．

> 発電所から電力消費地にある配電用変電所に電力を送ることを送電といい，配電用変電所から各施設に電力を送ることを配電と呼ぶ．

10.1 単相交流と三相交流回路

単相交流回路は，図10.1に示すような1つの交流電源が，負荷（インピーダンス）に繋がっている回路である．

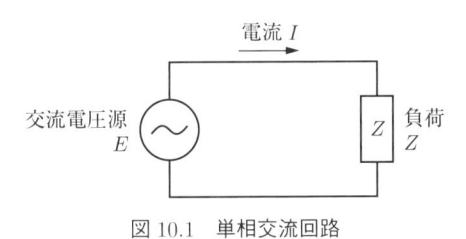

図 10.1 単相交流回路

三相交流回路は，3つの交流電圧電源と負荷の組み合わせ（単相回路）を，1つにした回路である．図10.2にY-Y三相交流回路を示す．この三相交流回路では，交流電源の電圧を相電圧 E_a, E_b, E_c と呼ぶ．各相電圧は負荷 Z_a, Z_b, Z_c に接続されている．そのために用いる導線は，a線，b線，c線と中性線である．a,b,cの各線に流れる電流は線電流 I_a, I_b, I_c と呼ばれる．中性線は3つの交流電源に繋がっている．

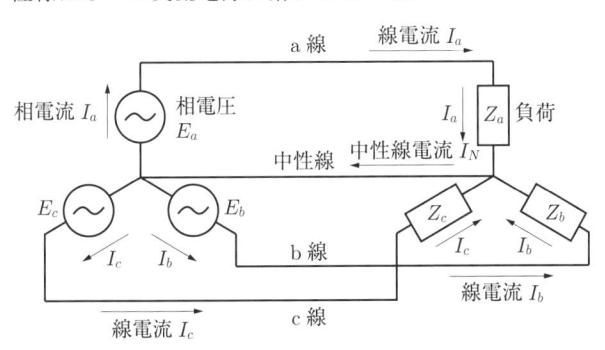

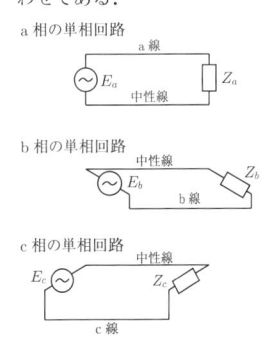

> 三相交流には，Y-Y結線のほかに Δ-Δ 結線がある．
>
> Y-Y三相交流回路は，以下の3つの単相回路の組み合わせである．
>
> a相の単相回路
>
> b相の単相回路
>
> c相の単相回路

図 10.2 Y-Y三相交流回路

10.2 対称三相電圧および平衡三相負荷

対称三相電圧は，三相交流回路で，大きさが等しく，それぞれの位相が 120° 異なっている電圧である．図 10.2 の三相交流回路の相電圧 E_a, E_b, E_c が対称である場合，それぞれの電圧は式 (10.1) となる．

$$E_a = E$$
$$E_b = E\angle -120°$$
$$E_c = E\angle -240° \tag{10.1}$$

相電圧 E_a, E_b, E_c をフェーザ図で表すと図 10.3 になる．このフェーザ図から，対称電圧の和は 0 になることが分かる．

$$E_a + E_b + E_c = 0 \tag{10.2}$$

対称三相電圧の瞬時値は以下で示される．

$$e_a(t) = E_m \sin(\omega t)$$
$$e_b(t) = E_m \sin(\omega t - \frac{2\pi}{3})$$
$$e_c(t) = E_m \sin(\omega t - \frac{4\pi}{3})$$

これらの波形は以下になる．

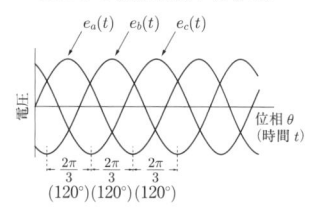

大きさが等しく，それぞれの位相が 120° 異なっている電流は，対称三相電流と呼ばれる．

$$I_a = I$$
$$I_b = I\angle -120°$$
$$I_c = I\angle -240°$$

三相交流のフェーザ図を描く場合，実数軸と虚数軸は一般的に描かない．

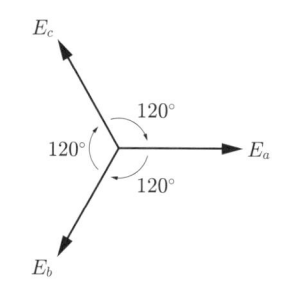

図 10.3 対称電圧のフェーザ図

平衡三相負荷とは，三相交流回路で，3 つの負荷 Z_a, Z_b, Z_c が全て等しい場合である．

$$Z_a = Z_b = Z_c \tag{10.3}$$

10.3 Y-Y 平衡三相交流回路

平衡三相交流回路とは，相電圧と相電流が対称状態で，負荷が平衡状態にある回路である．

図 10.2 の三相交流回路の各負荷に流れる電流（相電流）I_a, I_b, I_c は，負荷 Z_a, Z_b, Z_c とそれぞれの負荷に印加されている相電圧 E_a, E_b, E_c で決まるため，以下となる．

$$I_a = \frac{E_a}{Z_a} \qquad I_b = \frac{E_b}{Z_b} \qquad I_c = \frac{E_c}{Z_c} \tag{10.4}$$

相電圧が対称状態で，負荷が平衡状態の場合，各相電流は大きさが等しく，位相がそれぞれ 120° づつ異なった値となる．すなわち，相電流も対

称となる．このような回路が，平衡三相交流回路である．

$$I_a = \frac{E_a}{Z} \quad I_b = \frac{E_b}{Z} = I_a \angle -120° \quad I_c = \frac{E_c}{Z} = I_a \angle -240°$$
(10.5)

相電圧 E_a, E_b, E_c および相電流 I_a, I_b, I_c のフェーザ図は図 10.4 となる．

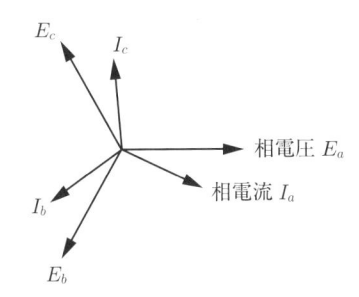

図 10.4 平衡三相交流回路の相電圧と相電流のフェーザ図

式 (10.5) と図 10.5 では，三相負荷を Z とした．

$$Z = Z_a = Z_b = Z_c$$

各相の電圧と電流の位相差は，負荷 Z できまる．
負荷が $Z \angle \theta$ である場合，相電圧 E_a に対して，相電流は $\frac{E_a}{Z} \angle -\theta$ となり，位相差は $-\theta$ である．

Y-Y 三相交流回路では，負荷を流れる相電流 I_a, I_b, I_c は中性線を通って交流電源に戻る．そのため，中性線に流れる電流 I_N は相電流の和となる．Y-Y 三相交流が平衡状態にあるとき，相電流は対称となり，その総和は 0 となる．すなわち，中性線には電流が流れない ($I_N = 0$)．

$$I_N = I_a + I_b + I_c = 0 \quad (10.6)$$

Y-Y 平衡三相交流では，中性線には電流が流れないため，中性線を取り除くことが出来る (図 10.5)．

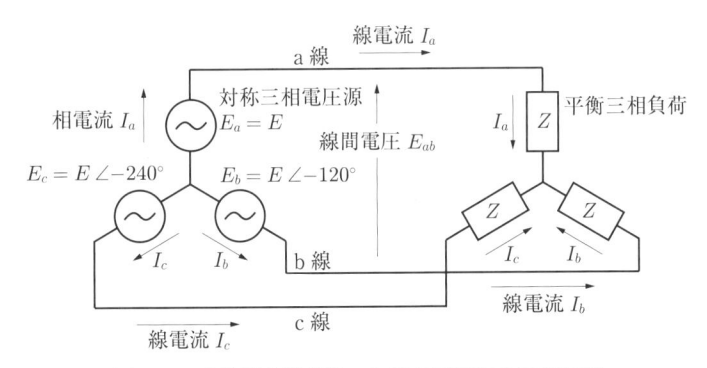

図 10.5 中性線を取り除いた Y-Y 平衡三相交流回路

相電流 I_a, I_b, I_c のフェーザ図は，以下となる．相電流の総和は，0 である．

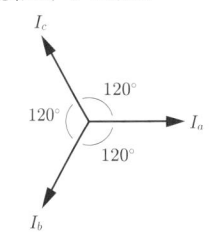

一般的に三相交流回路は平衡状態で使用するため，中性線は存在しない．

10.4 Y-Y 平衡三相交流での線間電圧と相電圧の関係

Y-Y 三相交流回路では，線間電圧（導線間の電圧）は 2 つの相電圧によって決まる．

図 10.5 の平衡三相交流回路で，a 線と b 線の線間電圧 E_{ab} は，相電圧

相電圧 E_a, E_b と線間電圧 E_{ab} の関係を回路図で表すと以下となる．相電圧 E_a, E_b は極性（プラス，マイナス）が逆であるため，線間電圧は $E_{ab} = E_a - E_b$ となる．

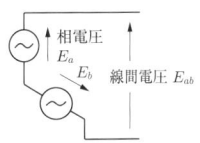

E_a と E_b から以下の計算で求められる．また，他の線間電圧 E_{bc}, E_{ca} も同様である．

相電圧から線間電圧への変換

$$E_{ab} = E_a - E_b = \sqrt{3}E_a \angle 30°$$
$$E_{bc} = E_b - E_c = \sqrt{3}E_b \angle 30°$$
$$E_{ca} = E_c - E_a = \sqrt{3}E_c \angle 30° \tag{10.7}$$

相電圧 E_a, E_b, E_c と線間電圧 E_{ab}, E_{bc}, E_{ca} の関係は，図 10.6 のフェーザ図となる．

相電圧 E_a, E_b, E_c は，線間電圧 E_{ab}, E_{bc}, E_{ca} から以下の式で求められる．

$$E_a = \frac{1}{\sqrt{3}} E_{ab} \angle -30°$$
$$E_b = \frac{1}{\sqrt{3}} E_{bc} \angle -30°$$
$$E_c = \frac{1}{\sqrt{3}} E_{ca} \angle -30°$$

これらの式から，相電圧は，線間電圧より，低いことが分かる．

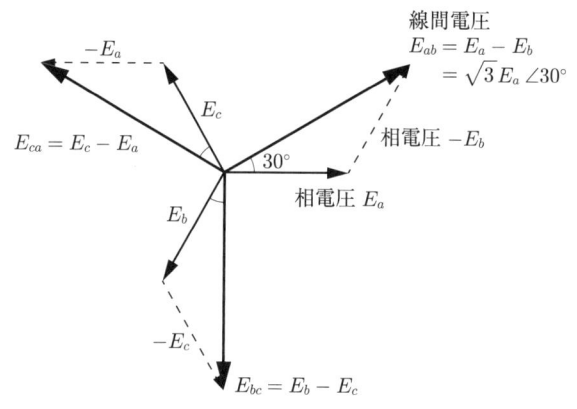

図 10.6　線間電圧と相電圧のフェーザ図

以上のことから，Y-Y 平衡三相交流では，線間電圧 E_{ab}, E_{bc}, E_{ca} は，相電圧 E_a, E_b, E_c に比べて，大きさが $\sqrt{3}$ 倍で，位相が 30° 進んでいることが分かる．

10.5　平衡三相交流で消費される電力

三相交流回路の負荷 Z_a には，相電圧 E_a が印加され，相電流 I_a が流れている．このことから，負荷 Z_a 単体で消費される電力 P_{Za} は，相電圧 E_a と相電流 I_a を用いて，以下の式となる．この式で，$\cos\theta$ は負荷力率とよばれ，θ は負荷の偏角である．

負荷で消費される電力とは，有効電力を示している．

負荷の偏角とは，負荷をフェーザ表示で表す場合 ($Z\angle\theta$) の θ である．負荷の偏角 θ によって，電圧と電流の位相差が生じるため，負荷の偏角 θ を用いて，有効電力が計算できる．

$$P_{Za} = |E_a||I_a|\cos\theta$$

平衡三相交流回路には負荷が 3 つ存在しているため，回路全体で消費される電力 P は，負荷 Z_a 単体で消費される電力を 3 倍すればよい．したがって，平衡三相交流回路で消費される電力 P は，相電圧 E_a と相電流 I_a を用いて，以下の式となる．

10.5 平衡三相交流で消費される電力

平衡三相交流回路での電力計算
(相電圧,相電流を用いて計算)

$$P = 3|E_a||I_a|\cos\theta \qquad (10.8)$$

三相交流回路の消費電力 P は,線間電圧 E_{ab} と線電流 I_a を用いて,求めることも出来る.その場合は,以下の式を用いる.

平衡三相交流回路での電力計算
(線間電圧,線電流を用いて計算)

$$P = \sqrt{3}|E_{ab}||I_a|\cos\theta \qquad (10.9)$$

相電圧 E_a と線間電圧 E_{ab} の関係は以下である.

$$E_a = \frac{1}{\sqrt{3}} E_{ab}\angle -30°$$

Y-Y 三相交流回路では,相電流と線電流は等しい.
電力の計算式 (10.8) は,線間電圧 E_{ab} と線電流 I_a を用いると以下の式となる.

$$P = 3|\frac{1}{\sqrt{3}}E_{ab}||I_a|\cos\theta$$
$$= \sqrt{3}|E_{ab}||I_a|\cos\theta$$

【例題 10.1】 Y-Y 平衡三相交流

図 10.7 の Y-Y 平衡三相交流回路に流れる相電流 I_a, I_b, I_c,線電流 I_a, I_b, I_c,それぞれのフェーザ図,消費電力 P を求めよ.

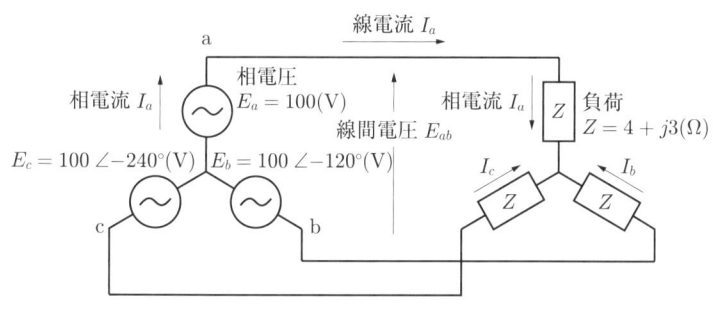

図 10.7 Y-Y 三相交流回路

本回路の解析では,必要に応じて中性線を描いて考察する.

【例題解答】

(a) 単相回路を描く

中性線を含めて描いた a 相の単相回路は,図 10.8 となる.この単相回路は,相電流 I_a を求めるために使用する.

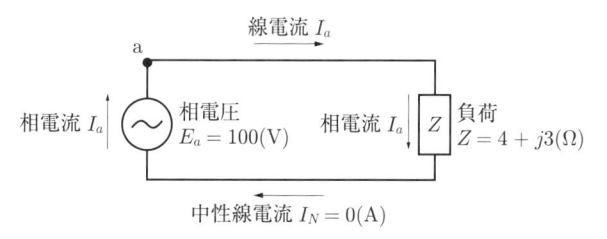

図 10.8 Y-Y 平衡三相交流の単相回路

図 10.8 の単相回路は,中性線電流 I_N の計算に使用できない.ただし,本三相交流は平衡状態であるため,$I_N = 0$ となる.

インピーダンス Z の直交形式から極形式への変換は,以下の公式を用いる.

$$a + jb = \sqrt{a^2+b^2}\angle\tan^{-1}\left(\frac{b}{a}\right)$$

負荷の偏角は $\theta = 37°$ である.

(b) 相電流 I_a, I_b, I_c を求める

負荷 $Z = 4 + j3(\Omega)$ を極形式に変換する

$$Z = 4 + j3 = \sqrt{4^2 + 3^2} \angle \tan^{-1}\left(\frac{3}{4}\right) = 5\angle 37° \ (\Omega) \quad (10.10)$$

相電流 I_a は，図 10.8 の単相回路を用いて，相電圧 E_a と負荷 Z から，以下の式で求められる．また，他の相電流 I_b, I_c も同様である．

> 相電流は，相電圧により，位相が 37° 遅れている．

$$I_a = \frac{E_a}{Z} = \frac{100}{5\angle 37°} = 20\angle -37° \ (A)$$
$$I_b = \frac{E_b}{Z} = \frac{100\angle -120°}{5\angle 37°} = 20\angle -157° \ (A)$$
$$I_c = \frac{E_c}{Z} = \frac{100\angle -240°}{5\angle 37°} = 20\angle -277° \ (A) \quad (10.11)$$

> 平衡三相交流であるため，I_b, I_c は I_a の位相をそれぞれ 120°，240° づつ遅らせることで求めることも出来る．
> $$I_b = I_a \angle -120°$$
> $$I_c = I_a \angle -240°$$

(c) **線電流 I_a, I_b, I_c を求める**

Y-Y 三相交流回路では，線電流 I_a, I_b, I_c は相電流と等しい．そのため，線電流 I_a, I_b, I_c は以下になる．

$$I_a = 20\angle -37° \ (A), \quad I_b = 20\angle -157° \ (A)$$
$$I_c = 20\angle -277° \ (A) \quad (10.12)$$

(d) **フェーザ図を描く**

相電圧 E_a, E_b, E_c は，対称であるため，大きさが 100(V) で等しく，それぞれ位相が 120° 異なっている．相電流と線電流 I_a, I_b, I_c は，大きさが 20(A) で，それぞれの位相は，相電圧より，37° 遅れている．

> 図 10.9 のフェーザ図は，相電圧 E_a を位相の基準にして，各電圧，電流を描いている．

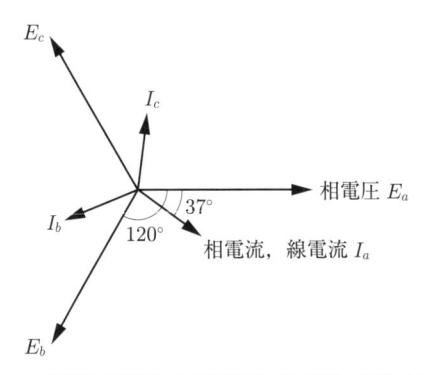

図 10.9　Y-Y 平衡三相交流の相電圧と相（線）電流のフェーザ図

(e) **消費電力 P を求める**

三相交流回路全体で消費される電力 P は，相電圧 E_a と相電流 I_a から，式 (10.8) を用いて求められる．

> 回路全体で消費される電力は，三相交流が平衡状態であるため，1 つの負荷で消費される電力の 3 倍である．
>
> $\cos\theta$ は負荷力率である

$$P = 3|E_a||I_a|\cos\theta$$
$$= 3 \cdot 100 \cdot 20 \cdot \cos 37°$$
$$= 4792 \ (W) \quad (10.13)$$

■別解　線間電圧 E_{ab} と線電流 I_a から，消費電力 P を求める

線間電圧 E_{ab} は，相電圧 E_a から，式 (10.7) を用いて変換できる．

$$E_{ab} = \sqrt{3}E_a\angle 30° = \sqrt{3}\cdot 100\angle 30°$$
$$= 173.2\angle 30°(V) \tag{10.14}$$

消費電力 P は，線間電圧 E_{ab} と線電流 I_a から，式 (10.9) を用いても求められる．

$$P = \sqrt{3}|E_{ab}||I_a|\cos\theta$$
$$= \sqrt{3}\cdot 173.2\cdot 20\cdot\cos 37°$$
$$= 4792 \text{ (W)} \tag{10.15}$$

10.6　△-△ 平衡三相交流回路

図 10.10 は，△-△ 平衡三相交流回路と呼ばれる．この回路は，相電圧が対称状態で，負荷が平衡状態にあるため，相電流および線電流も対称となり，平衡三相交流となる．

△-△ 三相交流回路では，相電圧は線間電圧と等しい．しかし，相電流と線電流は，大きさおよび位相が異なる．

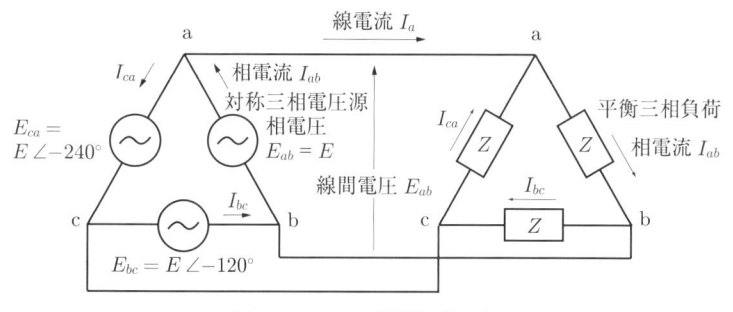

図 10.10　△-△ 平衡三相交流

△-△ 三相交流回路は，以下の 3 つの単相回路の組み合わせである．

E_{ab} の単相回路

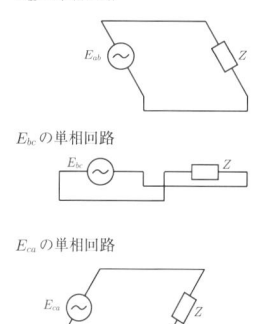

E_{bc} の単相回路

E_{ca} の単相回路

相電流 I_{ab},I_{ca} と線電流 I_a の関係を回路図で表すと以下となる．相電流 I_{ab} と I_{ca} は点 a に対して流れの向きが逆であるため，線電流は $I_a = I_{ab} - I_{ca}$ となる．

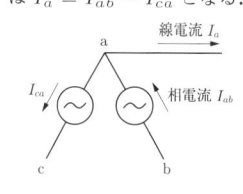

10.7　△-△ 平衡三相交流での線電流と相電流の関係

△-△ 三相交流回路では，線電流は 2 つの相電流によって決まる．

三相電圧源の点 a から流れ出る線電流 I_a は，電圧源からの相電流 I_{ab} と I_{ca} から求められる．また，他の線電流 I_b, I_c も同様である．

相電流 I_{ab}, I_{bc}, I_{ca} は，線電流 I_a, I_b, I_c から，以下の式で求められる．

$$I_{ab} = \frac{1}{\sqrt{3}} I_a \angle 30°$$

$$I_{bc} = \frac{1}{\sqrt{3}} I_b \angle 30°$$

$$I_{ca} = \frac{1}{\sqrt{3}} I_c \angle 30°$$

この式から，相電流は，線電流より小さいことが分かる．

相電流から線電流への変換

$$I_a = I_{ab} - I_{ca} = \sqrt{3} I_{ab} \angle -30°$$
$$I_b = I_{bc} - I_{ab} = \sqrt{3} I_{bc} \angle -30°$$
$$I_c = I_{ca} - I_{bc} = \sqrt{3} I_{ca} \angle -30° \quad (10.16)$$

相電流 I_{ab}, I_{bc}, I_{ca} と線電流 I_a, I_b, I_c の関係は，図 10.11 に示すフェーザ図となる．

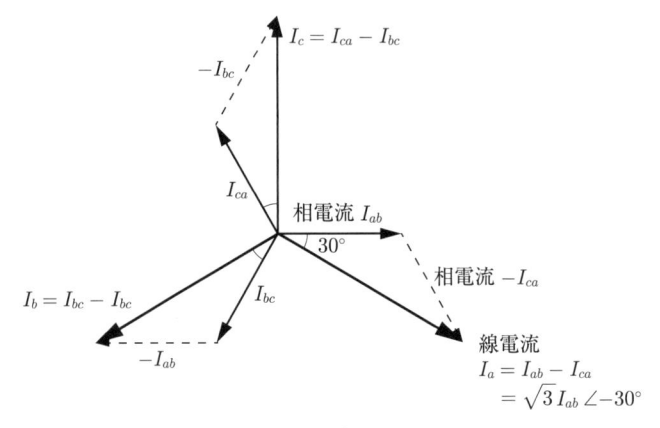

図 10.11 相電流と線電流のフェーザ図

以上のことから，Δ-Δ 平衡三相交流では，線電流 I_a, I_b, I_c は，相電流 I_{ab}, I_{bc}, I_{ca} と比べて，大きさが $\sqrt{3}$ 倍で，位相が 30° 遅れていることが分かる．

【例題 10.2】Δ-Δ 平衡三相交流

以下の Δ-Δ 平衡三相交流回路に流れる相電流 I_{ab}, I_{bc}, I_{ca}，線電流 I_a, I_b, I_c，フェーザ図，消費電力 P を求めよ．

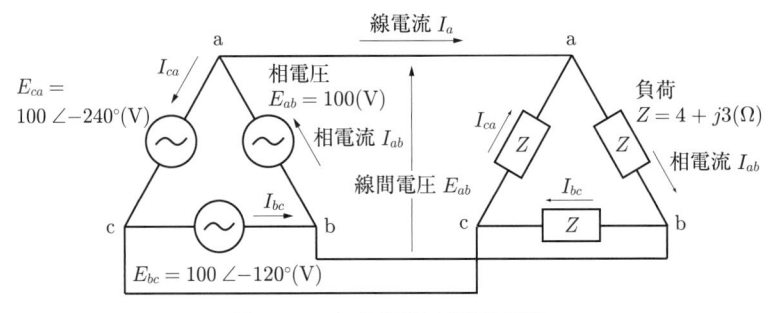

図 10.12 Δ-Δ 平衡三相交流回路

【例題解答】

(a) 単相回路を描く

交流電圧源 E_{ab} の単相回路は，図 10.13 となる．この単相回路は，相

電流 I_{ab} を求めるために使用する.

図10.13の単相回路は，線電流 I_a を求めるためには使えない．Δ-Δ 平衡三相交流では，線電流 I_a は相電流 I_{ab}, I_{ca} と異なっているためである．

$$I_a = I_{ab} - I_{ca}$$

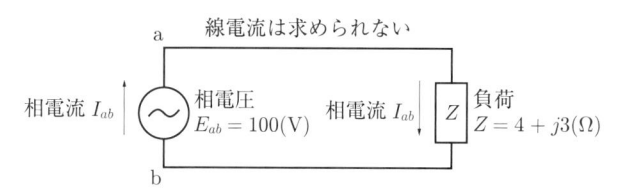

図 10.13 Δ-Δ 平衡三相交流の単相回路

(b) 相電流 I_{ab}, I_{bc}, I_{ca} を求める

負荷 $Z = 4 + j3(\Omega)$ を極形式に変換する．

$$Z = 4 + j3 = \sqrt{4^2 + 3^2} \angle \tan^{-1}\left(\frac{3}{4}\right) = 5\angle 37°(\Omega) \quad (10.17)$$

相電流 I_{ab} は，図10.13の単相回路を用いて，相電圧 E_{ab} と負荷 Z から，以下の式で求められる．また，他の相電流 I_{bc}, I_{ca} も同様である．

$$I_{ab} = \frac{E_{ab}}{Z} = \frac{100}{5\angle 37°} = 20\angle -37° \text{ (A)}$$
$$I_{bc} = \frac{E_{bc}}{Z} = \frac{100\angle -120°}{5\angle 37°} = 20\angle -157° \text{ (A)}$$
$$I_{ca} = \frac{E_{ca}}{Z} = \frac{100\angle -240°}{5\angle 37°} = 20\angle -277° \text{ (A)} \quad (10.18)$$

インピーダンス Z の直交形式から極形式への変換は，以下の公式を用いる．

$$a + jb = \sqrt{a^2 + b^2} \angle \tan^{-1}\left(\frac{b}{a}\right)$$

負荷の偏角は $\theta = 37°$ である．

相電流は，相電圧より，位相が $37°$ 遅れている．

平衡三相交流であるため，I_{bc}, I_{ca} は I_{ab} の位相をそれぞれ $120°, 240°$ づつ遅らせることで求めることもできる．

$$I_{bc} = I_{ab}\angle -120°$$
$$I_{ca} = I_{ab}\angle -240°$$

(c) 線電流 I_a, I_b, I_c を求める

Δ-Δ 平衡三相交流では，線電流は，相電流に比べ，大きさが $\sqrt{3}$ 倍で，位相が $30°$ 遅れている (式 (10.16))．そのため，線電流 I_a, I_b, I_c は，相電流 I_{ab}, I_{bc}, I_{ca} から，以下で求められる．

$$I_a = \sqrt{3}I_{ab}\angle -30 = \sqrt{3} \cdot 20\angle(-37° - 30°) = 35\angle -67° \text{ (A)}$$
$$I_b = \sqrt{3}I_{bc}\angle -30 = \sqrt{3} \cdot 20\angle(-157° - 30°) = 35\angle -187° \text{ (A)}$$
$$I_c = \sqrt{3}I_{ca}\angle -30 = \sqrt{3} \cdot 20\angle(-277° - 30°) = 35\angle -307° \text{ (A)}$$
$$(10.19)$$

(d) フェーザ図を描く

相電圧 E_{ab}, E_{bc}, E_{ca} は，対称であるため，大きさが $100(V)$ で等しく，それぞれ位相が $120°$ 異なっている．相電流 I_{ab}, I_{bc}, I_{ca} は，大きさが $20(A)$ で，位相が相電圧より $37°$ 遅れている．線電流 I_a, I_b, I_c は，相電流に比べて，大きさが $\sqrt{3}$ 倍であり，位相が $30°$ 遅れている（相電圧からは $67°$ 遅れている）．

図10.14のフェーザ図は，相電圧 E_{ab} を位相の基準にして，各電圧，電流を描いている．

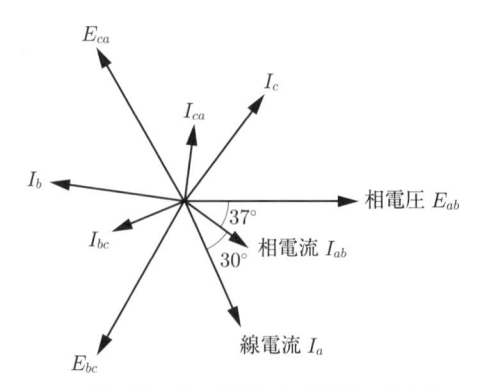

図 10.14 Δ-Δ 平衡三相交流の相電圧と相電流，線電流のフェーザ図

(e) 消費電力 P を求める

三相交流回路全体で消費される電力 P は，相電圧 E_{ab} と相電流 I_{ab} から，式 (10.8) を用いて求められる．

$$P = 3|E_{ab}||I_{ab}|\cos\theta$$
$$= 3 \cdot 100 \cdot 20 \cdot \cos 37°$$
$$= 4792 \text{ (W)} \tag{10.20}$$

回路全体で消費される電力は，三相交流が平衡状態であるため，1 つの負荷で消費される電力の 3 倍である．
$\cos\theta$ は負荷力率である

■別解 線間電圧 E_{ab} と線電流 I_a から，消費電力 P を求める

消費電力 P は，線間電圧 E_{ab} と線電流 I_a から，式 (10.9) を用いても求められる．

$$P = \sqrt{3}|E_{ab}||I_a|\cos\theta$$
$$= \sqrt{3} \cdot 100 \cdot 35 \cdot \cos 37°$$
$$= 4841 \text{ (W)} \tag{10.21}$$

2 つの方法で求めた電力値の若干の違いは，計算過程でのまるめ誤差による．

10.8 対称三相電圧源の Y → Δ, Δ → Y 変換

Y 形に結線した対称三相電圧源 E_a, E_b, E_c を，Δ 結線した三相電圧源 E_{ab}, E_{bc}, E_{ca} に変換する場合には，以下の式を用いる (Y → Δ 変換)．

対称三相電圧源の変換 (Y → Δ 変換)

$$E_{ab} = \sqrt{3}E_a\angle 30°$$
$$E_{bc} = \sqrt{3}E_b\angle 30°$$
$$E_{ca} = \sqrt{3}E_c\angle 30° \tag{10.22}$$

Δ → Y 変換
Δ 結線した相電圧 E_{ab}, E_{bc}, E_{ca} を Y 結線の相電圧 E_a, E_b, E_c に変換する場合は，以下の式となる．

$$E_a = \frac{1}{\sqrt{3}}E_{ab}\angle -30°$$
$$E_b = \frac{1}{\sqrt{3}}E_{bc}\angle -30°$$
$$E_c = \frac{1}{\sqrt{3}}E_{ca}\angle -30°$$

以上の関係は，(a)Y 結線の相電圧 E_b, E_c, E_a から線間電圧を求め，それらが (b)Δ 結線の相電圧 E_{ab}, E_{bc}, E_{ca} と等しいことから導かれる．

(a) Y 結線の相電圧 E_a, E_b, E_c 　　(b) Δ 結線の相電圧 E_{ab}, E_{bc}, E_{ca}

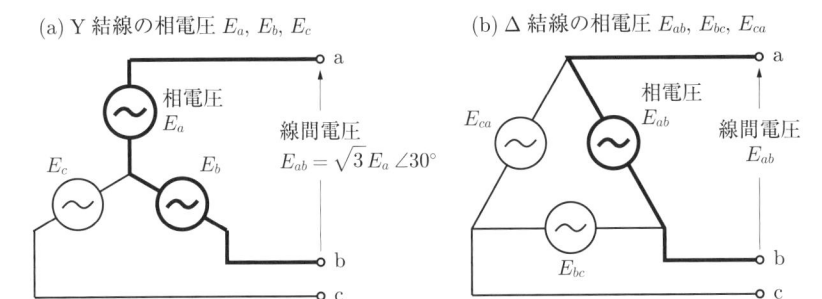

図 10.15　(a)Y 結線および (b)Δ 結線された三相電圧源の相電圧と線間電圧の関係 (三相電圧源の Y → Δ,Δ → Y 変換法)

10.9　三相負荷の Y → Δ,Δ → Y 変換

Y 形に結線した負荷 Z_a, Z_b, Z_c を，Δ 形に結線した負荷 Z_{ab}, Z_{bc}, Z_{ca} に変換する場合には，以下の式を用いる (Y → Δ 変換).

変換の式 (10.23),(10.24) は，負荷が平衡，不平衡状態の両方で使用できる．

三相負荷の変換 (Y → Δ 変換)

$$Z_{ab} = \frac{Z_a Z_b + Z_b Z_c + Z_c Z_a}{Z_c}$$

$$Z_{bc} = \frac{Z_a Z_b + Z_b Z_c + Z_c Z_a}{Z_a}$$

$$Z_{ca} = \frac{Z_a Z_b + Z_b Z_c + Z_c Z_a}{Z_b} \tag{10.23}$$

一方，Δ 形に結線した負荷 Z_{ab}, Z_{bc}, Z_{ca} を，Y 形に結線した負荷 Z_a, Z_b, Z_c に変換する場合には，以下の式を用いる (Δ → Y 変換).

三相負荷の変換 (Δ → Y 変換)

$$Z_a = \frac{Z_{ca} Z_{ab}}{Z_{ab} + Z_{bc} + Z_{ca}}$$

$$Z_b = \frac{Z_{ab} Z_{bc}}{Z_{ab} + Z_{bc} + Z_{ca}}$$

$$Z_c = \frac{Z_{bc} Z_{ca}}{Z_{ab} + Z_{bc} + Z_{ca}} \tag{10.24}$$

Y → Δ,Δ → Y の変換式は，(a)Y 結線と (b)Δ 結線で各線間のインピーダンスが等しことから導かれる．

(a) Y形負荷 Z_a, Z_b, Z_c

ab間のインピーダンス
$Z = Z_a + Z_b$

(b) Δ形負荷 Z_{ab}, Z_{bc}, Z_{ca}

ab間のインピーダンス
$Z = \dfrac{Z_{ab}(Z_{ca} + Z_{bc})}{Z_{ab} + (Z_{ca} + Z_{bc})}$

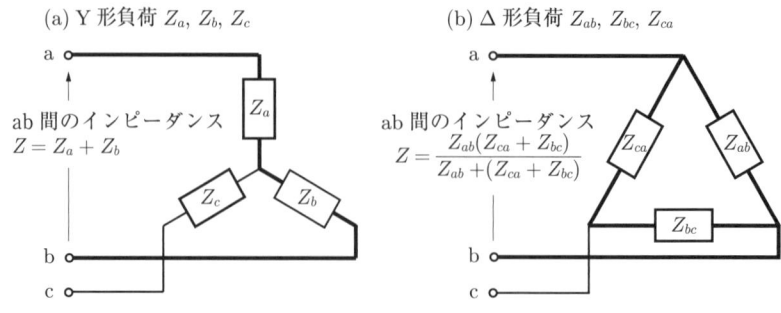

図10.16 (a)Y結線および(b)Δ結線の負荷とab間のインピーダンスの関係(三相負荷のY→Δ,Δ→Y変換法)

10.10 平衡三相負荷の Y→Δ, Δ→Y 変換

変換の式(10.25),(10.26)は,負荷が平衡状態のみに使用できる.

負荷が平衡状態である場合には,Y→Δ,Δ→Y変換が簡単な式で示される.

Y形に結線した平衡三相負荷 Z_Y を,Δ形負荷 Z_Δ に変換する場合には,以下の式を用いる.

平衡三相負荷の変換 (Y→Δ変換)

$$Z_\Delta = 3Z_Y \tag{10.25}$$

一方,Δ形に結線した平衡三相負荷 Z_Δ を,Y形負荷 Z_Y に変換する場合には,以下の式を用いる.

平衡三相負荷の変換 (Δ→Y変換)

$$Z_Y = \frac{1}{3}Z_\Delta \tag{10.26}$$

以上の関係は,それぞれの結線で各相の負荷が等しい(平衡な負荷 Z_Y, Z_Δ)として,式(10.23)および(10.24)を計算した結果である.

(a) Y形平衡負荷 Z_Y $Z_Y = \dfrac{1}{3}Z_\Delta$

(b) Δ形平衡負荷 Z_Δ $Z_\Delta = 3Z_Y$

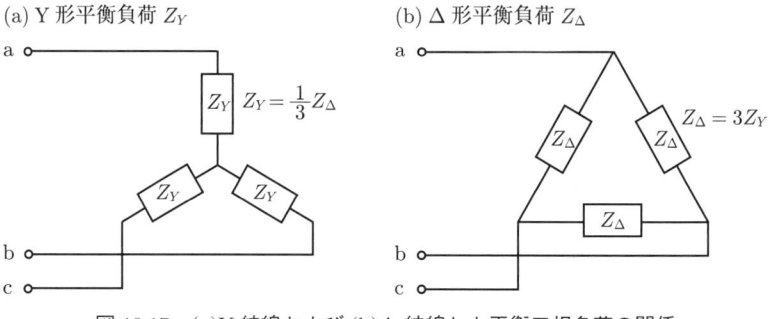

図10.17 (a)Y結線および(b)Δ結線した平衡三相負荷の関係(平衡三相負荷のΔ→Y,Y→Δ変換法)

10.10 平衡三相負荷の Y → Δ, Δ → Y 変換

【例題 10.3】 平衡三相交流での Y-Y 結線から Δ-Δ 結線への変換

図 10.18 の平衡状態にある Y-Y 三相交流回路を Δ-Δ 平衡三相交流回路に変換せよ．

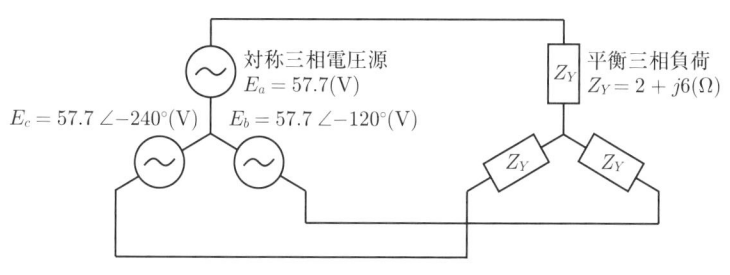

図 10.18　Y-Y 平衡三相交流回路

【例題解答】

(a) Y 形対称三相電圧源を Δ 結線に変換する

Δ 形対称三相電圧源 E_{ab}, E_{bc}, E_{ca} は，Y 形対称三相電圧源 E_a, E_b, E_c から，式 (10.22) を用いて求められる．

$$E_{ab} = \sqrt{3}E_a \angle 30° = \sqrt{3} \cdot 57.7 \angle 30° = 100 \angle 30° \text{ (V)}$$
$$E_{bc} = \sqrt{3}E_b \angle 30° = \sqrt{3} \cdot 57.7 \angle (-120° + 30°)$$
$$= 100 \angle -90° \text{ (V)}$$
$$E_{ca} = \sqrt{3}E_c \angle 30° = \sqrt{3} \cdot 57.7 \angle (-240° + 30°)$$
$$= 100 \angle -210° \text{ (V)} \quad (10.27)$$

> Δ 形対称三相電圧源は，Y 結線の対称三相電圧源に比べて，大きさが $\sqrt{3}$ 倍で，位相が 30° 進んでいる．

以上で求めた Δ 形対称三相電圧源の偏角は，変換前の Y 形対称三相電圧源の相電圧 E_a を基準にしている．通常，三相交流回路では三相電圧源内の 1 つ相電圧を基準にして，他の電圧，電流の位相を表現する．よって，変換後の相電圧 E_{ab} を位相の基準にすると，Δ 結線の各相電圧は以下になる．

$$E_{ab} = 100 \text{ (V)} \qquad E_{bc} = 100 \angle -120° \text{ (V)}$$
$$E_{ca} = 100 \angle -240° \text{ (V)} \quad (10.28)$$

(b) Y 形平衡三相負荷を Δ 結線に変換する

Δ 形平衡負荷 Z_Δ は，Y 形平衡負荷 Z_Y から，式 (10.25) を用いて求められる．

$$Z_\Delta = 3Z_Y = 3(2 + j6) = 6 + j18 \text{ (Ω)} \quad (10.29)$$

> Δ 結線は，Y 結線の平衡負荷に比べて，大きさが 3 倍である．

(c) Δ-Δ 平衡三相交流回路を描く

Δ-Δ 結線に変換した平衡三相交流回路は，(a),(b) で求めた三相電圧源と負荷を用いて，図 10.19 となる．

$E_{ca} = 100 \angle -240°$(V)　相電圧 $E_{ab} = 100$(V)　負荷 $Z_\Delta = 6 + j18(\Omega)$

$E_{bc} = 100 \angle -120°$(V)

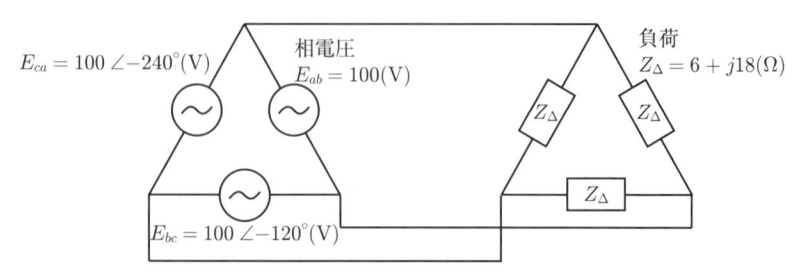

図 10.19　変換後の Δ-Δ 平衡三相交流回路

【例題 10.4】Y-Δ 平衡三相交流

図 10.20 の Y-Δ 結線の平衡三相交流回路に流れる線電流 I_a, I_b, I_c，Δ 形負荷に流れる相電流 I_{ab}, I_{bc}, I_{ca}，それぞれのフェーザ図を求めよ．

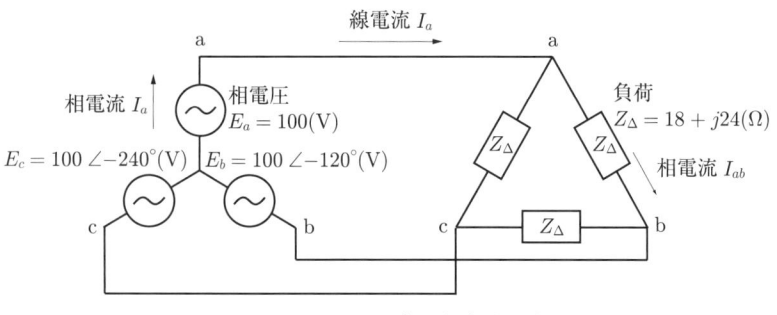

線電流 I_a
相電流 I_a　相電圧 $E_a = 100$(V)　負荷 $Z_\Delta = 18 + j24(\Omega)$
$E_c = 100 \angle -240°$(V)　$E_b = 100 \angle -120°$(V)
相電流 I_{ab}

図 10.20　Y-Δ 平衡三相交流回路

【例題解答】

(a) Y-Y 三相交流に変換する

> 三相電圧源と負荷の接続方法が異なっていると回路解析が困難である．
> 通常，三相電圧源の a 相を位相の基準にして，他の電圧，電流を求める．そのため，電圧源を変換せずに，負荷を Δ 結線から Y 結線に変換した方が良い．

Δ 結線の負荷を Y 結線に変換することで，Y-Y 三相交流回路にする (図 10.21)．変換した三相交流は，相電圧が対称状態で，負荷が平衡状態にあるため，平衡状態である．

線電流 I_a
相電流 I_a　相電圧 $E_a = 100$(V)　負荷 $Z_Y = 6 + j8(\Omega) = 10 \angle 53°(\Omega)$
$E_c = 100 \angle -240°$(V)　$E_b = 100 \angle -120°$(V)

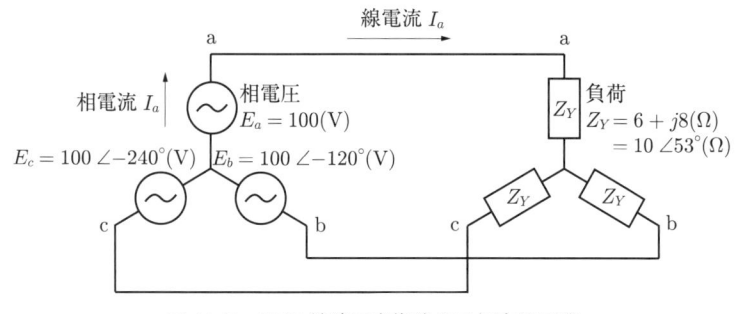

図 10.21　Y-Y 結線に変換後の三相交流回路

Y 形負荷 Z_Y は，Δ 形負荷 Z_Δ から，式 (10.26) を用いて，以下となる．

$$Z_Y = \frac{1}{3} Z_\Delta = \frac{1}{3}(18 + j24) = 6 + j8$$
$$= \sqrt{6^2 + 8^2} \tan^{-1}\left(\frac{8}{6}\right)$$
$$= 10\angle 53° \ (\Omega) \tag{10.30}$$

Y 結線の負荷 Z_Y は，Δ 結線の負荷 Z_Δ と比べて，大きさが 3 分の 1 である．

(b) 線電流 I_a, I_b, I_c を求める

線電流 I_a, I_b, I_c は，Y-Y 結線に変換後の三相交流回路 (図 10.21) を用いて，相電圧 E_a, E_b, E_c と Y 結線に変換後の負荷 Z_Y から求められる．

$$I_a = \frac{E_a}{Z_Y} = \frac{100}{10\angle 53°} = 10\angle -53° \ (A)$$
$$I_b = \frac{E_b}{Z_Y} = \frac{100\angle -120°}{10\angle 53°} = 10\angle -173° \ (A)$$
$$I_c = \frac{E_c}{Z_Y} = \frac{100\angle -240°}{10\angle 53°} = 10\angle -293° \ (A) \tag{10.31}$$

図 10.21 の単相回路は以下である．

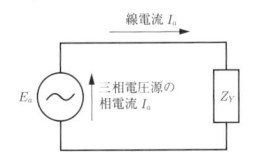

ここで求めた線電流は，図 10.20 の Y-Δ 平衡三相回路の線電流および三相電圧源の相電流と同じである．

(c) 線電流を Δ 形負荷の相電流 I_{ab}, I_{bc}, I_{ca} に変換する

図 10.20 の Y-Δ 三相交流回路で，Δ 形負荷の相電流 I_{ab}, I_{bc}, I_{ca} は，線電流 I_a, I_b, I_c から，以下の式で求められる (式 10.16 参照)．

$$I_{ab} = \frac{1}{\sqrt{3}} I_a \angle 30° = \frac{1}{\sqrt{3}} \cdot 10\angle(-53° + 30°) = 5.8\angle -23° \ (A)$$
$$I_{bc} = \frac{1}{\sqrt{3}} I_b \angle 30° = \frac{1}{\sqrt{3}} \cdot 10\angle(-173° + 30°) = 5.8\angle -143° \ (A)$$
$$I_{ca} = \frac{1}{\sqrt{3}} I_c \angle 30° = \frac{1}{\sqrt{3}} \cdot 10\angle(-293° + 30°) = 5.8\angle -263° \ (A)$$
$$\tag{10.32}$$

負荷が Δ 結線であるとき，負荷に流れる相電流は，線電流に対して，大きさが $\sqrt{3}$ 分の 1 であり，位相が 30° 進んでいる．

(d) フェーザ図を描く

相電圧 E_b, E_c, E_a は，対称であるため，大きさが 100(V) で等しく，それぞれ位相が 120° 異なっている．線電流 I_a, I_b, I_c は，大きさが 10(A) で，位相が相電圧より 53° 遅れている．Δ 形負荷を流れる相電流 I_{ab}, I_{bc}, I_{ca} は，線電流に比べて，大きさが $\sqrt{3}$ 分の 1 であり，位相が 30° 進んでいる．

図 10.22 のフェーザ図は，相電圧 E_a を位相の基準にして，各電圧，電流を描いている．

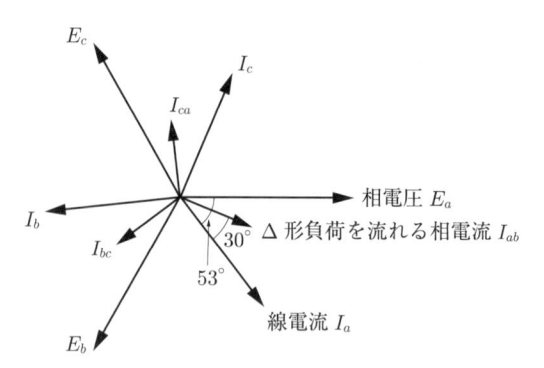

図 10.22　Y-Δ 平衡三相交流の相電圧と線電流，相電流のフェーザ図

【例題 10.5】Δ-Y 平衡三相交流

図 10.23 の Δ-Y 結線の平衡三相交流回路で，三相電圧源に流れる相電流 I_{ab}, I_{bc}, I_{ca} と線電流 I_a, I_b, I_c，Y 形負荷に流れる相電流 I_a, I_b, I_c，フェーザ図を求めよ．

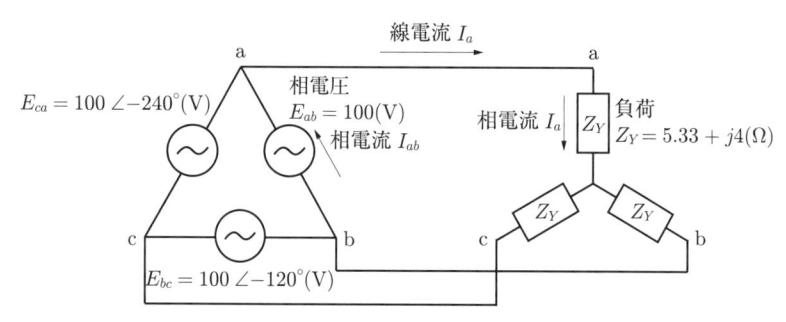

図 10.23　Δ-Y 結線の平衡三相交流回路

【例題解答】

(a) Δ-Δ 三相交流に変換する

Y 結線の負荷を Δ 結線に変換することで，Δ-Δ 三相交流回路にする (図 10.24)．変換した三相交流は，相電圧と負荷がともに対称であるため，平衡状態である．

三相電圧源と負荷の結線方法が異なっているため，そのままでは計算が困難である．通常，三相電圧源 E_{ab} を位相の基準にして，他の電圧，電流を求める．そのため，負荷を Y 結線から Δ 結線に変換したほうが良い．

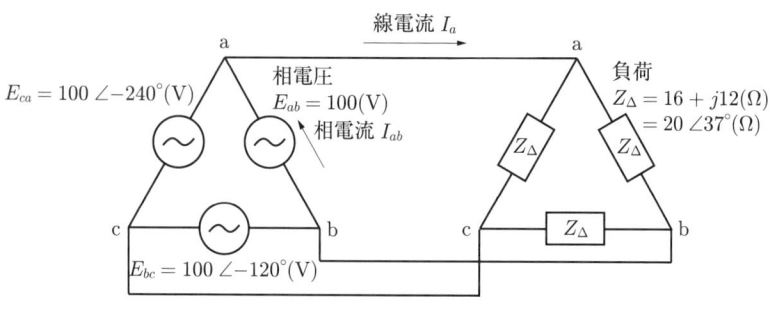

図 10.24　Δ-Δ 結線に変換後の三相交流回路

Δ 結線の負荷 Z_Δ は，Y 結線の負荷 Z_Y と比べて，大きさが 3 倍である

Δ 結線の負荷 Z_Δ は，Y 結線の負荷 Z_Y から，式 (10.25) を用いて求め

$$Z_\Delta = 3Z_Y = 3(5.33 + j4) = 16 + j12$$
$$= \sqrt{16^2 + 12^2} \tan^{-1}\left(\frac{12}{16}\right)$$
$$= 20\angle 37° \ (\Omega) \quad (10.33)$$

(b) Δ 形電圧源に流れる相電流 I_{ab}, I_{bc}, I_{ca} を求める

Δ-Δ 結線に変換後の三相交流回路 (図 10.24) で，Δ 形電圧源に流れる相電流 I_{ab} は，相電圧 E_{ab} と Δ 結線に変換後の負荷 Z_Δ から，以下となる．また，他の相電流 I_{bc}, I_{ca} も同様である．

$$I_{ab} = \frac{E_{ab}}{Z_\Delta} = \frac{100}{20\angle 37°} = 5\angle -37° \ (A)$$
$$I_{bc} = \frac{E_{bc}}{Z_\Delta} = \frac{100\angle -120°}{20\angle 37°} = 5\angle -157° \ (A)$$
$$I_{ca} = \frac{E_{ca}}{Z_\Delta} = \frac{100\angle -240°}{20\angle 37°} = 5\angle -277° \ (A) \quad (10.34)$$

図 10.24 の単相回路は以下である．

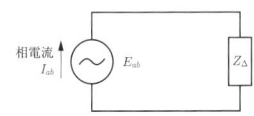

図 10.24 で求めた Δ 形電圧源の相電流は，図 10.23 の Y 形負荷の相電流と異なる．

(c) Δ 形電圧源に流れる相電流を線電流 I_a, I_b, I_c に変換する

図 10.23 の Δ-Y 三相交流回路で，線電流 I_a, I_b, I_c は，Δ 形電圧源に流れる相電流 I_{ab}, I_{bc}, I_{ca} から，式 (10.16) を用いて求められる．

$$I_a = \sqrt{3}I_{ab}\angle -30° = \sqrt{3}\cdot 5\angle(-37°-30°) = 8.7\angle -67° \ (A)$$
$$I_b = \sqrt{3}I_{bc}\angle -30° = \sqrt{3}\cdot 5\angle(-157°-30°) = 8.7\angle -187° \ (A)$$
$$I_c = \sqrt{3}I_{ca}\angle -30° = \sqrt{3}\cdot 5\angle(-277°-30°) = 8.7\angle -307° \ (A)$$
$$(10.35)$$

三相電圧源が Δ 結線であるとき，線電流は，相電流より，大きさが $\sqrt{3}$ 倍であり，位相が 30° 遅れている．

(d) Y 形負荷を流れる相電流 I_a, I_b, I_c を求める

図 10.23 の Δ-Y 三相交流回路で，負荷は Y 結線であるため，負荷を流れる相電流 I_a, I_b, I_c は線電流と等しく，以下となる．

$$I_a = 8.7\angle -67° \ (A)$$
$$I_b = 8.7\angle -187° \ (A)$$
$$I_c = 8.7\angle -307° \ (A) \quad (10.36)$$

(e) フェーザ図を描く

相電圧 E_a, E_b, E_c は，Δ 形電圧源が対称であるので，大きさが 100(V) で等しく，それぞれ位相が 120° 異なっている．Δ 形電圧源を流れる相電流 I_{ab}, I_{bc}, I_{ca} は，大きさが 5(A) で，位相が相電圧より 37° 遅れている．

図 10.25 のフェーザ図は，相電圧 E_{ab} を位相の基準にして，各電圧，電流を描いている．

線電流 I_a, I_b, I_c は，Δ 形電圧源を流れる相電流と比べ，大きさが $\sqrt{3}$ 倍であり，位相が 30° 遅れている．Y 形負荷を流れる電流 I_a, I_b, I_c は，線電流と同じである．

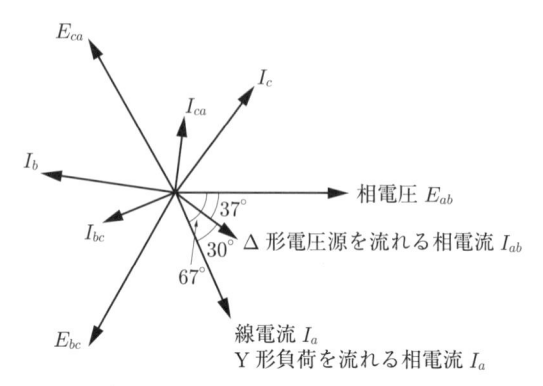

図 10.25　Δ-Y 平衡三相交流の Δ 形電圧源を流れる相電圧と線電流，Y 形負荷を流れる相電流のフェーザ図

10.11　不平衡三相交流

不平衡三相交流とは，三相電圧源または三相負荷の一方または両方が，対称および平衡状態でない三相交流である．不平衡状態では，相電流および線電流が非対称となる．

中性線のインピーダンス Z_N とは，中性点間を繋ぐために用いた電線のインピーダンスを示している．

図 10.26 に Y-Y 不平衡三相交流回路を示す．不平衡状態にある Y-Y 三相交流回路では，中性点 N, N' 間に電圧 E_N が発生するため，中性線に電流 I_N が流れる．そのため中性線を除去することが出来ない．また，中性点 N, N' 間に電圧が発生すため，中性線にはインピーダンス Z_N を加える必要がある．

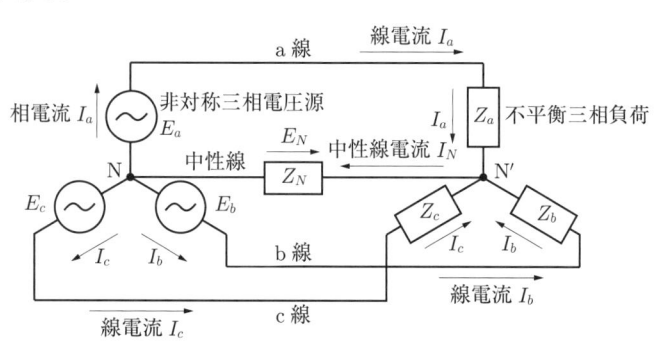

図 10.26　Y-Y 不平衡三相交流回路

図 10.26 の Y-Y 不平衡三相交流回路で，中性点間に発生する電圧 E_N は，以下の式で求められる．

中性点間電圧
$$E_N = \frac{Y_a E_a + Y_b E_b + Y_c E_c}{Y_a + Y_b + Y_c + Y_N} \quad (10.37)$$

ただし，Y_a, Y_b, Y_c, Y_N は，回路中のそれぞれのインピーダンスをアドミッタンスに変換した値である．

$$Y_a = \frac{1}{Z_a} \quad Y_b = \frac{1}{Z_b} \quad Y_c = \frac{1}{Z_c} \quad Y_N = \frac{1}{Z_N} \quad (10.38)$$

中性点間に発生する電圧 E_N は，以下の関係から導かれる．
回路中のそれぞれの電圧，電流，アドミッタンスには以下の関係がある．

$$I_a = Y_a(E_a - E_N)$$
$$I_b = Y_b(E_b - E_N)$$
$$I_c = Y_c(E_c - E_N)$$
$$I_N = Y_N E_N$$

中性点 N' では，キルヒホッフの電流則が成り立つ．

$$I_a + I_b + I_c - I_N = 0$$

以上の5つの式から，中性点間の電圧 E_N を求めることが出来る．

【例題 10.6】 Y-Y 不平衡三相交流

図 10.27 の Y-Y 結線の不平衡三相交流で，相(線)電流 I_a, I_b, I_c，中性線電流 I_N を求めよ．ただし，Y 形三相電圧源は，大きさが 100(V) の対称状態とする．

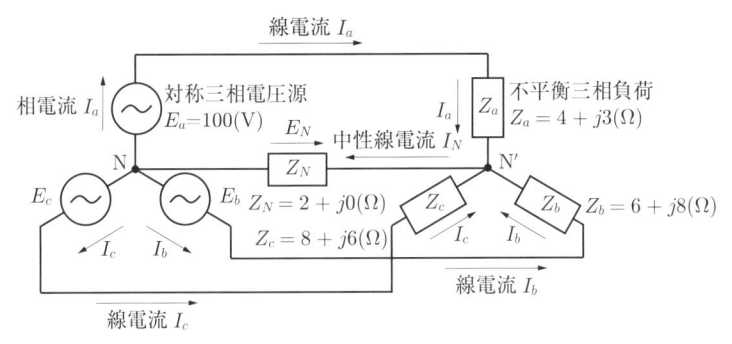

図 10.27 Y-Y 不平衡三相交流回路

【例題解答】

(a) 中性点間電圧 E_N を求める

式 (10.37) を用いて中性点間電圧 E_N を求めるために，各相電圧 E_a, E_b, E_c を直交形式に変換する．また，各相の負荷 Z_a, Z_b, Z_c および中性線中のインピーダンス Z_N は，アドミッタンスに変換する必要がある．

各相電圧 E_a, E_b, E_c の直交形式は，以下となる．

$$E_a = 100 + j0 \ (V)$$
$$E_b = 100\angle -120° = 100\cos(-120°) + j100\sin(-120°)$$
$$\quad = -50 - j86.6 \ (V)$$
$$E_c = 100\angle -240° = 100\cos(-240°) + j100\sin(-240°)$$
$$\quad = -50 + j86.6 \ (V) \quad (10.39)$$

各相の負荷 Z_a, Z_b, Z_c および中性線のインピーダンス Z_N をアドミッタンスに変換した結果は，以下である．

電圧を極形式から直交形式に変換するためには，以下の式を用いる．

$$E\angle\theta = E\cos\theta + jE\sin\theta$$

インピーダンス Z からアドミッタンス Y への変換は，以下の式を用いる．

$$Y = \frac{1}{Z}$$

$$Y_a = \frac{1}{Z_a} = \frac{1}{4+j3} = 0.16 - j0.12 \text{ (S)}$$

$$Y_b = \frac{1}{Z_b} = \frac{1}{6+j8} = 0.06 - j0.08 \text{ (S)}$$

$$Y_c = \frac{1}{Z_c} = \frac{1}{8+j6} = 0.08 - j0.06 \text{ (S)}$$

$$Y_N = \frac{1}{Z_N} = \frac{1}{2+j0} = 0.5 \text{ (S)} \tag{10.40}$$

中性点間電圧 E_N は，これらの値を用いて，以下となる．

$$E_N = \frac{Y_a E_a + Y_b E_b + Y_c E_c}{Y_a + Y_b + Y_c + Y_N} = 9.42 - j1.02 \text{ (V)}$$

$$= 9.48\angle -6.2° \text{ (V)} \tag{10.41}$$

(b) **各相（線）電流 I_a, I_b, I_c を求める**

図 10.27 の Y-Y 不平衡三相交流で，交流電圧源 E_a の単相回路は，図 10.28 となる．

この単相回路は，相（線）電流 I_a を求めるために用いられる．中性線電流 I_N を求めるためには，使用できない．

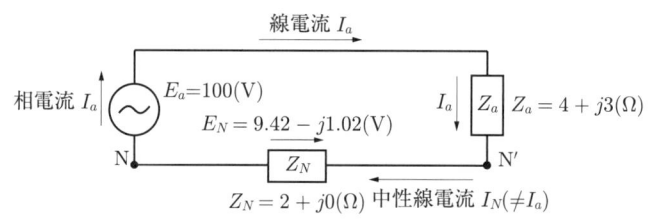

図 10.28 Y-Y 不平衡三相交流回路の単相回路 (a 相)

三相交流の位相は，E_a を基準に負（遅れ）で示すため，$I_c = 10.6\angle -273°(\text{A})$ となる．

この単相回路では，相電圧 E_a と中性点間電圧 E_N は，極性が逆の状態で直列接続 $(E_a - E_N)$ されている．このことから，相（線）電流 I_a は以下の式で求められる．また，他の相（線）電流 I_b, I_c も同様である．

$$I_a = \frac{E_a - E_N}{Z_a} = \frac{100 - (9.42 - j1.02)}{4 + j3}$$

$$= 14.6 - j10.7 = 18.1\angle -36° \text{ (A)}$$

$$I_b = \frac{E_b - E_N}{Z_b} = \frac{(-50 - j86.6) - (9.42 - j1.02)}{6 + j8}$$

$$= -10.4 - j0.38 = 10.4\angle -178° \text{ (A)}$$

$$I_c = \frac{E_c - E_N}{Z_c} = \frac{(-50 + j86.6) - (9.42 - j1.02)}{8 + j6}$$

$$= 0.504 + j10.6 = 10.6\angle 87° = 10.6\angle -273° \text{ (A)} \tag{10.42}$$

(c) **中性線電流 I_N を求める**

中性線を流れる電流 I_N は，中性点間電圧 E_N と中性線のインピーダンス Z_N から求められる．

$$I_N = \frac{E_N}{Z_N} = \frac{9.42 - j1.02}{2 + j0} = 4.71 - j0.51$$
$$= 4.74\angle -6.2° \text{ (A)} \tag{10.43}$$

【例題 10.7】 Δ-Δ 不平衡三相交流

図 10.29 の Δ-Δ 結線の不平衡三相交流回路で，相電流 I_{ab}, I_{bc}, I_{ca} と線電流 I_a, I_b, I_c，各相の消費電力 P_{ab}, P_{bc}, P_{ca} および回路全体の消費電力 P を求めよ．

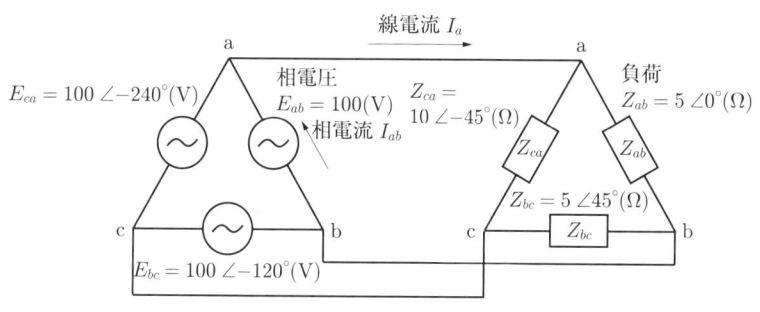

図 10.29 Δ-Δ 不平衡三相交流回路

【例題解答】

(a) 単相回路を描く

図 10.29 の Δ-Δ 不平衡三相交流で，交流電圧源 E_{ab} の単相回路は図 10.30 となる．この単相回路は，相電流 I_{ab} を求めるために使われる．

不平衡三相交流であっても，三相電圧源と三相負荷を流れる相電流は等しい．

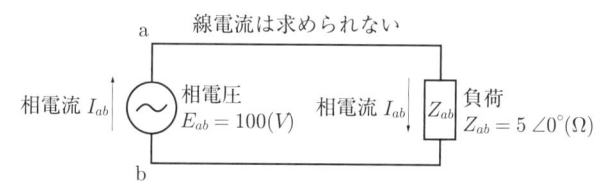

図 10.30 Δ-Δ 不平衡三相交流の単相回路

(b) 相電流 I_{ab}, I_{bc}, I_{ca} を求める

図 10.30 の単相回路で，相電流 I_{ab} は，相電圧 E_{ab} と負荷 Z_{ab} から求められる．また，他の相電流 I_{bc}, I_{ca} も同様である．

$$I_{ab} = \frac{E_{ab}}{Z_{ab}} = \frac{100}{5\angle 0°} = 20\angle 0° \text{ (A)}$$
$$I_{bc} = \frac{E_{bc}}{Z_{bc}} = \frac{100\angle -120°}{5\angle 45°} = 20\angle -165° \text{ (A)}$$
$$I_{ca} = \frac{E_{ca}}{Z_{ca}} = \frac{100\angle -240°}{10\angle -45°} = 10\angle -195° \text{ (A)} \tag{10.44}$$

相電圧 E_{bc}, E_{ca} は，E_{ab} より，位相がそれぞれ 120°, 240° 遅れている（対称電圧源）．それらを負荷 Z_{bc}, Z_{ca} で割っているため，相電流 I_{bc}, I_{ca} は，相電圧 E_{ab} より，位相がそれぞれ 165°, 195° 遅れていることを示している（E_{ab} 基準）．

(c) 相電流から線電流 I_a, I_b, I_c を求める

線電流 I_a を求めるために，三相電圧源のa点での相電流 I_{ab}, I_{ab} と線電流の関係を考える (図 10.31)．

平衡三相交流ではないため，相電流から線電流に変換する式 $I_a = \sqrt{3} I_{ab} \angle -30°$ は使用できない

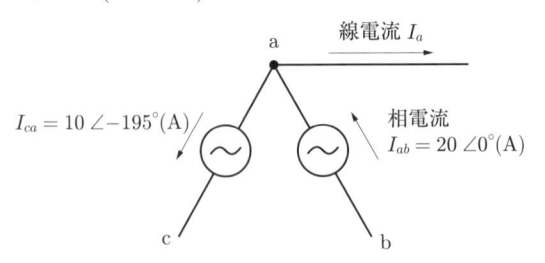

図 10.31 a点での相電流 I_{ab}, I_{bc} と線電流 I_a の関係

三相電圧源のa点には，相電流 I_{ab} が流入し，線電流 I_a と相電流 I_{ca} が流出している．そのため，以下の関係が成り立つ．

キルヒホッフの電流則である．

$$I_{ab} - I_a - I_{ca} = 0$$
$$\therefore I_a = I_{ab} - I_{ca} \tag{10.45}$$

このことから，線電流 I_a は，相電流 I_{ab}, I_{ca} から以下となる．また，他の線電流 I_b, I_c も同様である．

線電流の計算は引き算であるため，各相電流を直行形式に変換する必要がある．

$I_{ab} = 20 \angle 0°$
$\quad = 20 \cos 0° + j20 \sin 0°$
$\quad = 20 + j0$
$I_{bc} = -19.3 - j5.18$
$I_{ca} = -9.66 + j2.59$

$$I_a = I_{ab} - I_{ca} = (20 + j0) - (-9.66 + j2.59)$$
$$\quad = 29.66 - j2.59 = 29.8 \angle -5° \text{ (A)}$$
$$I_b = I_{bc} - I_{ab} = (-19.3 - j5.18) - (20 + j0)$$
$$\quad = -39.3 - j5.18 = 39.6 \angle -172° \text{ (A)}$$
$$I_c = I_{ca} - I_{bc} = (-9.66 + j2.59) - (-19.3 - j5.18)$$
$$\quad = 9.64 + j7.77 = 12.4 \angle 39° = 12.4 \angle -321° \text{ (A)} \tag{10.46}$$

三相交流での位相は，E_a を基準に負（遅れ）で示すため，$I_c = 12.4 \angle -321° \text{(A)}$ となる．

(d) 各相の消費電力 P_{ab}, P_{bc}, P_{ca} を求める

不平衡三相交流であるため，回路全体で消費される電力は，各負荷で消費される電力を個々に計算し，それらを合算する必要がある．負荷 Z_{ab} で消費される電力 P_{ab} は，相電圧 E_{ab}，相電流 I_{ab}，負荷 Z_{ab} の負荷力率 $\cos \theta_{ab}$ を用いて計算される．また，他の電力 P_{bc}, P_{ca} も同様である．

不平衡三相交流であるため，各負荷で消費される電力は異なる．

$$P_{ab} = |E_{ab}||I_{ab}| \cos \theta_{ab} = 100 \cdot 20 \cdot \cos 0° = 2000 \text{ (W)}$$
$$P_{bc} = |E_{bc}||I_{bc}| \cos \theta_{bc} = 100 \cdot 20 \cdot \cos 45° = 1414 \text{ (W)}$$
$$P_{ca} = |E_{ca}||I_{ca}| \cos \theta_{ca} = 100 \cdot 10 \cdot \cos(-45°) = 707 \text{ (W)}$$

回路全体で消費される電力 P は，これらの電力を合算して求められる．

$$P = P_{ab} + P_{bc} + P_{ca}$$
$$\quad = 2000 + 1414 + 707 = 4121 \text{ (W)} \tag{10.47}$$

10.12 三相交流回路の電圧と電流のまとめ

Y-Y 平衡三相交流回路および Δ-Δ 平衡三相交流回路の各電圧および電流の関係は以下である．

(a) Y-Y 平衡三相交流回路

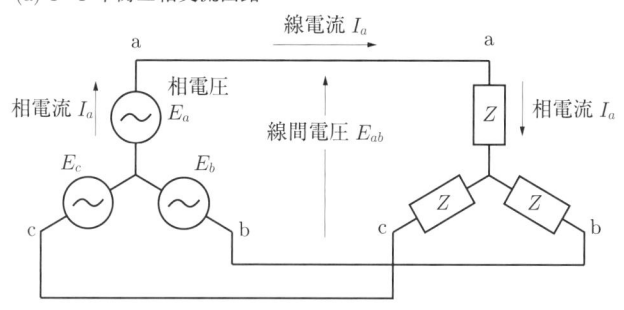

- 相電流と線電流が等しい．
- 線間電圧は，相電圧と比べて，大きさが $\sqrt{3}$ 倍，位相が 30° 進んでいる．

$$E_{ab} = \sqrt{3}E_a \angle 30° \qquad E_{bc} = \sqrt{3}E_b \angle 30° \qquad E_{ca} = \sqrt{3}E_c \angle 30°$$

(b) Δ-Δ 平衡三相交流回路

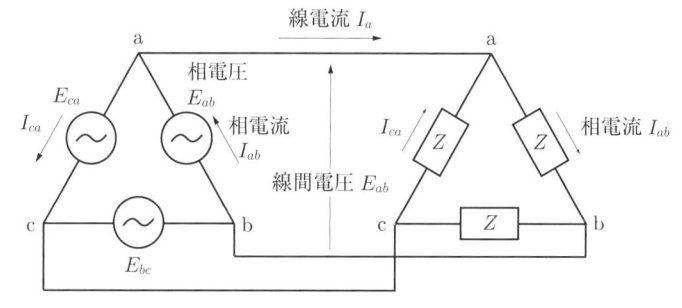

- 相電圧と線間電圧が等しい．
- 線電流は，相電流と比べて，大きさが $\sqrt{3}$ 倍，位相が 30° 遅れている．

$$I_a = \sqrt{3}I_{ab} \angle -30° \qquad I_b = \sqrt{3}I_{bc} \angle -30° \qquad I_c = \sqrt{3}I_{ca} \angle -30°$$

演習問題

【演習 10.1】
演習図 10.1 の三相交流回路の各線には線路抵抗 $R = 1(\Omega)$ がある．この三相交流回路の線電流 I_a, I_b, I_c および負荷に印加される電圧 V_a, V_b, V_c を求めよ．また，各線路抵抗で消費される電力 P_{loss} (送電損失) を求めよ．

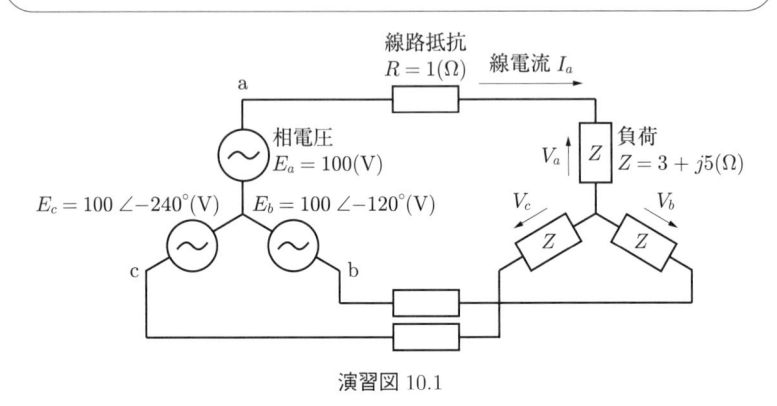

演習図 10.1

【演習解答】
線電流は，負荷 Z と線路抵抗 R の合成インピーダンスを用いて求める．

$$I_a = \frac{E_a}{Z+R} = 15.6\angle -51° \text{ (A)}$$

$$I_b = \frac{E_b}{Z+R} = 15.6\angle -171° \text{ (A)}$$

$$I_c = \frac{E_c}{Z+R} = 15.6\angle -291° \text{ (A)}$$

負荷に印加される電圧は，相電圧から線路抵抗による電圧降下分を引くことで求められる．

$$V_a = E_a - RI_a = 91\angle 7.7° \text{ (V)}$$

$$V_b = E_b - RI_b = 91\angle -112° \text{ (V)}$$

$$V_c = E_c - RI_c = 91\angle -232° \text{ (V)}$$

各線路抵抗で消費される電力 P_{loss} は以下となる．なお，この消費電力は，線路抵抗 1 つ当たりの値である．

$$P_{loss} = R \cdot |I|^2 = 243 \text{ (W)}$$

回路全体で，線路抵抗によって消費される電力は，$P = 3 \cdot P_{loss} = 729 \text{(W)}$ である．

【演習 10.2】

演習図 10.2 の三相交流回路は，電源側に Δ 結線の対称電圧源が接続されている．負荷側には，抵抗とコイルで構成されたインピーダンス $Z = 5 + j3(\Omega)$ が Δ 形に結線されている．さらに，リアクタンス $jX_C = -j3.76(\Omega)$ のコンデンサが Y 形に結線されている．この三相交流回路の負荷全体で消費される電力 P を求めよ．

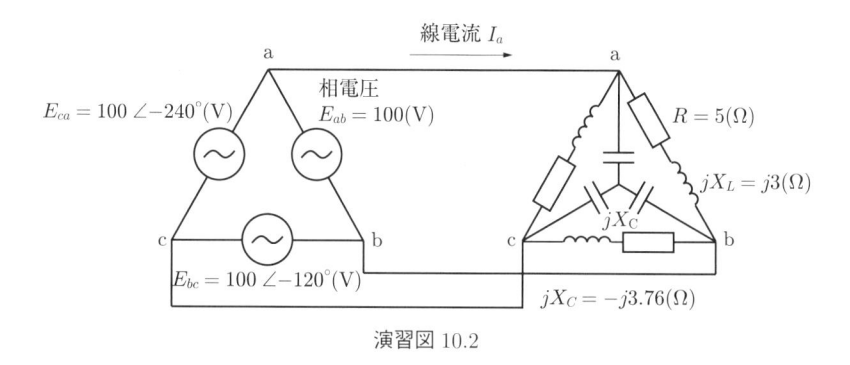

演習図 10.2

【演習解答】

演習図 10.2 の負荷部分は，コンデンサの Y 結線を Δ 結線に変換すると，負荷は以下に示す 2 つの Δ 形負荷の並列回路となる．

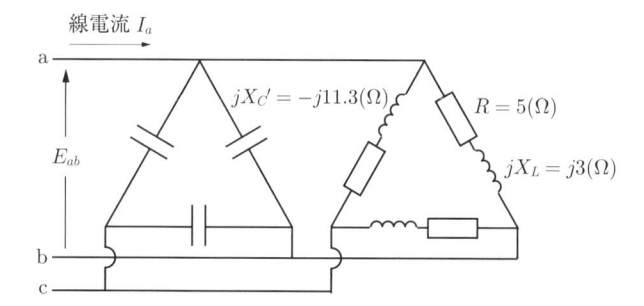

Δ 結線されたコンデンサのリアクタンス jX'_C は，以下である．

$$jX'_C = 3 \cdot X_C = -j11.3 \ (\Omega)$$

Z と jX'_C の並列回路の合成インピーダンス Z' は，以下である．

$$Z' = \frac{Z \cdot jX'_C}{Z + jX'_C} = 6.8 \angle 0° \ (\Omega)$$

ゆえに，合成インピーダンス Z' に流れる電流 I および負荷全体で消費される電力 P は以下となる．

$$I_a = \frac{E_{ab}}{Z'} = 14.7 \ (A)$$

$$P = 3 \cdot |E_{ab}| \cdot |I_a| \cos 0° = 4410 \ (W)$$

抵抗とコイルで構成される負荷 $Z = 5 + j3(\Omega)$ にコンデンサを接続することで，負荷力率が $\cos\theta = 0$ となっている（力率改善）．

【演習 10.3】
演習図 10.3 の回路の一部を Δ 結線から Y 結線に変換することで，端子 ab 間の抵抗 R_{ab} を求めよ．

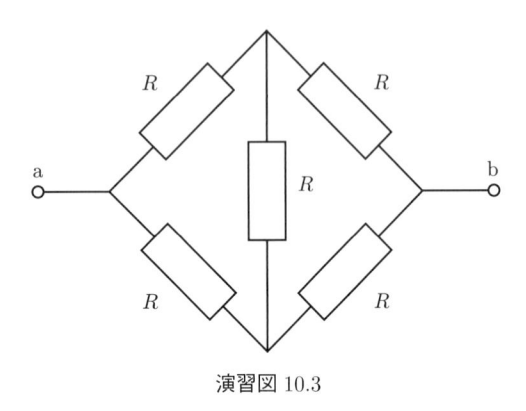

演習図 10.3

【演習解答】
演習図 10.3 に示す回路の左側の 3 つの抵抗は，Δ 形に結線されている．これらを Y 結線に変換すると以下の回路となる．また，変換後の抵抗値は，$R_Y = \dfrac{1}{3}R$ である．このことから，端子 ab 間の合成抵抗 R_{ab} は以下である．

$$R_{ab} = \frac{1}{3}R + \frac{\left(\dfrac{1}{3}R + R\right) \cdot \left(\dfrac{1}{3}R + R\right)}{\left(\dfrac{1}{3}R + R\right) + \left(\dfrac{1}{3}R + R\right)} = R$$

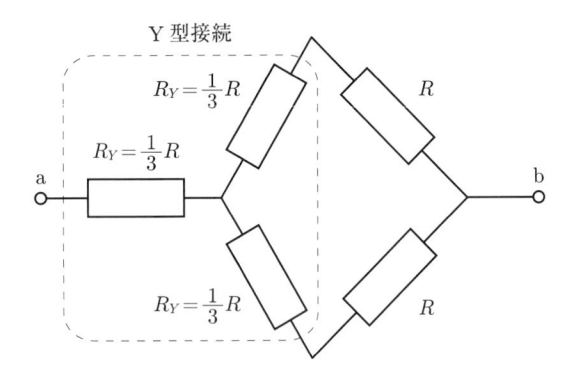

第11章

一般線形回路

これまでの章で学んだ抵抗などの回路素子は，電圧と電流が比例関係にある．そのような素子で構成された回路は，線形回路と呼ばれる．本章では，線形回路の諸定理およびその性質について学ぶ．

11.1 テブナンの定理

テブナンの定理は，電源や信号源などを，定電圧源 E_0 と内部インピーダンス z_0 で構成される等価回路 (図 11.1) で表す方法である．

> テブナンの定理は，等価電圧源を一般化した定理である．

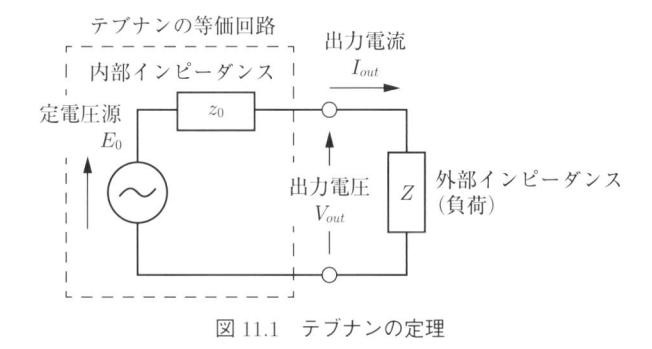

図 11.1 テブナンの定理

出力端子が開放状態 ($Z = \infty$) であるときの出力電圧は，テブナンの等価回路の定電圧源 E_0 に等しい．また，出力端子に外部インピーダンス Z(負荷) を接続した場合に流れる電流 I_{out} は以下の式で求められる．

出力電流
$$I_{out} = \frac{E_o}{z_0 + Z} \tag{11.1}$$

> 出力端子が開放状態 ($Z = \infty$) では，内部インピーダンスに電流が流れないため，そこでの電圧降下が起こらない．そのため，出力電圧は定電圧源の値に等しくなる．
>
> 電源に外部インピーダンス ① $Z_1 = 9(\Omega)$，② $Z_2 = 19(\Omega)$ を接続した回路は，それぞれ以下である．
> ① $Z_1 = 9(\Omega)$ の回路
>
> ② $Z_2 = 19(\Omega)$ の回路

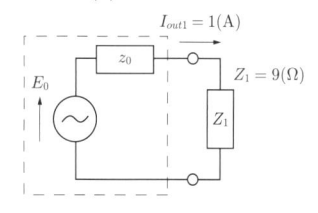

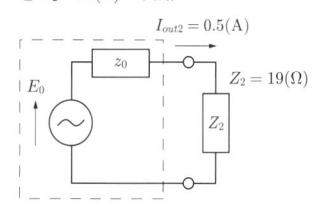

【例題 11.1】テブナンの定理

ある電源の出力端子に①インピーダンス $Z_1 = 9(\Omega)$ を接続した場合，出力電流は $I_{out1} = 1(\text{A})$ であった．一方，②インピーダンス $Z_2 = 19(\Omega)$ を接続した場合には，出力電流が $I_{out2} = 0.5(\text{A})$ となった．この電源をテブナンの定理を用いた等価回路で表せ．

【例題解答】

(a) ①外部インピーダンスが $Z_1 = 9(\Omega)$ でのテブナンの定理

電源に外部インピーダンス（負荷）を接続した場合に流れる電流は，テブナンの定理の式 (11.1) を用いて求めることが出来る．そのため，外部インピーダンスが $Z_1 = 9(\Omega)$ の場合の出力電流 $I_{out1} = 1(A)$ は，以下の式で示される．

$$I_{out1} = \frac{E_0}{z_0 + Z_1} \qquad \therefore \ 1 = \frac{E_0}{z_0 + 9} \qquad (11.2)$$

(b) ②外部インピーダンスが $Z_2 = 19(\Omega)$ でのテブナンの定理

条件①と同様に，外部インピーダンス $Z_1 = 19(\Omega)$ と出力電流 $I_{out2} = 0.5(A)$ の関係は，以下の式で示される．

$$I_{out2} = \frac{E_0}{z_0 + Z_2} \qquad \therefore \ 0.5 = \frac{E_0}{z_0 + 19} \qquad (11.3)$$

(c) テブナンの等価回路を描く

式 (11.2) と (11.3) から E_0 と z_0 を求めると，定電圧源および内部インピーダンスは，それぞれ $E_0 = 10(V), z_0 = 1(\Omega)$ となる．また，テブナンの等価回路は図 11.2 となる．

> 式 (11.2) と (11.3) は，それぞれ以下の連立方程式に変形できる．
> $$E_0 - z_0 = 9$$
> $$2E_0 - z_0 = 19$$

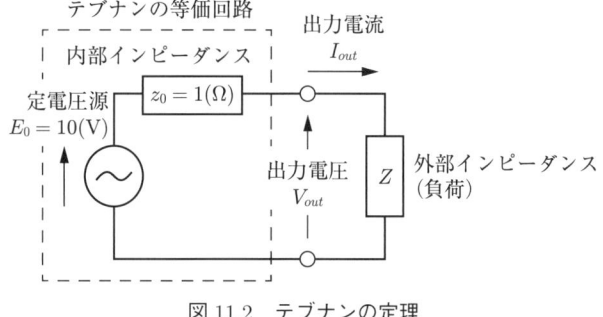

図 11.2 テブナンの定理

> ノートンの定理では，通常アドミッタンス Y を用いる．アドミッタンス Y は，インピーダンス Z と以下の関係にある．
> $$Y = \frac{1}{Z}$$
> アドミッタンス Y_1, Y_2 が並列接続されているときの合成アドミッタンス Y は，以下である．
> $$Y = Y_1 + Y_2$$
> アドミッタンス Y と電圧 V，電流 I の間には，以下のオームの法則が成り立つ．
> $$V = \frac{I}{Y}$$

11.2 ノートンの定理

ノートンの定理は，電源や信号源などを，定電流源 J_0 と内部アドミッタンス y_0 で構成される等価回路 (図 11.3) で表す方法である．

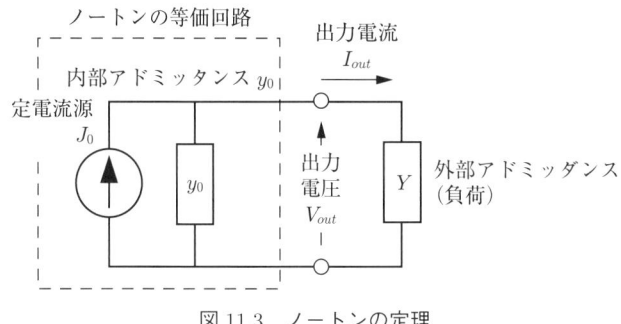

11.2 ノートンの定理

図 11.3 ノートンの定理

出力端子が短絡状態 ($Y = \infty$) であるときの出力電流は，テブナン等価回路の定電流源 J_0 に等しい．また，出力端子に外部アドミッタンス Y(負荷) を接続した場合の出力電圧 V_{out} は以下の式で求められる．

出力電圧
$$V_{out} = \frac{J_o}{y_0 + Y} \tag{11.4}$$

出力端子が短絡状態 ($Y = \infty$) では，定電流源からの電流は，全て短絡した外部回路を流れ，内部アドミッタンスに電流が流れない．そのため，出力電流は定電流源の値に等しくなる．

【例題 11.2】ノートンの定理
ある電源の出力端子に①アドミッタンス $Y_1 = 0.3(\text{S})$ を接続した場合，出力電圧は $V_{out1} = 10(\text{V})$ であった．一方，②アドミッタンス $Y_2 = 0.8(\text{S})$ を接続した場合には，出力電圧が $V_{out2} = 5(\text{V})$ となった．この電源をノートンの定理を用いた等価回路で表せ．

電源に外部アドミッタンス ① $Y_1 = 0.3(\text{S})$，② $Y_2 = 0.8(\text{S})$ を接続した回路はそれぞれ以下である．

① $Y_1 = 0.3(\text{S})$ の回路

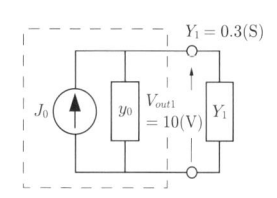

② $Y_2 = 0.8(\text{S})$ の回路

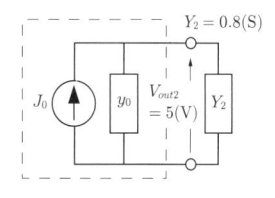

【例題解答】
(a) ①外部アドミッタンスが $Y_1 = 0.3(\text{S})$ でのノートンの定理

電源に外部アドミッタンス（負荷）を接続した場合に出力される電圧は，ノートンの定理の式 (11.4) を用いて求めることが出来る．そのため，外部アドミッタンスが $Y_1 = 0.3(\text{S})$ の場合の出力電圧 $V_{out1} = 10(\text{V})$ は以下の式で示される．

$$V_{out1} = \frac{J_0}{y_0 + Y_1} \qquad \therefore \ 10 = \frac{J_0}{y_0 + 0.3} \tag{11.5}$$

(b) ②外部アドミッタンスが $Y_2 = 0.8(\text{S})$ でのノートンの定理

条件①と同様に，外部インピーダンスが $Y_2 = 0.8(\text{S})$ と出力電圧 $V_{out2} = 5(\text{V})$ の関係は，以下の式で示される．

$$V_{out2} = \frac{J_0}{y_0 + Y_2} \qquad \therefore \ 5 = \frac{J_0}{y_0 + 0.8} \tag{11.6}$$

(c) ノートンの等価回路を描く

式 (11.5) と (11.6) から J_0 と y_0 を求めると，定電流源および内部アド

式 (11.5) と (11.6) はそれぞれ以下の連立方程式に変形できる．

$$J_0 - 10y_0 = 3$$
$$J_0 - 5y_0 = 4$$

ミッタンスは，それぞれ $J_0 = 5(A), y_0 = 0.2(S)$ となる．また，ノートンの等価回路は図 11.4 となる．

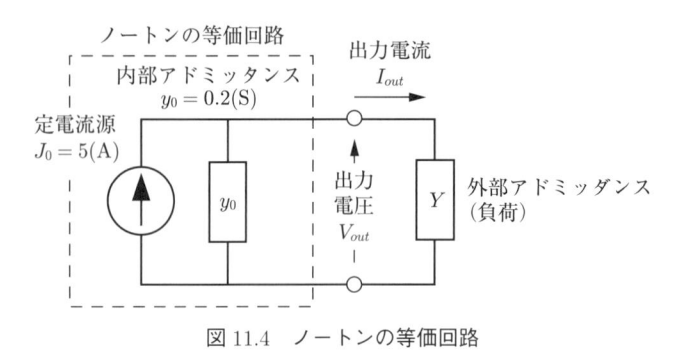

図 11.4 ノートンの等価回路

11.3 ミルマンの定理

定電圧源 E_n と内部インピーダンス z_n で構成されている電圧源が，n 個並列に接続されている (図 11.5)．ミルマンの定理は，このような電源回路の開放電圧 V_o を求めることが出来る．

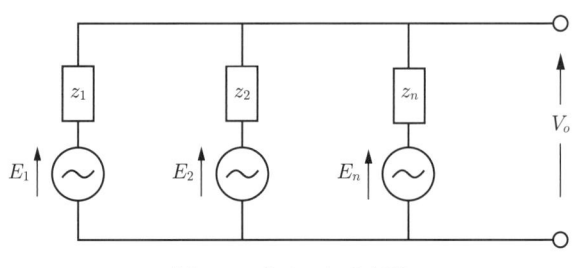

図 11.5 ミルマンの定理

定電圧源 E_n および内部インピーダンス z_n から変換される定電流源 J_n および内部アドミッタンス y_n は以下である．

定電流源：
$$J_n = \frac{E_n}{z_n} = y_n E_n$$

内部アドミッタンス：
$$y_n = \frac{1}{z_n}$$

定電流源 J_n およびアドミッタンス y_n が並列に接続されているとき，それらの合成電流 J および合成アドミッタンス y は，個々の定電流源およびアドミッタンスの和 ($\sum J_n, \sum y_n$) となる．

アドミッタンス Y を用いたオームの法則は，以下である．
$$V = \frac{J}{Y}$$

図 11.5 の定電圧源 E_n とインピーダンス Z_n の組み合わせを等価電流源に変換すると，図 11.6 のそれぞれ n 個からなる定電流源 J_n および内部アドミッタンス y_n の並列接続の回路になる．

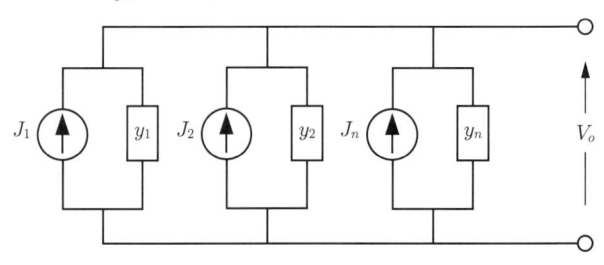

図 11.6 ミルマンの定理の回路の等価回路

図 11.6 の等価回路から，定電流源を合成した値 $\sum J_n$ および内部アドミッタンスを合成した値 $\sum y_n$ を用いると，開放電圧 V_o は以下となる．

ミルマンの定理を用いた開放電圧
$$V_o = \frac{\sum J_n}{\sum y_n} = \frac{\sum y_n E_n}{\sum y_n} \quad (11.7)$$

【例題 11.3】ミルマンの定理

図 11.7 の回路で，ミルマンの定理を用いて端子 ab 間の開放電圧 V_o を求めよ．

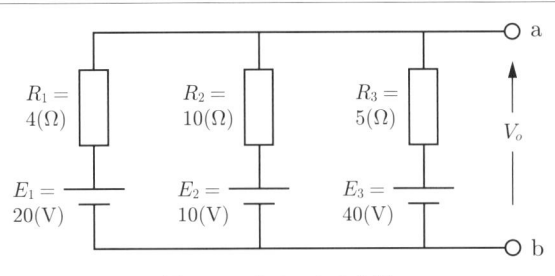

図 11.7　ミルマンの定理

【例題解答】

ミルマンの定理の式 (11.7) を用いることで，端子 ab 間の開放電圧 V_o が求められる．

$$\begin{aligned}
V_o &= \frac{\sum y_n E_n}{\sum y_n} = \frac{\dfrac{1}{R_1}E_1 + \dfrac{1}{R_2}E_2 + \dfrac{1}{R_3}E_3}{\dfrac{1}{R_1} + \dfrac{1}{R_2} + \dfrac{1}{R_3}} \\
&= \frac{\dfrac{1}{4}20 + \dfrac{1}{10}10 + \dfrac{1}{5}40}{\dfrac{1}{4} + \dfrac{1}{10} + \dfrac{1}{5}} \\
&= 25.5 \text{ (V)} \quad (11.8)
\end{aligned}$$

11.4　重ね合わせの定理

重ね合わせの定理は，複数の電源が存在する回路の解析を行う場合に用いる．重ね合わせの定理では，回路中の 1 つの電源のみを残し，その他の電源を取り除いた回路に流れる電流を計算する．他の電源についても同様に解析を行い，個々の電源で求めた電流の和が，全ての電源が存在する回路を流れる電流である．

> 定電圧源を取り除く場合は短絡とし，定電流源を取り除く場合は開放とする．

【例題 11.4】重ね合わせの定理

図 11.8 の回路で，抵抗 R_3 に流れる電流 I を重ね合わせの定理を用いて求めよ．

定電圧源を1つのみにした回路は，以下である．

(a) E_1 のみの回路

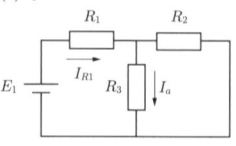

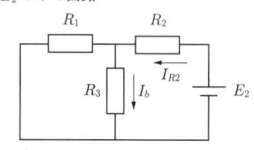

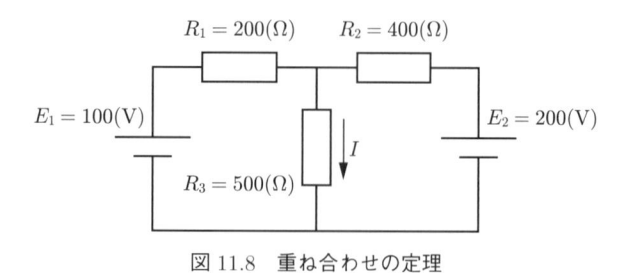

(b) E_2 のみの回路

分流の定理は，1.7を参照．

図 11.8　重ね合わせの定理

【例題解答】

(a) 定電圧源 E_1 を残し，E_2 を取り除いた場合に，抵抗 R_3 に流れる電流 I_a を求める（回路 (a)）

抵抗 R_2 と R_3 は並列接続であり，それらが抵抗 R_1 と直列に接続されている．このことから，抵抗 R_1 に流れる電流 I_{R1} は以下となる．

$$I_{R1} = \frac{E_1}{R_1 + \frac{R_2 R_3}{R_2 + R_3}} = \frac{100}{200 + \frac{400 \cdot 500}{400 + 500}} = 0.24 \text{ (A)} \quad (11.9)$$

電流 I_{R1} は抵抗 R_2 と R_3 で分流される．このことから，定電圧源 E_1 のみの回路で，抵抗 R_3 に流れる電流 I_a は以下となる．

$$I_a = \frac{R_2}{R_2 + R_3} I_{R1} = \frac{400}{400 + 500} 0.24 = 0.11 \text{ (A)} \quad (11.10)$$

(b) 定電圧源 E_2 を残し，E_1 を取り除いた場合に，抵抗 R_3 に流れる電流 I_b を求める（回路 (b)）

抵抗 R_1 と R_3 は並列接続であり，それらが抵抗 R_2 と直列に接続されている．このことから，抵抗 R_2 に流れる電流 I_{R2} は以下となる．

$$I_{R2} = \frac{E_2}{R_2 + \frac{R_1 R_3}{R_1 + R_3}} = \frac{200}{400 + \frac{200 \cdot 500}{200 + 500}} = 0.37 \text{ (A)}$$

$$(11.11)$$

電流 I_{R2} は抵抗 R_1 と R_3 で分流される．このことから，定電圧源 E_2 のみの回路で，抵抗 R_3 に流れる電流 I_b は以下となる．

$$I_b = \frac{R_1}{R_1 + R_3} I_{R2} = \frac{200}{200 + 500} 0.37 = 0.11 \text{ (A)} \quad (11.12)$$

(c) 重ね合わせの定理を用いて電流 I を求める

定電圧源 E_1 と E_2 が共にある場合（元の回路）に抵抗 R_3 に流れる電流 I は，(a),(b) の個々の回路で求めた電流 I_a と I_b を加算することで求められる．

$$I = I_a + I_b = 0.11 + 0.11 = 0.22 \text{ (A)} \quad (11.13)$$

【例題 11.5】 重ね合わせの定理

図 11.9 の回路で，抵抗 R_3 に流れる電流を重ね合わせの定理を用いて求めよ．

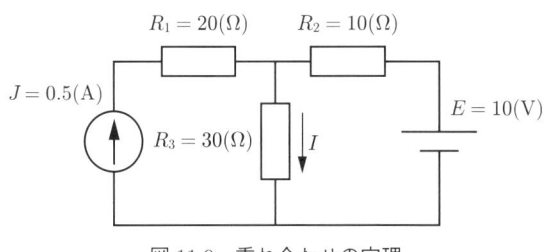

図 11.9 重ね合わせの定理

> 定電圧源または定電流源を 1 つのみにした回路は，以下である．定電流源を取り除く場合は，開放とすることに注意．
>
> (a) J のみの回路
>
> (b) E のみの回路
>
> 分流の定理は，1.6 を参照．

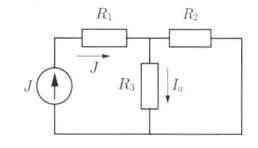

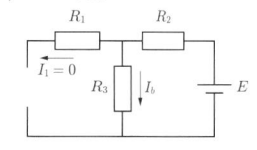

【例題解答】

(a) 定電流源 J を残し，定電圧源 E を除去した場合に，抵抗 R_3 に流れる電流 I_a を求める (回路 (a))

抵抗 R_1 には定電流源 J と同じ値の電流が流れ，その電流は抵抗 R_2 と R_3 で分流される．このことから，定電流源 J のみの回路で，抵抗 R_3 を流れる電流 I_a は以下となる．

$$I_a = \frac{R_2}{R_2 + R_3} J = \frac{10}{10 + 30} 0.5 = 0.13 \text{ (A)} \tag{11.14}$$

(b) 定電圧源 E を残し，定電流源 J を除去した場合に，抵抗 R_3 に流れる電流 I_b を求める (回路 (b))

定電流源は除去され，その部分は開放状態になっている．そのため，定電圧源 E と抵抗 R_2 と R_3 の直列回路になっている．よって，定電圧源 E のみの回路で，抵抗 R_3 を流れる電流 I_b は以下となる．

$$I_b = \frac{E}{R_2 + R_3} = \frac{10}{10 + 30} = 0.25 \text{ (A)} \tag{11.15}$$

(c) 重ね合わせの定理を用いて電流 I を求める

定電圧源 E と定電流源 J が共にある場合（元の回路）に抵抗 R_3 に流れる電流 I は，(a),(b) の個々の回路で求めた電流 I_a と I_b を加算することで求められる．

$$I = I_a + I_b = 0.13 + 0.25 = 0.38 \text{ (A)} \tag{11.16}$$

11.5 ブリッジ回路

図 11.10 は，4 つのインピーダンスを組み合わせた回路であり，ブリッ

> ブリッジ回路は，未知の回路素子の定数を測定する方法として，一般的に用いられる．

検流計は，微弱な電流を測定できる測定器である．その回路記号は，以下である．

―（G）―

ジ回路と呼ばれる．本回路の検流計 G に電流が流れない条件は，ブリッジ回路の平衡条件と呼ばれる．以下にその条件を求める．

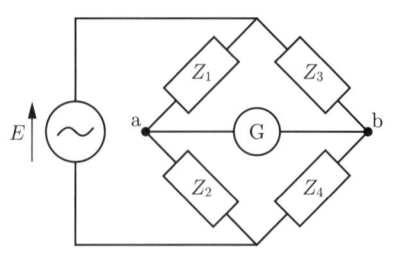

図 11.10　ブリッジ回路

Z_2, Z_4 の両端の電圧 V_2, V_4 は，分圧の定理を用いて以下となる．

① $V_2 = \dfrac{Z_2}{Z_1 + Z_2} E$

② $V_4 = \dfrac{Z_4}{Z_3 + Z_4} E$

　図 11.10 の回路は，図 11.11 に描き直すことが可能である．この回路から，ブリッジ回路は，定電圧源の電圧 E が，インピーダンス Z_1 と Z_2，Z_3 と Z_4 によって，それぞれ分圧されていることが分かる．

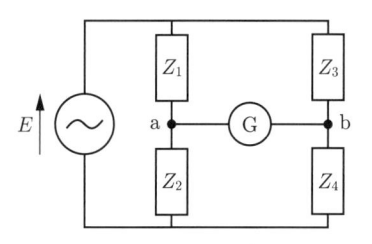

図 11.11　描き直されたブリッジ回路

　検流計 G に電流が流れない条件は，その両端 (①点 a と②点 b) の電圧が等しいことである．そのためには，以下の条件が成り立つ必要がある．

$$①\dfrac{Z_2}{Z_1 + Z_2} E = ②\dfrac{Z_4}{Z_3 + Z_4} E \tag{11.17}$$

図 11.10 の回路で，相対する枝のインピーダンスの積が等しい場合，ブリッジ回路は平衡状態になる．

式 (11.17) は以下の式に変形でき，この式がブリッヂ回路の平衡条件である．

ブリッジ回路の平衡条件

$$Z_1 Z_4 = Z_2 Z_3 \tag{11.18}$$

未知とは，値が分からないという意味である．反意語は，既知である．

【例題 11.6】ブリッジ回路

　未知の抵抗 R_X とコンデンサ C_X で構成されている回路素子の値を調べるために，図 11.12 に示すブリッジ回路を用いた．抵抗 R_1，R_2, R_3 およびコンデンサ C_1 が図 11.12 に示す値であるとき，このブリッジ回路の検流計には電流が流れず，平衡状態になった．未知の抵抗 R_X とコンデンサ C_X の値を求めよ．

11.5 ブリッジ回路

図 11.12 ブリッジ回路

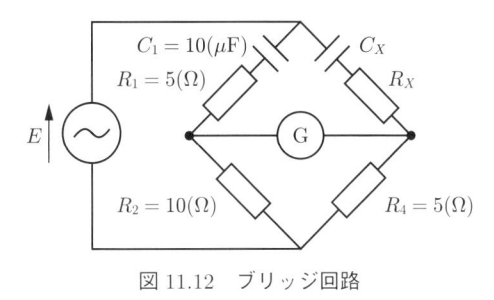

【例題解答】

(a) ブリッジ回路の平衡条件を求める

図 11.12 のブリッジ回路の平衡条件を求める．ブリッジ回路の各枝のインピーダンス Z_1, Z_2, Z_3, Z_4 は，以下である．

$$Z_1 = R_1 - j\frac{1}{\omega C_1} \qquad Z_X = R_X - j\frac{1}{\omega C_X}$$
$$Z_2 = R_2 \qquad\qquad Z_4 = R_4 \tag{11.19}$$

これらを用いて，ブリッジ回路の平衡条件 $(Z_1 Z_4 = Z_2 Z_X)$ を求める．

$$\left(R_1 - j\frac{1}{\omega C_1}\right) R_4 = R_2 \left(R_X - j\frac{1}{\omega C_X}\right)$$
$$R_1 R_4 - j\frac{R_4}{\omega C_1} = R_2 R_X - j\frac{R_2}{\omega C_X} \tag{11.20}$$

本ブリッジ回路を平衡状態にするためには，式 (11.22) の両辺の①実数部および②虚数部をそれぞれ等しくする必要がある．

①実数部
$$R_1 R_4 = R_2 R_X \qquad \therefore \ R_X = \frac{R_1 R_4}{R_2} \tag{11.21}$$

②虚数部
$$-\frac{R_4}{\omega C_1} = -\frac{R_2}{\omega C_X} \qquad \therefore \ C_X = \frac{R_2}{R_4} C_1 \tag{11.22}$$

本ブリッジ回路の平衡条件 (式 (11.21), (11.22)) には，交流電圧源の角周波数 ω が含まれていない．このことから，本ブリッジ回路は，周波数の影響を受けず，抵抗とコンデンサの値のみで平衡条件が決定される．

(b) 抵抗 R_X，コンデンサ C_X の値を求める

式 (11.21) から，抵抗 R_X を求める．

$$R_X = \frac{R_1 R_4}{R_2} = \frac{5 \cdot 5}{10} = 2.5 \ (\Omega) \tag{11.23}$$

式 (11.22) から，コンデンサ C_X を求める．

$$C_X = \frac{R_2}{R_4} C_1 = \frac{10}{5} 10 \times 10^{-6} = 20 \ (\mu\text{F}) \tag{11.24}$$

11.6 補償の定理

補償の定理は，回路中のインピーダンス Z が ΔZ だけ変化した場合に発生する電流の変化量 ΔI を求めるために用いる．この定理では，電流の変化量 ΔI は，インピーダンスが変化した回路から電源を取り除き，その代わりに電圧値が $-\Delta ZI$ (補償電圧) である定電圧源を挿入した場合に流れる電流に等しいことを示している．

> 【例題 11.7】補償の定理
> 以下に示す電圧源 E に抵抗 R が接続されている回路がある(図 11.13(a))．この回路に流れる電流 I を測定するために，入力抵抗が ΔR の電流計を抵抗 R に直列に接続した (図 11.13(b))．電流計の接続による電流の変化量 ΔI を求めよ．

電流計の入力抵抗とは，電流計が持つ抵抗値である．電流計を回路に挿入し，電流測定を行うと，電流計の入力抵抗によって回路に流れる電流が減少する．

(a) 元の回路　　　　　(b) 電流計接続後の回路
　　　　　　　　　　　　(抵抗が $R + \Delta R$ に変化)

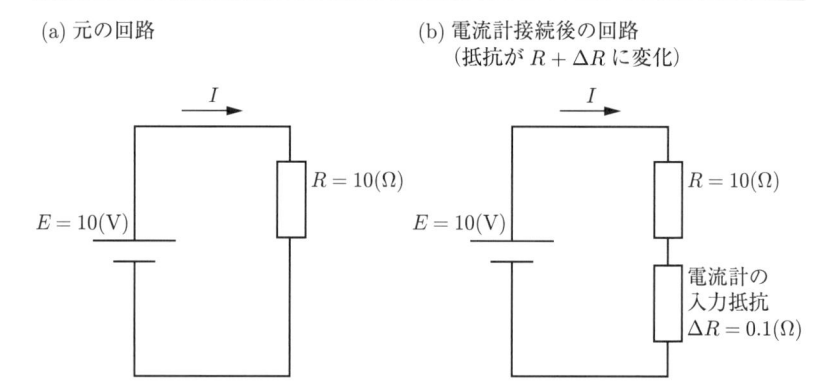

図 11.13　(a) 元の回路と (b) 電流計接続後の回路 $(R + \Delta R)$

【例題解答】
(a) 元の回路に流れる電流 I を求める

元の回路 (図 11.13(a)) は，定電圧源 E と抵抗 R で構成されているので，流れる電流 I は，以下となる．

$$I = \frac{E}{R} = \frac{10}{10} = 1 \ (\mathrm{A}) \tag{11.25}$$

(b) 電流計接続後の回路から定電圧源を取り除く

電流計 (内部抵抗 ΔR) の接続による電流の変化量を求めたいため，電流計接続後 (抵抗の変化後) の回路から定電圧源 E を取り除く．その回路は，図 11.14(a) となる．

(a) 定電圧源の除去後　　　　　(b) 定電圧源（補償電圧）の挿入後

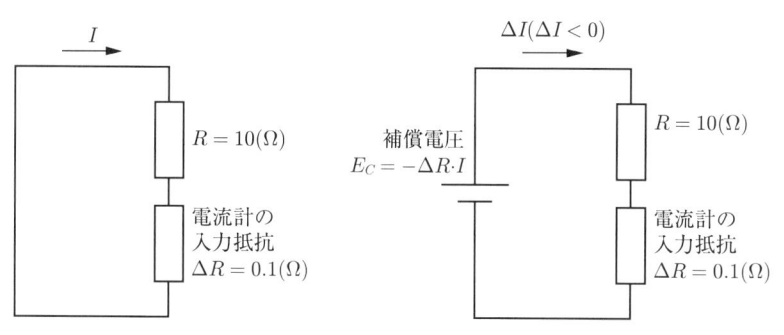

図 11.14　補償の定理で用いる回路

(c) 定電圧源（補償電圧）の挿入

図 11.14(a) の回路に定電圧源 $E_C = -\Delta R \cdot I$ (補償電圧) を，抵抗 $R, \Delta R$ に直列に挿入する (図 11.14(b))．挿入した回路に流れる電流 ΔI は，以下となる．

$$\Delta I = \frac{-\Delta R \cdot I}{R + \Delta R} = -\frac{0.1 \cdot 1}{10 + 0.1} = -9.90 \text{(mA)} \qquad (11.26)$$

この電流が，電流計の接続によって変化(減少)した電流 ΔI である．

本回路で ΔI は負の値となる．このことは，内部抵抗が ΔR の電流計を挿入すると電流 I が減少することを示している．

演習問題

【演習 11.1】
演習図 11.1 の回路で，抵抗 R_3 に流れる電流 I をミルマンの定理を用いて求めよ．

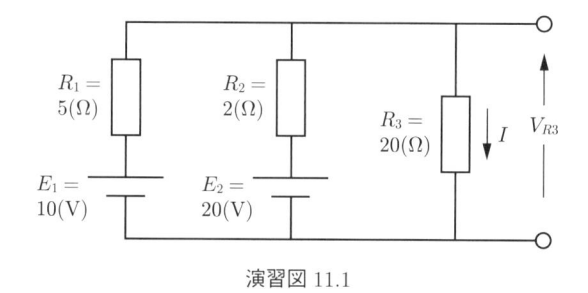

演習図 11.1

【演習解答】
抵抗 R_3 と直列に定電圧源 $E_3 = 0\text{(V)}$ を挿入し，その回路にミルマンの定理を用いて，抵抗 R_3 の両端電圧 V_{R3} を求める．

抵抗 R_3 に直列に定電圧源 $E_3 = 0\text{(V)}$ が接続されているとみなすことで，本回路はミルマンの定理を適用できる．

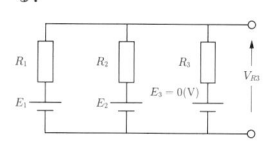

$$V_{R3} = \frac{\sum y_n E_n}{\sum y_n} = \frac{\frac{1}{R_1}E_1 + \frac{1}{R_2}E_2 + \frac{1}{R_3}E_3}{\frac{1}{R_1} + \frac{1}{R_2} + \frac{1}{R_3}}$$

$$= \frac{\frac{1}{5}10 + \frac{1}{2}20 + \frac{1}{20}0}{\frac{1}{5} + \frac{1}{2} + \frac{1}{20}} = 16 \text{ (V)}$$

抵抗 R_3 の両端には電圧 $V_{R3} = 16(\text{V})$ が印加されているので，そこに流れる電流 I は以下となる．

$$I = \frac{V_{R3}}{R_3} = \frac{16}{20} = 0.8 \text{ (A)}$$

【演習 11.2】
演習図 11.2 の回路で，抵抗 R_4 に流れる電流 I を重ね合わせの定理を用いて求めよ．

定電流源および定電圧源のみの回路は以下である．
(a) J のみの回路

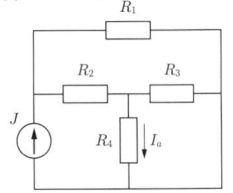

J のみの回路は，以下に変形できる．

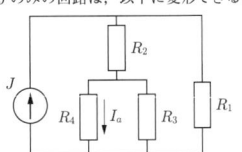

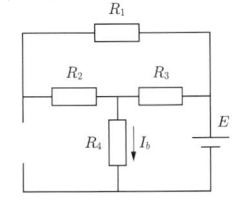

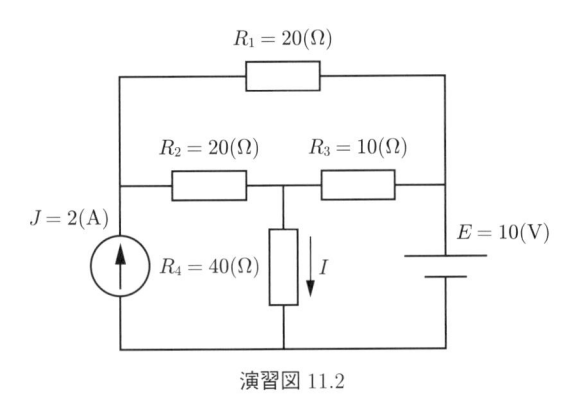

(b) E のみの回路

演習図 11.2

【演習解答】
定電流源 $J = 2(\text{A})$ を残し，定電圧源を取り除いた場合 (回路 (a)) に，R_4 を流れる電流 I_a は以下の式で求められる．

$$I_a = \frac{R_3}{R_3 + R_4} \cdot \frac{R_1}{R_1 + \left(R_2 + \frac{R_3 \cdot R_4}{R_3 + R_4}\right)} J = 0.17 \text{ (A)}$$

定電圧源 $E = 10(\text{V})$ を残し，定電流源を取り除いた場合 (回路 (b)) に，R_4 を流れる電流 I_b は以下の式で求められる．

$$I_b = \frac{E}{\frac{(R_1 + R_2) \cdot R_3}{(R_1 + R_2) + R_3} + R_4} = 0.21 \text{ (A)}$$

定電流源および定電圧源がともにある場合（元の回路）で R_4 を流れる電流 I は，電流 I_a と I_b を加算して求める．

$$I = I_a + I_b = 0.38 \text{ (A)}$$

【演習 11.3】
演習図 11.3 で，交流電圧源の角周波数を $\omega(\mathrm{rad/s})$ とするとき，以下のブリッジ回路の平衡条件を求めよ．

このような回路構成は，ウィーンブリッジ回路と呼ばれる．

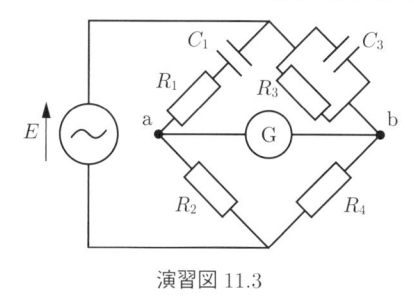

演習図 11.3

【演習解答】
ブリッジ回路のそれぞれの枝にある回路素子で構成されるインピーダンス Z_1, Z_2, Z_3, Z_4 は，それぞれ以下である．

$$Z_1 = R_1 - j\frac{1}{\omega C_1} \qquad Z_3 = \frac{R_3\left(-j\frac{1}{\omega C_3}\right)}{R_3 + \left(-j\frac{1}{\omega C_3}\right)}$$

$$Z_2 = R_2 \qquad\qquad\qquad Z_4 = R_4$$

これらを用いて，ブリッジ回路の平衡条件 $(Z_1 Z_4 = Z_2 Z_3)$ を求める．

$$\left(R_1 - j\frac{1}{\omega C_1}\right) R_4 = R_2 \left(\frac{R_3\left(-j\frac{1}{\omega C_3}\right)}{R_3 + \left(-j\frac{1}{\omega C_3}\right)}\right)$$

$$\left(R_1 R_3 R_4 - \frac{R_4}{\omega^2 C_1 C_3}\right) - j\left(\frac{R_1 R_4}{\omega C_3} + \frac{R_3 R_4}{\omega C_1} - \frac{R_2 R_3}{\omega C_3}\right) = 0$$

本ブリッジ回路を平衡状態にするためには，上式の①実数部と②虚数部をともに 0 にする必要がある．

①実数部

$$\left(R_1 R_3 R_4 - \frac{R_4}{\omega^2 C_1 C_3}\right) = 0 \qquad \therefore\ \omega^2 C_1 C_3 R_1 R_3 = 1$$

②虚数部

$$\frac{R_1 R_4}{\omega C_3} + \frac{R_3 R_4}{\omega C_1} - \frac{R_2 R_3}{\omega C_3} = 0 \qquad \therefore\ \frac{R_2}{R_4} - \frac{R_1}{R_3} = \frac{C_3}{C_1}$$

第12章

二端子対回路

対になった端子を 2 組持つ回路は，二端子対回路と呼ばれる．その回路に入力される電圧と電流，および出力される電圧と電流の関係は，行列を用いて表すことが出来る．

本章では，二端子対回路の回路解析で一般的に用いられている Z パラメータ，Y パラメータ，F パラメータについて学ぶ．

12.1 二端子回路と二端子対回路

図 12.1 に (a) 二端子回路と (b) 二端子対回路を示す．(a) 二端子回路は，2 つの端子で構成されている回路であり，抵抗器，コイル，コンデンサおよびそれらで構成されるインピーダンス Z などがある．

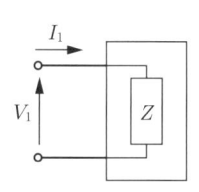

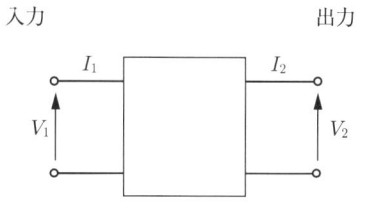

図 12.1 (a) 二端子回路と (b) 二端子対回路

回路図中で，四角は回路網を示しており，入力電圧および電流に対し，ある決められた電圧，電流が出力される回路である．しかし，その具体的な回路構成は考慮せず，二端子回路および二端子対回路では，入力と出力の関係のみを議論する．

(b) 二端子対回路は，入力と出力にそれぞれ 2 つの端子があり，入力端子と出力端子が対になった回路である．入力と出力端子には，それぞれ電圧 V_1, V_2 と電流 I_1, I_2 が存在する．それらの関係を表す変数をパラメータと呼ぶ．

一般的にパラメータは，行列を用いて表現する．

パラメータには，その使用目的によって多くの種類がある．本章では，Z パラメータ，Y パラメータおよび F パラメータについて説明する．

12.2 Z パラメータ

Z パラメータは，二端子対回路の入力および出力端子の電圧と，それぞれの電流の関係を表す場合に便利なパラメータである．図 12.2 の回路で，

Z パラメータの Z は，インピーダンスを示しており，インピーダンス行列とも呼ばれる．

第 12 章 二端子対回路

Zパラメータは，オームの法則 ($V = Z \cdot I$) を行列を用いて表している．

各端子に流れる電流の向きは，パラメータによって異なるため，注意を要する．

入力，出力端子の電圧をそれぞれ V_1, V_2 とし，入力，出力端子の電流を I_1, I_2 としたとき，Zパラメータは以下の式で電圧と電流の関係を表現する．

Zパラメータの基本式
$$\begin{pmatrix} V_1 \\ V_2 \end{pmatrix} = \begin{pmatrix} Z_{11} & Z_{12} \\ Z_{21} & Z_{22} \end{pmatrix} \begin{pmatrix} I_1 \\ I_2 \end{pmatrix} \tag{12.1}$$

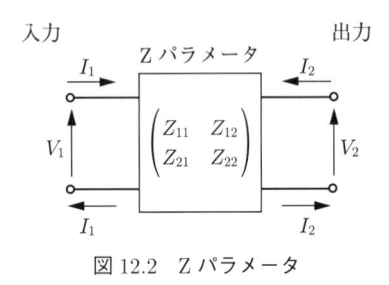

図 12.2　Zパラメータ

【例題 12.1】Zパラメータ

図 12.3 に示す 2 つの抵抗 R_1 と R_2 で構成された二端子対回路の Z パラメータを求めよ．

本例題では抵抗 R_1 と R_2 で構成された回路の Z パラメータを求めているが，インピーダンス素子 ($Z = R + jX$) で構成されている回路でも，本例題と同じ方法で Z パラメータを求めることが出来る．

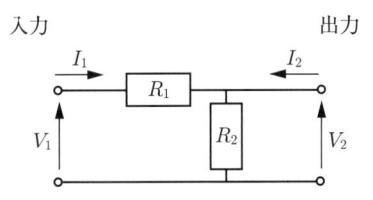

図 12.3　2 つの抵抗で構成された二端子対回路

【例題解答】

Z パラメータの各行列要素は，(a) 出力端子または (b) 入力端子を開放状態にし，反対側の端子に電圧を印加した場合の電圧と電流の関係から求められる．

(a) 出力端子を開放状態にした場合

出力端子を開放状態にし，入力端子に電圧 V_1 を印加した回路は，以下である．

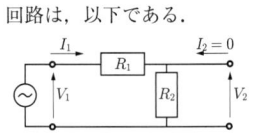

出力端子を開放状態にした場合，出力電流は $I_2 = 0$ となる．そのときの Z パラメータは，式 (12.1) から以下となる．

$$\begin{pmatrix} V_1 \\ V_2 \end{pmatrix} = \begin{pmatrix} Z_{11} & Z_{12} \\ Z_{21} & Z_{22} \end{pmatrix} \begin{pmatrix} I_1 \\ 0 \end{pmatrix} = \begin{pmatrix} Z_{11} I_1 \\ Z_{21} I_1 \end{pmatrix} \tag{12.2}$$

$$V_1 = Z_{11} I_1 \qquad \therefore \quad Z_{11} = \frac{V_1}{I_1} \tag{12.3}$$

$$V_2 = Z_{21} I_1 \qquad \therefore \quad Z_{21} = \frac{V_2}{I_1} \tag{12.4}$$

(a)-1 行列要素 Z_{11} の決定 (式 (12.3))

入力端子の電圧 V_1 と電流 I_1 の関係は，直列接続された抵抗 R_1 と R_2 によって決まる ($V_1 = (R_1 + R_2)I_1$)．このことから，行列要素 Z_{11} は，$R_1 + R_2$ となる．

$$Z_{11} = \frac{V_1}{I_1} = \frac{(R_1 + R_2)I_1}{I_1} = R_1 + R_2 \qquad (12.5)$$

行列要素 Z_{11} は，以下の式で表すことが出来るため，出力端子開放 ($I_2 = 0$) 時の駆動点インピーダンスと呼ばれる．

$$Z_{11} = \left.\frac{V_1}{I_1}\right|_{I_2=0}$$

(a)-2 行列要素 Z_{21} の決定 (式 (12.4))

出力端子が開放 ($I_2 = 0$) されているため，入力電流 I_1 は全て，抵抗 R_2 に流れる．出力電圧 V_2 は，抵抗 R_2 に入力電流 I_1 が流れることで発生する ($V_2 = R_2 I_1$)．これらのことから，行列要素 Z_{21} は，R_2 となる．

$$Z_{21} = \frac{V_2}{I_1} = \frac{R_2 I_1}{I_1} = R_2 \qquad (12.6)$$

行列要素 Z_{21} は，以下の式で表すことが出来るため，出力端子開放 ($I_2 = 0$) 時の伝達インピーダンスと呼ばれる．

$$Z_{21} = \left.\frac{V_2}{I_1}\right|_{I_2=0}$$

(b) 入力端子を開放状態にした場合

入力端子を開放状態にした場合，入力電流は $I_1 = 0$ となる．そのときの Z パラメータは，式 (12.1) から以下となる．

$$\begin{pmatrix} V_1 \\ V_2 \end{pmatrix} = \begin{pmatrix} Z_{11} & Z_{12} \\ Z_{21} & Z_{22} \end{pmatrix} \begin{pmatrix} 0 \\ I_2 \end{pmatrix} = \begin{pmatrix} Z_{12} I_2 \\ Z_{22} I_2 \end{pmatrix} \qquad (12.7)$$

$$V_1 = Z_{12} I_2 \qquad \therefore \quad Z_{12} = \frac{V_1}{I_2} \qquad (12.8)$$

$$V_2 = Z_{22} I_2 \qquad \therefore \quad Z_{22} = \frac{V_2}{I_2} \qquad (12.9)$$

入力端子を開放状態にし，出力端子に電圧 V_2 を印加した回路は，以下である．

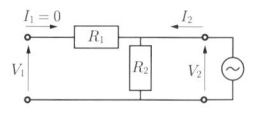

(b)-1 行列要素 Z_{12} の決定 (式 (12.8))

入力端子が開放 ($I_1 = 0$) されているため，出力電流 I_2 は全て，抵抗 R_2 に流れる．入力電圧 V_1 は，抵抗 R_2 に出力電流 I_2 が流れることで発生する ($V_1 = R_2 I_2$)．これらのことから，行列要素 Z_{12} は，R_2 となる．

$$Z_{12} = \frac{V_1}{I_2} = \frac{R_2 I_2}{I_2} = R_2 \qquad (12.10)$$

行列要素 Z_{12} は，以下の式で表すことが出来るため，入力端子開放 ($I_1 = 0$) 時の伝達インピーダンスと呼ばれる．

$$Z_{12} = \left.\frac{V_1}{I_2}\right|_{I_1=0}$$

(b)-2 行列要素 Z_{22} の決定 (式 (12.9))

出力側の電圧 V_2 と電流 I_2 の関係は，抵抗 R_2 によって決まる ($V_2 = R_2 I_2$)．このことから，行列要素 Z_{22} は，R_2 となる．

$$Z_{22} = \frac{V_2}{I_2} = \frac{R_2 I_2}{I_2} = R_2 \qquad (12.11)$$

以上をまとめると，図 12.3 の Z パラメータは以下となる．

$$\begin{pmatrix} Z_{11} & Z_{12} \\ Z_{21} & Z_{22} \end{pmatrix} = \begin{pmatrix} R_1 + R_2 & R_2 \\ R_2 & R_2 \end{pmatrix} \qquad (12.12)$$

行列要素 Z_{22} は，以下の式で表すことが出来るため，入力端子開放 ($I_1 = 0$) 時の駆動点インピーダンスと呼ばれる．

$$Z_{22} = \left.\frac{V_2}{I_2}\right|_{I_1=0}$$

12.3　Zパラメータの直列接続

Zパラメータの直列接続とは，図12.4に示すように，入力端子同士および出力端子同士を直列に接続する方法である．直列接続された二端子対回路のZパラメータは，個々のZパラメータの和となる．

Zパラメータの直列接続では，入力電流 I_1 および出力電流 I_2 は，2つの回路を順に流れる．そのため，直列接続されたZパラメータは，個々のZパラメータの和となる．

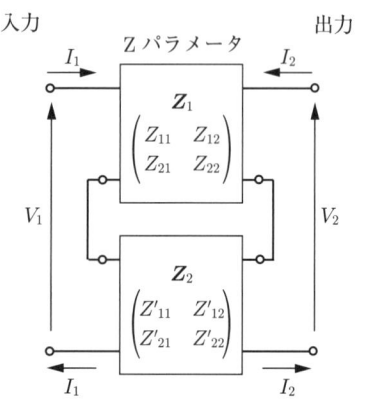

図12.4　Zパラメータで表される二端子対回路の直列接続

図12.4でそれぞれの二端子対回路のZパラメータを $\boldsymbol{Z}_1, \boldsymbol{Z}_2$ としたとき，

$$\boldsymbol{Z}_1 = \begin{pmatrix} Z_{11} & Z_{12} \\ Z_{21} & Z_{22} \end{pmatrix} \qquad \boldsymbol{Z}_2 = \begin{pmatrix} Z'_{11} & Z'_{12} \\ Z'_{21} & Z'_{22} \end{pmatrix}$$

直列接続された二端子対回路のZパラメータおよびその基本式は以下となる．

直列接続されたZパラメータの合成

$$\boldsymbol{Z} = \boldsymbol{Z}_1 + \boldsymbol{Z}_2 = \begin{pmatrix} Z_{11} & Z_{12} \\ Z_{21} & Z_{22} \end{pmatrix} + \begin{pmatrix} Z'_{11} & Z'_{12} \\ Z'_{21} & Z'_{22} \end{pmatrix}$$
$$= \begin{pmatrix} Z_{11}+Z'_{11} & Z_{12}+Z'_{12} \\ Z_{21}+Z'_{21} & Z_{22}+Z'_{22} \end{pmatrix} \quad (12.13)$$

直列接続されたZパラメータの基本式

$$\begin{pmatrix} V_1 \\ V_2 \end{pmatrix} = \begin{pmatrix} Z_{11}+Z'_{11} & Z_{12}+Z'_{12} \\ Z_{21}+Z'_{21} & Z_{22}+Z'_{22} \end{pmatrix} \begin{pmatrix} I_2 \\ I_2 \end{pmatrix} \quad (12.14)$$

12.4　Yパラメータ

YパラメータのYは，アドミタンスを示しており，アドミタンス行列とも呼ばれる．

Yパラメータは，二端子対回路の入力および出力端子での電圧と電流の関係をアドミタンス Y を用いて表すパラメータである．図12.5の回路で，入力，出力端子の電圧をそれぞれ V_1, V_2 とし，入力，出力端子の

電流を I_1, I_2 としたとき，Y パラメータでは以下の式で電圧と電流の関係を表現する．

Y パラメータの基本式

$$\begin{pmatrix} I_1 \\ I_2 \end{pmatrix} = \begin{pmatrix} Y_{11} & Y_{12} \\ Y_{21} & Y_{22} \end{pmatrix} \begin{pmatrix} V_1 \\ V_2 \end{pmatrix} \tag{12.15}$$

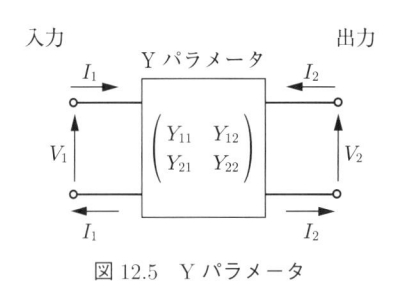

Y パラメータは，オームの法則 ($I = Y \cdot V$) を行列を用いて表している．

Y パラメータで各端子に流れる電流およびその向きは，Z パラメータと同じある．

図 12.5 Y パラメータ

【例題 12.2】Y パラメータ

図 12.6 に示す 2 つのコンダクタンス G_1 と G_2 で構成された二端子対回路の Y パラメータを求めよ．

コンダクタンス G を用いたオームの法則は，以下の式である．

$$I = G \cdot V$$

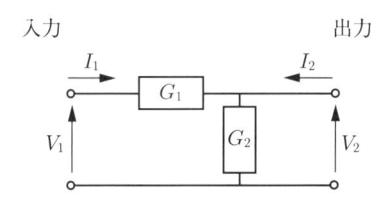

図 12.6 2 つのコンダクタンスで構成された二端子対回路

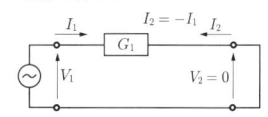

【例題解答】

Y パラメータの各行列要素は，(a) 出力端子または (b) 入力端子を短絡状態にし，反対側の端子に電圧を印加した場合の電圧と電流の関係から求められる．

(a) 出力端子を短絡状態にした場合

出力側を短絡状態にした場合，出力電圧は $V_2 = 0$ となる．そのときの Y パラメータは，式 (12.15) から以下となる．

$$\begin{pmatrix} I_1 \\ I_2 \end{pmatrix} = \begin{pmatrix} Y_{11} & Y_{12} \\ Y_{21} & Y_{22} \end{pmatrix} \begin{pmatrix} V_1 \\ 0 \end{pmatrix} \tag{12.16}$$

$$I_1 = Y_{11} V_1 \qquad \therefore \quad Y_{11} = \frac{I_1}{V_1} \tag{12.17}$$

$$I_2 = Y_{21} V_1 \qquad \therefore \quad Y_{21} = \frac{I_2}{V_1} \tag{12.18}$$

出力端子を短絡状態にし，入力端子に電圧 V_1 を印加した回路は，以下である．

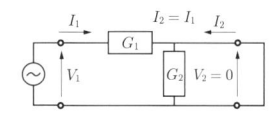

出力端子が短絡されているため，コンダクタンス G_2 には電流が流れない．そのため，下図のようにコンダクタンス G_2 を除去することが可能である．

行列要素 Y_{11} は，以下の式で表すことが出来るため，出力端子短絡 ($V_2 = 0$) 時の駆動点アドミッタンスと呼ばれる．

$$Y_{11} = \frac{I_1}{V_1}\bigg|_{V_2=0}$$

(a)-1 行列要素 Y_{11} の決定 (式 (12.17))

入力側の電流 I_1 と電圧 V_1 の関係は，コンダクタンス G_1 によって決ま

る $(I_1 = G_1V_1)$. このことから，行列要素 Y_{11} は，G_1 となる.

$$Y_{11} = \frac{I_1}{V_1} = \frac{G_1V_1}{V_1} = G_1 \tag{12.19}$$

(a)-2 行列要素 Y_{21} の決定 (式 (12.18))

出力端子が短絡 ($V_2 = 0$) されているため，入力電流 I_1 は全て，出力端子に流れる．そのため，出力電流は，$I_2 = -I_1$ となる．また，入力電流は，$I_1 = G_1V_1$ である．これらのことから，行列要素 Y_{21} は，$-G_1$ となる．

$$Y_{21} = \frac{I_2}{V_1} = \frac{-I_1}{V_1} = \frac{-G_1V_1}{V_1} = -G_1 \tag{12.20}$$

出力電流は，入力電流と向きが逆に設定されているため，$I_2 = -I_1$ となる．

行列要素 Y_{21} は，以下の式で表すことが出来るため，出力端子短絡 ($V_2 = 0$) 時の伝達アドミッタンスと呼ばれる．

$$Y_{21} = \left.\frac{I_2}{V_1}\right|_{V_2=0}$$

(b) 入力端子を短絡状態にした場合

入力端子を短絡にした場合，入力電圧は $V_1 = 0$ となる．そのときの Y パラメータは，式 (12.15) から以下となる．

$$\begin{pmatrix} I_1 \\ I_2 \end{pmatrix} = \begin{pmatrix} Y_{11} & Y_{12} \\ Y_{21} & Y_{22} \end{pmatrix} \begin{pmatrix} 0 \\ V_2 \end{pmatrix} = \begin{pmatrix} Y_{12}V_2 \\ Y_{22}V_2 \end{pmatrix} \tag{12.21}$$

$$I_1 = Y_{12}V_2 \quad \therefore \quad Y_{12} = \frac{I_1}{V_2} \tag{12.22}$$

$$I_2 = Y_{22}V_2 \quad \therefore \quad Y_{22} = \frac{I_2}{V_2} \tag{12.23}$$

入力端子を短絡状態にし，出力端子に電圧 V_1 を印加した回路は，以下である.

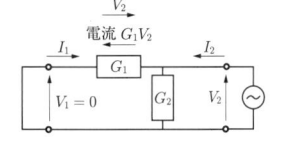

(b)-1 行列要素 Y_{12} の決定 (式 (12.22))

入力端子が短絡 ($V_1 = 0$) されているため，コンダクタンス G_1 には，出力電圧 V_2 が印加される．この電圧 V_2 によって，コンダクタンス G_1 には電流 G_1V_2 が流れる．この電流は，入力電流と $I_1 = -G_1V_2$ の関係にある．このことから，行列要素 Y_{12} は，$-G_1$ となる．

$$Y_{12} = \frac{I_1}{V_2} = \frac{-G_1V_2}{V_2} = -G_1 \tag{12.24}$$

行列要素 Y_{12} は，以下の式で表すことが出来るため，入力端子短絡 ($V_1 = 0$) 時の伝達アドミッタンスと呼ばれる．

$$Y_{12} = \left.\frac{I_1}{V_2}\right|_{V_1=0}$$

(b)-2 列要素 Y_{22} の決定 (式 (12.23))

入力端子が短絡されている場合，コンダクタンス G_1 と G_2 は並列接続となり，その合成コンダクタンスは $G_1 + G_2$ である．合成コンダクタンスには，出力電圧 V_2 が印加され，出力電流 $I_2 = (G_1 + G_2)V_2$ が流れる．このことから，行列要素 Y_{22} は，$G_1 + G_2$ となる．

$$Y_{22} = \frac{I_2}{V_2} = \frac{(G_1+G_2)V_2}{V_2} = G_1 + G_2 \tag{12.25}$$

行列要素 Z_{22} は，以下の式で表すことが出来るため，入力端子短絡 ($V_1 = 0$) 時の駆動点アドミッタンスと呼ばれる．

$$Z_{22} = \left.\frac{I_2}{V_2}\right|_{V_1=0}$$

以上をまとめると，図 12.6 の Y パラメータは以下となる．

$$\begin{pmatrix} Y_{11} & Y_{12} \\ Y_{21} & Y_{22} \end{pmatrix} = \begin{pmatrix} G_1 & -G_1 \\ -G_1 & G_1+G_2 \end{pmatrix} \tag{12.26}$$

12.5 Yパラメータの並列接続

Yパラメータの並列接続とは，図 12.7 に示すように，入力端子同士および出力端子同士を並列に接続する方法である．並列接続された二端子対回路のYパラメータは，個々のYパラメータの和となる．

Yパラメータの並列接続では，それぞれの回路には入力電圧 V_1 および出力電圧 V_2 が印加され，電流が流れる．そのため，並列接続されたYパラメータは，個々のYパラメータの和となる．

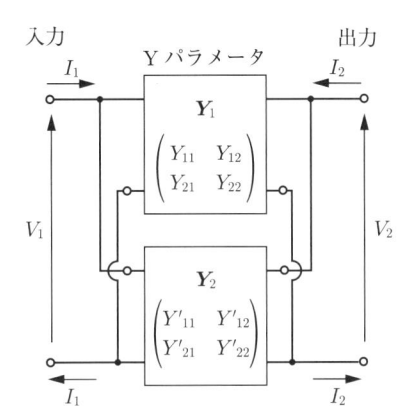

図 12.7 Yパラメータで表される二端子対回路の並列接続

図 12.7 でそれぞれの二端子対回路のYパラメータを $\bm{Y}_1, \bm{Y}_2$ としたとき，

$$\bm{Y}_1 = \begin{pmatrix} Y_{11} & Y_{12} \\ Y_{21} & Y_{22} \end{pmatrix} \qquad \bm{Y}_2 = \begin{pmatrix} Y'_{11} & Y'_{12} \\ Y'_{21} & Y'_{22} \end{pmatrix}$$

並列接続された二端子対回路のYパラメータおよびその基本式は以下となる．

並列接続されたYパラメータの合成

$$\bm{Y} = \bm{Y}_1 + \bm{Y}_2 = \begin{pmatrix} Y_{11} & Y_{12} \\ Y_{21} & Y_{22} \end{pmatrix} + \begin{pmatrix} Y'_{11} & Y'_{12} \\ Y'_{21} & Y'_{22} \end{pmatrix}$$
$$= \begin{pmatrix} Y_{11} + Y'_{11} & Y_{12} + Y'_{12} \\ Y_{21} + Y'_{21} & Y_{22} + Y'_{22} \end{pmatrix} \tag{12.27}$$

並列接続されたYパラメータの基本式

$$\begin{pmatrix} I_1 \\ I_2 \end{pmatrix} = \begin{pmatrix} Y_{11} + Y'_{11} & Y_{12} + Y'_{12} \\ Y_{21} + Y'_{21} & Y_{22} + Y'_{22} \end{pmatrix} \begin{pmatrix} V_1 \\ V_2 \end{pmatrix} \tag{12.28}$$

12.6 Fパラメータ

Fパラメータは，通信分野でも多用されている

Fパラメータは，発電所からの電力を，送電線に送り（入力し），電力消費地での電圧と電流を計算する場合などに便利なパラメータである．

図 12.8 の二端子対回路で，入力側の電圧および電流をそれぞれ V_1, I_1

Fパラメータは，出力側の電圧，電流をFパラメータに掛けることで，入力側の電圧，電流を求める式である．

とし，出力側の電圧，電流を V_2, I_2 としたとき，Fパラメータでは，以下の式で入力と出力の電圧，電流を表現する．

Fパラメータ
$$\begin{pmatrix} V_1 \\ I_1 \end{pmatrix} = \begin{pmatrix} A & B \\ C & D \end{pmatrix} \begin{pmatrix} V_2 \\ I_2 \end{pmatrix} \tag{12.29}$$

図 12.8　Fパラメータ

【例題 12.3】Fパラメータ
図 12.9 に示す二端子対回路の F パラメータを求めよ．

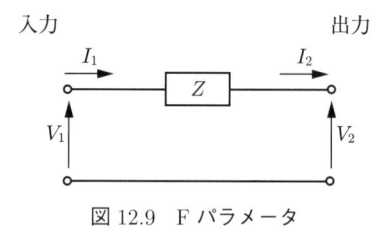

図 12.9　Fパラメータ

【例題解答】
Fパラメータの各行列要素は，出力端子を (a) 開放状態または (b) 短絡状態にし，入力端子に電圧を印加した場合の電圧と電流の関係から求められる．

(a) 出力端子を開放状態にした場合

出力側を開放状態にした場合，出力電流は $I_2 = 0$ となる．この場合のFパラメータは，式 (12.29) から以下となる．

$$\begin{pmatrix} V_1 \\ I_1 \end{pmatrix} = \begin{pmatrix} A & B \\ C & D \end{pmatrix} \begin{pmatrix} V_2 \\ 0 \end{pmatrix} = \begin{pmatrix} AV_2 \\ CV_2 \end{pmatrix} \tag{12.30}$$

$$V_1 = AV_2 \qquad \therefore \quad A = \frac{V_1}{V_2} \tag{12.31}$$

$$I_1 = CV_2 \qquad \therefore \quad C = \frac{I_1}{V_2} \tag{12.32}$$

出力端子を開放状態にし，入力端子に電圧 V_1 を印加した回路は，以下である．

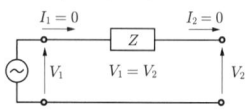

行列要素 A は，以下の式で表すことが出来るため，出力端子開放 ($I_2 = 0$) 時の電圧伝送係数と呼ばれる．

$$A = \left. \frac{V_1}{V_2} \right|_{I_2 = 0}$$

(a)-1 行列要素 A の決定 (式 (12.31))

インピーダンス Z には電流が流れていないため，その両端の電圧は 0 である．そのため，入力電圧と出力電圧は等しくなる ($V_1 = V_2$)．このこ

とから，行列要素 A は 1 となる．
$$A = \frac{V_1}{V_2} = \frac{V_2}{V_2} = 1 \tag{12.33}$$

(a)-2 行列要素 C の決定 (式 (12.32))

出力端子が開放状態であるため，入力電流は $I_1 = 0$ となる．このことから，行列要素 C は 0 となる．
$$C = \frac{I_1}{V_2} = \frac{0}{V_2} = 0 \tag{12.34}$$

行列要素 C は，以下の式で表すことが出来るため，出力端子開放 ($I_2 = 0$) 時の伝達アドミッタンスと呼ばれる．
$$C = \frac{I_1}{V_2}\bigg|_{I_2=0}$$

(b) 出力端子を短絡状態にした場合

出力側を短絡状態にした場合，出力電圧は $V_2 = 0$ となる．この場合の F パラメータは，式 (12.29) から以下となる．

$$\begin{pmatrix} V_1 \\ I_1 \end{pmatrix} = \begin{pmatrix} A & B \\ C & D \end{pmatrix} \begin{pmatrix} 0 \\ I_2 \end{pmatrix} = \begin{pmatrix} BI_2 \\ DI_2 \end{pmatrix} \tag{12.35}$$

$$V_1 = BI_2 \quad \therefore \quad B = \frac{V_1}{I_2} \tag{12.36}$$

$$I_1 = DI_2 \quad \therefore \quad D = \frac{I_1}{I_2} \tag{12.37}$$

出力端子を短絡状態にし，入力端子に電圧 V_1 を印加した回路は，以下である．

(b)-1 行列要素 B の決定 (式 (12.36))

出力端子が短絡状態であるので，入力電圧 V_1 の印加によって出力電流 $I_2 = \dfrac{V_1}{Z}$ が流れる．このことから，行列要素 B は Z となる．

$$B = \frac{V_1}{I_2} = \frac{V_1}{\left(\dfrac{V_1}{Z}\right)} = Z \tag{12.38}$$

行列要素 B は，以下の式で表すことが出来るため，出力端子短絡 ($V_2 = 0$) 時の伝達インピーダンスと呼ばれる．
$$B = \frac{V_1}{I_2}\bigg|_{V_2=0}$$

(b)-2 行列要素 D の決定 (式 (12.37))

入力電流は出力電流と等しい ($I_1 = I_2$) ため，行列要素 D は 1 となる．

$$D = \frac{I_1}{I_2} = \frac{I_2}{I_2} = 1 \tag{12.39}$$

行列要素 D は，以下の式で表すことが出来るため，出力端子短絡 ($V_2 = 0$) 時の電流伝送係数と呼ばれる．
$$D = \frac{I_1}{I_2}\bigg|_{V_2=0}$$

以上をまとめると，図 12.9 の F パラメータは以下となる．

$$\begin{pmatrix} A & B \\ C & D \end{pmatrix} = \begin{pmatrix} 1 & Z \\ 0 & 1 \end{pmatrix} \tag{12.40}$$

【例題 12.4】F パラメータ

図 12.10 の二端子対回路の F パラメータを求めよ．

図 12.10　F パラメータ

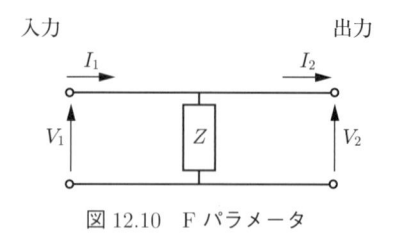

【例題解答】

F パラメータの各行列要素は，出力端子を (a) 開放状態または (b) 短絡状態にし，そのときの入力端子と出力端子の電圧と電流の関係から求められる．

(a) 出力端子を開放状態にした場合

出力側を開放状態にした場合，出力電流は $I_2 = 0$ となる．この場合の F パラメータは，式 (12.29) から以下となる．

$$\begin{pmatrix} V_1 \\ I_1 \end{pmatrix} = \begin{pmatrix} A & B \\ C & D \end{pmatrix} \begin{pmatrix} V_2 \\ 0 \end{pmatrix} = \begin{pmatrix} AV_2 \\ CV_2 \end{pmatrix} \tag{12.41}$$

$$V_1 = AV_2 \quad \therefore \quad A = \frac{V_1}{V_2} \tag{12.42}$$

$$I_1 = CV_2 \quad \therefore \quad C = \frac{I_1}{V_2} \tag{12.43}$$

出力端子を開放し，入力端子に電圧 V_1 を印加した回路は，以下である．

(a)-1 行列要素 A の決定 (式 (12.42))

入力電圧と出力電圧が等しい ($V_2 = V_1$) ため，行列要素 A は 1 となる．

$$A = \frac{V_1}{V_2} = \frac{V_2}{V_2} = 1 \tag{12.44}$$

(a)-2 行列要素 C の決定 (式 (12.43))

入力電圧 V_1 がインピーダンス Z に印加されるため，入力電流 $I_1 = \dfrac{V_1}{Z}$ が流れる．また，入力電圧と出力電圧が等しい ($V_1 = V_2$) ため，行列要素 C は $1/Z$ となる．

$$C = \frac{I_1}{V_2} = \frac{\left(\dfrac{V_1}{Z}\right)}{V_2} = \frac{\left(\dfrac{V_2}{Z}\right)}{V_2} = \frac{1}{Z} \tag{12.45}$$

出力端子を短絡した回路は，以下である．この回路では，入力電圧は，$V_1 = 0$ となる．そのため，入力端子に電圧源を接続できない．

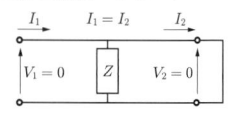

(b) 出力端子を短絡した場合

出力端子を短絡状態にした場合，出力電圧は $V_2 = 0$ となる．この場合の F パラメータは，式 (12.29) から以下となる．

$$\begin{pmatrix} V_1 \\ I_1 \end{pmatrix} = \begin{pmatrix} A & B \\ C & D \end{pmatrix} \begin{pmatrix} 0 \\ I_2 \end{pmatrix} = \begin{pmatrix} BI_2 \\ DI_2 \end{pmatrix} \tag{12.46}$$

$$V_1 = BI_2 \qquad \therefore \quad B = \frac{V_1}{I_2} \tag{12.47}$$

$$I_1 = DI_2 \qquad \therefore \quad D = \frac{I_1}{I_2} \tag{12.48}$$

(b)-1 行列要素 B の決定 (式 (12.47))

入力電圧と出力電圧が等しく ($V_1 = V_2$)，出力側が短絡状態 ($V_2 = 0$) であるため，入力電圧も $V_1 = 0$ となる．このことから，行列要素 B は 0 となる．

$$B = \frac{V_1}{I_2} = \frac{0}{I_2} = 0 \tag{12.49}$$

(b)-2 行列要素 D の決定 (式 (12.48))

入力電流 I_1 は短絡された出力側を流れるため，$I_1 = I_2$ である．そのため，行列要素 D は 1 となる．

$$D = \frac{I_1}{I_2} = \frac{I_2}{I_2} = 1 \tag{12.50}$$

以上をまとめると，図 12.10 の F パラメータは以下となる．

$$\begin{pmatrix} A & B \\ C & D \end{pmatrix} = \begin{pmatrix} 1 & 0 \\ \frac{1}{Z} & 1 \end{pmatrix} \tag{12.51}$$

12.7 Fパラメータの縦続接続

F パラメータの縦続接続は，F パラメータ 1 の出力に F パラメータ 2 の入力を接続した回路である (図 12.11)．縦続接続では，F パラメータ 1 の出力電圧 V_2 と電流 I_2 は，F パラメータ 2 の入力電圧と電流に等しい．このことから，縦続接続された F パラメータは，以下のように個々の F パラメータの積となる．

F パラメータ 1
$$\begin{pmatrix} V_1 \\ I_2 \end{pmatrix} = \begin{pmatrix} A_1 & B_1 \\ C_1 & D_1 \end{pmatrix} \begin{pmatrix} V_2 \\ I_2 \end{pmatrix}$$

F パラメータ 2
$$\begin{pmatrix} V_2 \\ I_2 \end{pmatrix} = \begin{pmatrix} A_2 & B_2 \\ C_2 & D_2 \end{pmatrix} \begin{pmatrix} V_3 \\ I_3 \end{pmatrix}$$

長さが 1 km で出力側の電圧 V_1 が入力側の電圧 V_0 に比べて 95% まで下がる電線があるとする．この電線を 2 本繋げて 2 km にすると出力側の電圧は 95% × 95% = 90.25% となる．このような接続が継続接続である．

第12章 二端子対回路

縦続接続されたFパラメータの合成

$$\begin{pmatrix} V_1 \\ I_1 \end{pmatrix} = \begin{pmatrix} A_1 & B_1 \\ C_1 & D_1 \end{pmatrix} \begin{pmatrix} A_2 & B_2 \\ C_2 & D_2 \end{pmatrix} \begin{pmatrix} V_3 \\ I_3 \end{pmatrix}$$

$$\begin{pmatrix} V_1 \\ I_1 \end{pmatrix} = \begin{pmatrix} A_1A_2 + B_1C_2 & A_1B_2 + B_1D_2 \\ C_1A_2 + D_1C_2 & C_1B_2 + D_1D_2 \end{pmatrix} \begin{pmatrix} V_3 \\ I_3 \end{pmatrix}$$

(12.52)

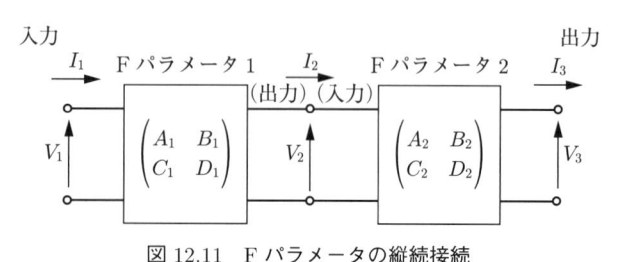

図 12.11 Fパラメータの縦続接続

【例題 12.5】Fパラメータの縦続接続

図 12.12 に示す T 形接続回路の F パラメータを求めよ．

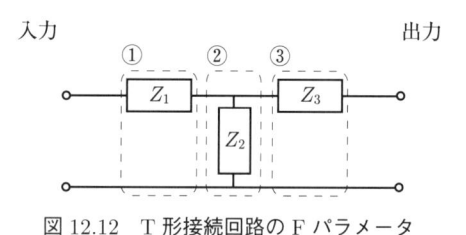

図 12.12 T 形接続回路の F パラメータ

【例題解答】

①, ②, ③ の F パラメータは，12.6 を参照．

T 形接続回路は，3つの F パラメータ①, ②, ③の縦続接続である．このことから，この回路全体の F パラメータは以下で求められる．

$$\begin{pmatrix} A & B \\ C & D \end{pmatrix} = \begin{pmatrix} 1 & Z_1 \\ 0 & 1 \end{pmatrix} \begin{pmatrix} 1 & 0 \\ \dfrac{1}{Z_2} & 1 \end{pmatrix} \begin{pmatrix} 1 & Z_3 \\ 0 & 1 \end{pmatrix}$$

$$= \begin{pmatrix} 1 + \dfrac{Z_1}{Z_2} & Z_1 \\ \dfrac{1}{Z_2} & 1 \end{pmatrix} \begin{pmatrix} 1 & Z_3 \\ 0 & 1 \end{pmatrix}$$

$$= \begin{pmatrix} 1 + \dfrac{Z_1}{Z_2} & \left(1 + \dfrac{Z_1}{Z_2}\right)Z_3 + Z_1 \\ \dfrac{1}{Z_2} & \dfrac{Z_3}{Z_2} + 1 \end{pmatrix}$$

$$= \begin{pmatrix} 1 + \dfrac{Z_1}{Z_2} & \dfrac{Z_1Z_2 + Z_2Z_3 + Z_3Z_1}{Z_2} \\ \dfrac{1}{Z_2} & \dfrac{Z_3}{Z_2} + 1 \end{pmatrix}$$

(12.53)

【例題 12.6】 F パラメータの縦続接続

図 12.13 に示す π 形接続回路の F パラメータを求めよ．

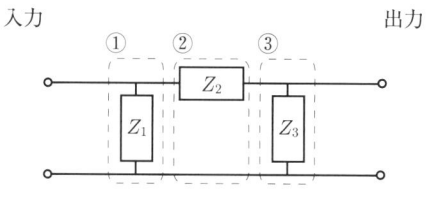

図 12.13　π 形接続回路の F パラメータ

【例題解答】

π 形接続回路は，3 つの F パラメータ①，②，③の縦続接続である．このことから，この回路全体の F パラメータは以下で求められる．

$$
\begin{pmatrix} A & B \\ C & D \end{pmatrix} = \begin{pmatrix} 1 & 0 \\ \frac{1}{Z_1} & 1 \end{pmatrix} \begin{pmatrix} 1 & Z_2 \\ 0 & 1 \end{pmatrix} \begin{pmatrix} 1 & 0 \\ \frac{1}{Z_3} & 1 \end{pmatrix}
$$

$$
= \begin{pmatrix} 1 & Z_2 \\ \frac{1}{Z_1} & \frac{Z_2}{Z_1} + 1 \end{pmatrix} \begin{pmatrix} 1 & 0 \\ \frac{1}{Z_3} & 1 \end{pmatrix}
$$

$$
= \begin{pmatrix} 1 + \frac{Z_2}{Z_3} & Z_2 \\ \frac{1}{Z_1} + \left(\frac{Z_2}{Z_1} + 1\right)\frac{1}{Z_3} & \frac{Z_2}{Z_1} + 1 \end{pmatrix}
$$

$$
= \begin{pmatrix} 1 + \frac{Z_2}{Z_3} & Z_2 \\ \frac{Z_1 + Z_2 + Z_3}{Z_1 Z_3} & \frac{Z_2}{Z_1} + 1 \end{pmatrix} \tag{12.54}
$$

12.8　入力端子および出力端子から見たインピーダンス

F パラメータで表される図 12.14 の二端子対回路には，入力端子に電圧 V_1 を印加され，その結果，電流 I_1 が流れている．このとき，二端子対回路の入力端子からは，その内部にインピーダンス $Z_{01} = \dfrac{V_1}{I_1}$ が存在しているように見える．同様に，出力端子の電圧と電流が V_2, I_2 であるとき，出力端子からは内部にインピーダンス $Z_{02} = \dfrac{V_2}{I_2}$ が存在するように見える．

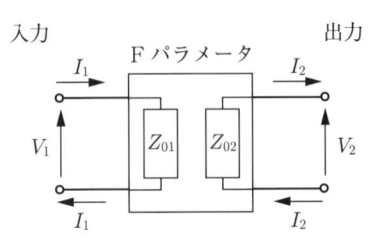

図12.14 入力および出力端子から見たインピーダンス Z_{01}, Z_{02}

入力と出力側のそれぞれのインピーダンス Z_{01}, Z_{02} を，Fパラメータの行列要素 A,B,C,D で表す．

Fパラメータの基本式 (式 (12.29)) から，入力電圧 V_1 および電流 I_1 は以下となる．

$$V_1 = AV_2 + BI_2 \qquad I_1 = CV_2 + DI_2 \qquad (12.55)$$

したがって，入力端子から見たインピーダンス Z_{01} は以下となる．

$$Z_{01} = \frac{V_1}{I_1} = \frac{AV_2 + BI_2}{CV_2 + DI_2} \qquad (12.56)$$

出力電圧は $V_2 = Z_{02}I_2$ であるため，式 (12.56) は以下の式となる．

$$Z_{01} = \frac{AZ_{02}I_2 + BI_2}{CZ_{02}I_2 + DI_2} = \frac{AZ_{02} + B}{CZ_{02} + D} \qquad (12.57)$$

同様にして，出力端子から見たインピーダンス Z_{02} は，以下の式で求められる．

$$Z_{02} = \frac{DZ_{01} + B}{CZ_{01} + A} \qquad (12.58)$$

式 (12.57) と式 (12.58) から，それぞれのインピーダンス Z_{01}, Z_{02} は以下となる．

入力端子から見たインピーダンス

$$Z_{01} = \sqrt{\frac{AB}{CD}} \qquad (12.59)$$

出力端子から見たインピーダンス

$$Z_{02} = \sqrt{\frac{DB}{CA}} \qquad (12.60)$$

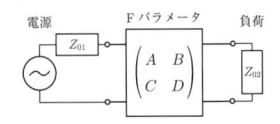

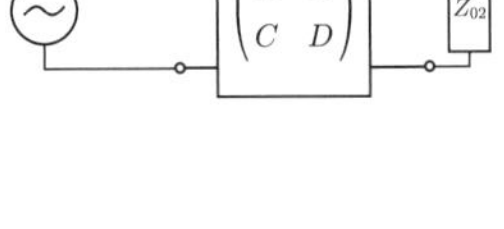

12.9 影像インピーダンス

図12.15 は，二端子対回路の入力端子および出力端子から見たインピーダンス Z_{01}, Z_{02} と等しいインピーダンスが，それぞれの端子に接続されている．このときの Z_{01}, Z_{02} は，影像インピーダンスと呼ばれる．

式 (12.57) と (12.58) は以下のように変形出来る．

$CZ_{01}Z_{02} + DZ_{01}$
$\qquad - AZ_{02} - B = 0$

$CZ_{01}Z_{02} - DZ_{01}$
$\qquad + AZ_{02} - B = 0$

両式を相加えると，以下となり，

$$Z_{01}Z_{02} = \frac{B}{C}$$

相減ずると以下となる．

$$\frac{Z_{01}}{Z_{02}} = \frac{A}{D}$$

これらの式から，式 (12.59),(12.60) のインピーダンス Z_{01}, Z_{02} が求められる．

下図の回路は，内部抵抗 Z_{01} を持つ電源（信号源等）を二端子対回路の入力端子に接続し，負荷 Z_{02} を出力端子に接続した．この回路は，二端子対回路に影像インピーダンスを接続した状態である．

この回路は，電源からの電気（信号等）が，二端子対回路を通って，効率良く出力側に伝わる状態である．

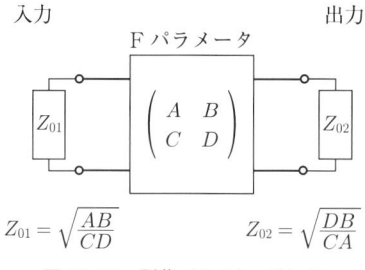

図 12.15 影像インピーダンス

【例題 12.7】影像インピーダンス

図 12.16 に示す π 形接続回路の影像インピーダンス Z_{01}, Z_{02} を求めよ．

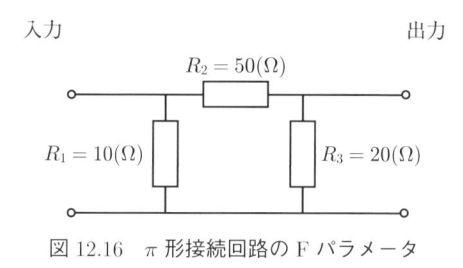

図 12.16 π 形接続回路の F パラメータ

【例題解答】

図 12.16 の回路の F パラメータは，以下となる．

$$\begin{pmatrix} A & B \\ C & D \end{pmatrix} = \begin{pmatrix} 1 & 0 \\ \frac{1}{R_1} & 1 \end{pmatrix} \begin{pmatrix} 1 & R_2 \\ 0 & 1 \end{pmatrix} \begin{pmatrix} 1 & 0 \\ \frac{1}{R_3} & 1 \end{pmatrix}$$

$$= \begin{pmatrix} 3.5 & 50 \\ 0.4 & 6 \end{pmatrix} \tag{12.61}$$

影像インピーダンス Z_{01}, Z_{02} は，この F パラメータの各行列要素から，式 (12.59),(12.60) を用いて求められる．

$$Z_{01} = \sqrt{\frac{AB}{CD}} = \sqrt{\frac{3.5 \cdot 50}{0.4 \cdot 6}} = 8.54 \ (\Omega)$$

$$Z_{02} = \sqrt{\frac{DB}{CA}} = \sqrt{\frac{6 \cdot 50}{0.4 \cdot 3.5}} = 14.6 \ (\Omega) \tag{12.62}$$

12.10 伝達定数

伝達定数 θ は，二端子対回路の入力端子と出力端子間での電圧および電流の比を示す値である．

図 12.17 は，入力端子に電圧源を接続し，出力端子に負荷として影像イ

ンピーダンスである Z_{02} を接続した二端子対回路である．

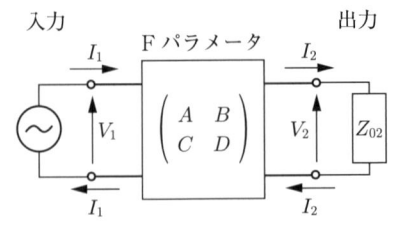

図 12.17 入力端子に電圧源，出力端子に影像インピーダンスを接続された F パラメータ

e は自然対数の底 ($e = 2.71828\cdots$) である．

入力端子および出力端子の電圧 V_1, V_2 の比は，電圧の伝達定数 θ_1 と呼ばれ，以下の式で表される．

$$e^{\theta_1} = \frac{V_1}{V_2} = \frac{AV_2 + BI_2}{V_2} = \sqrt{\frac{A}{D}}(\sqrt{AD} + \sqrt{BC}) \quad (12.63)$$

同様に，入力端子および出力端子の電流 I_1, I_2 の比は，電流の伝達定数 θ_2 と呼ばれ，以下の式で表される．

$$e^{\theta_2} = \frac{I_1}{I_2} = \frac{CV_2 + DI_2}{I_2} = \sqrt{\frac{D}{A}}(\sqrt{AD} + \sqrt{BC}) \quad (12.64)$$

二端子対回路の特性は，電圧および電流の伝達定数 θ_1, θ_2 を算術平均した値 θ が一般的に用いられる．この値 θ は，伝達定数 θ と呼ばれ，以下のように求められる．

電圧の伝達定数 θ_1 は，F パラメータの基本式 (12.29) $V_1 = AV_2 + BI_2$ および $Z_{02} = \frac{V_2}{I_2} = \sqrt{\frac{DB}{CA}}$ から，以下のように導かれる．

$$\begin{aligned}e^{\theta_1} &= \frac{V_1}{V_2} \\ &= \frac{AV_2 + BI_2}{V_2} \\ &= A + B\frac{I_2}{V_2} \\ &= A + B\frac{1}{Z_{02}} \\ &= A + B\frac{1}{\sqrt{\frac{DB}{CA}}} \\ &= \sqrt{\frac{A}{D}}(\sqrt{AD} + \sqrt{BC})\end{aligned}$$

伝達定数

$$e^{\theta} = e^{\frac{\theta_1 + \theta_2}{2}} = \sqrt{AD} + \sqrt{BC} \quad (12.65)$$

$$\therefore \theta = ln(\sqrt{AD} + \sqrt{BC}) \quad (12.66)$$

二端子対回路に入力される電力 $P_1 = V_1 I_1$ と出力される電力 $P_2 = V_2 I_2$ は，以下のように求められる．

$$\frac{P_1}{P_2} = \frac{V_1 I_1}{V_2 I_2} = e^{\theta_1} e^{\theta_2} = e^{2(\frac{\theta_1 + \theta_2}{2})} = e^{2\theta} \quad (12.67)$$

$$\therefore \theta = \frac{1}{2} ln \frac{P_1}{P_2} \quad (12.68)$$

伝達定数 θ は，以下のように導かれる．

$$\begin{aligned}e^{\theta} &= e^{\frac{\theta_1 + \theta_2}{2}} \\ &= \sqrt{e^{\theta_1} e^{\theta_2}} \\ &= \sqrt{AD} + \sqrt{BC}\end{aligned}$$

【例題 12.8】伝達定数

図 12.18 に示す T 形接続回路の伝達定数 θ を求めよ．

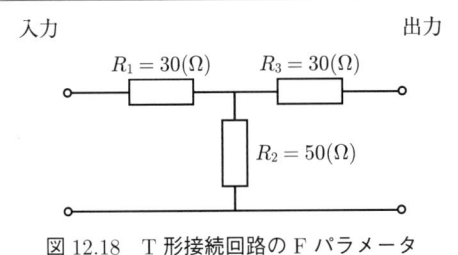

図 12.18 T 形接続回路の F パラメータ

【例題解答】

図 12.18 の回路の F パラメータは，以下となる．

$$\begin{pmatrix} A & B \\ C & D \end{pmatrix} = \begin{pmatrix} 1 & R_1 \\ 0 & 1 \end{pmatrix} \begin{pmatrix} 1 & 0 \\ \frac{1}{R_2} & 1 \end{pmatrix} \begin{pmatrix} 1 & R_3 \\ 0 & 1 \end{pmatrix}$$

$$= \begin{pmatrix} 1.6 & 78 \\ 0.02 & 1.6 \end{pmatrix} \qquad (12.69)$$

伝達定数 θ は，この F パラメータの各行列要素から，式 (12.65) を用いて求められる．

$$\theta = ln\left(\sqrt{AD} + \sqrt{BC}\right) = ln\left(\sqrt{1.6 \cdot 1.6} + \sqrt{78 \cdot 0.02}\right)$$

$$= 1.047 \qquad (12.70)$$

―――― 演習問題 ――――

【演習 12.1】

各行列要素が $Z_{11}, Z_{12}, Z_{21}, Z_{22}$ で示される Z パラメータ (演習図 12.1(a)) を，Y パラメータ (演習図 12.1(b)) に変更せよ．

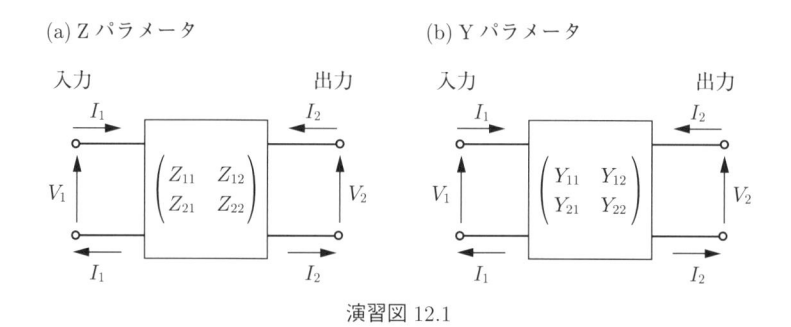

(a) Z パラメータ   (b) Y パラメータ

演習図 12.1

【演習解答】

(a)Z パラメータおよび (b)Y パラメータの各電圧と電流の関係は以下である．

(a)Z パラメータ
$$\begin{pmatrix} V_1 \\ V_2 \end{pmatrix} = \begin{pmatrix} Z_{11} & Z_{12} \\ Z_{21} & Z_{22} \end{pmatrix} \begin{pmatrix} I_2 \\ I_2 \end{pmatrix}$$

(b)Y パラメータ
$$\begin{pmatrix} I_1 \\ I_2 \end{pmatrix} = \begin{pmatrix} Y_{11} & Y_{12} \\ Y_{21} & Y_{22} \end{pmatrix} \begin{pmatrix} V_1 \\ V_2 \end{pmatrix}$$

Z パラメータの式を I_1, I_2 について解くと以下となる.

$$\begin{pmatrix} I_1 \\ I_2 \end{pmatrix} = \begin{pmatrix} Z_{11} & Z_{12} \\ Z_{21} & Z_{22} \end{pmatrix}^{-1} \begin{pmatrix} V_2 \\ V_2 \end{pmatrix}$$

以上の関係から Y パラメータの各行列要素は以下となる.

$$\begin{pmatrix} Y_{11} & Y_{12} \\ Y_{21} & Y_{22} \end{pmatrix} = \begin{pmatrix} Z_{11} & Z_{12} \\ Z_{21} & Z_{22} \end{pmatrix}^{-1} = \frac{1}{|Z|} \begin{pmatrix} Z_{22} & -Z_{12} \\ -Z_{21} & Z_{11} \end{pmatrix}$$

$$Y_{11} = \frac{Z_{22}}{|Z|}, \quad Y_{12} = -\frac{Z_{12}}{|Z|}, \quad Y_{21} = -\frac{Z_{21}}{|Z|}, \quad Y_{22} = \frac{Z_{11}}{|Z|}$$

ただし, $|Z| = Z_{11}Z_{22} - Z_{12}Z_{21}$

【演習 12.2】

演習図 12.2 に示す抵抗 R_1, R_2, R_3 で構成される T 形回路がある. この回路の入力端子に, 定電圧源 $E = 100(V)$ を接続した. (a) 出力端子を開放状態にした場合, 入力電流は $I_1 = 2.5(A)$ であり, 出力電圧は $V_2 = 50(V)$ であった. また, (b) 出力端子を短絡した場合, 入力電流は $I_1 = 3.33(A)$ であり, 出力電流は $I_2 = 1.66(A)$ であった. この回路の F パラメータを求め, 回路を構成する抵抗 R_1, R_2, R_3 の値を求めよ.

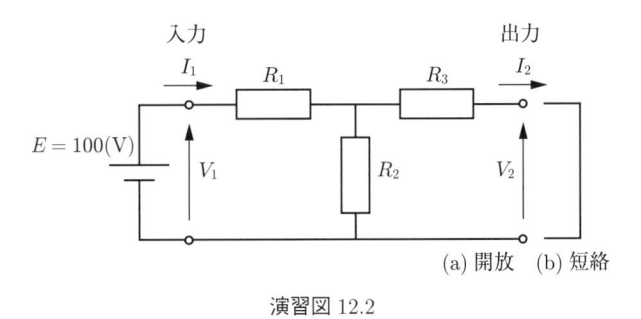

演習図 12.2

【演習解答】

(a) 出力端子開放状態および (b) 出力端子では, それぞれ $I_2 = 0(A), V_2 = 0(V)$ となる.

(a) 出力端子の開放および (b) 出力端子の短絡状態でのそれぞれの F パラメータは, 以下の式となる.

(a) 出力端子開放状態:$\begin{pmatrix} 100 \\ 2.5 \end{pmatrix} = \begin{pmatrix} A & B \\ C & D \end{pmatrix} \begin{pmatrix} 50 \\ 0 \end{pmatrix}$

(b) 出力端子短絡状態:$\begin{pmatrix} 100 \\ 3.33 \end{pmatrix} = \begin{pmatrix} A & B \\ C & D \end{pmatrix} \begin{pmatrix} 0 \\ 1.66 \end{pmatrix}$

以上の式から, F パラメータの行列要素を求めると以下の値となる. また, この F パラメータは, 演習図 12.2 の回路の F パラメータと等しいことから, 以下の式が成り立つ.

$$\begin{pmatrix} A & B \\ C & D \end{pmatrix} = \begin{pmatrix} 2 & 60 \\ 0.05 & 2 \end{pmatrix}$$
$$= \begin{pmatrix} 1 + \dfrac{R_1}{R_2} & \dfrac{R_1 R_2 + R_2 R_3 + R_3 R_1}{R_2} \\ \dfrac{1}{R_2} & \dfrac{R_3}{R_2} + 1 \end{pmatrix}$$

以上の関係から，回路を構成する抵抗 R_1, R_2, R_3 の値は以下となる．

$$R_1 = 20 \ (\Omega) \qquad R_2 = 20 \ (\Omega) \qquad R_3 = 20 \ (\Omega)$$

【演習 12.3】
演習図 12.3 に示す相互誘導回路の F パラメータを求めよ．

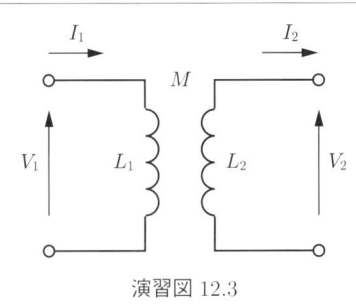

演習図 12.3

【演習解答】
演習図の相互誘導回路の T 形等価回路は以下である．

相互誘導回路から T 形等価回路への変換は，9.4 を参照

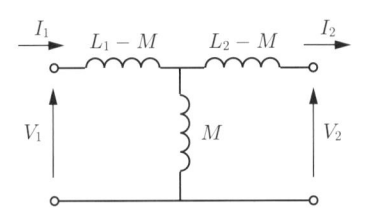

この回路の F パラメータは以下となる．

$$\begin{pmatrix} A & B \\ C & D \end{pmatrix} = \begin{pmatrix} 1 & j\omega(L_1 - M) \\ 0 & 1 \end{pmatrix} \begin{pmatrix} 1 & 0 \\ \dfrac{1}{j\omega M} & 1 \end{pmatrix} \begin{pmatrix} 1 & j\omega(L_2 - M) \\ 0 & 1 \end{pmatrix}$$
$$= \begin{pmatrix} \dfrac{L_1}{M} & j\omega \dfrac{L_1 L_2 - M^2}{M} \\ \dfrac{1}{j\omega M} & \dfrac{L_2}{M} \end{pmatrix}$$

第13章

分布定数回路

長距離送電線路や通信線路では，各種回路素子が線路上に分布していると考え，回路解析を行う．そのような回路は，分布定数回路と呼ばれ，前章までに学んだ集中定数回路と異なった解析法を用いる．

本章では，基本的な分布定数回路のモデルとその解析法を学ぶ．

13.1 集中定数回路

前章までに学んだ電気回路は，集中定数回路と呼ばれる．集中定数回路は，抵抗などの回路素子が特定の場所に存在している回路である．図 13.1(a) に集中定数回路を示す．定電圧源 E の場所を距離 $x = 0$ とし，そこから距離 x_1, x_2 離れた場所にそれぞれ抵抗器 R_1, R_2 がある．

図 13.1(b) は，地点 x での線間電圧 V をグラフに示した．定電圧源 E（地点 $x = 0$）から抵抗 R_1 が存在する地点 x_1 まで間は，線間電圧が $V(x) = E$ で一定である．地点 x_1 では，抵抗 R_1 によって，電圧の降下が起こる．一方，地点 x_1 から x_2 まで間は，線間電圧が $V(x) = \dfrac{R_1}{R_1 + R_1} E$ で一定である．

地点とは，場所のことである．

集中定数回路では，ある特定の場所で電圧および電流が変化する．

(a) 抵抗 $R_1(\Omega)$ が地点 x_1 にある回路

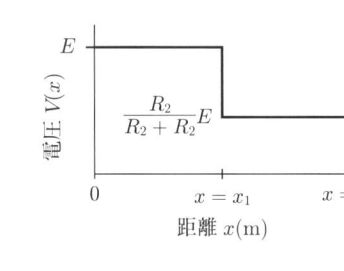

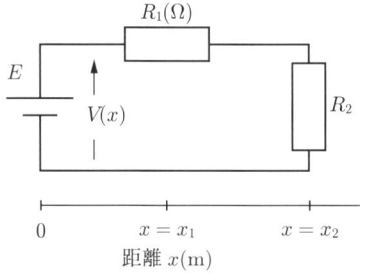

(b) 地点 x での電圧 $V(x)$

図 13.1 集中定数回路の例

13.2 分布定数回路

分布定数回路は，回路素子が特定の場所に存在せず，回路上に分布している回路である．図 13.1(a) は分布定数回路の例である．本回路では，抵

抵抗が距離 x の方向に分布している．この分布している抵抗は，単位長さ当たりの抵抗値 $R_1(\Omega/\mathrm{m})$ で示す．また，この回路の地点 x_2 には，抵抗 $R_2(\Omega)$ が接続されている．

図 13.2(b) は，地点 x(ある場所) での線間電圧 $V(x)$ をグラフに示した．この回路の長さは x_2 であるため，回路全体の抵抗値 R は，$R = R_1 x_2 + R_2$ となる．地点 $x = 0$ では，線間電圧と定電圧源の電圧が等しい ($V(0) = E$)．一方，地点 x では，定電圧源の電圧 E が場所 x(距離) に応じて，分圧されることになる．そのため，定電圧源からの距離 x の増加とともに，線間電圧 $V(x)$ は連続的に減少する．

> 分布定数回路の回路図は，便宜上，特定の場所に回路素子を描く．
>
> 分布定数回路では，地点 x の変化とともに電圧および電流が連続的に変わる．

(a) 線路上に抵抗 $R_1(\Omega/\mathrm{m})$ が分布している回路

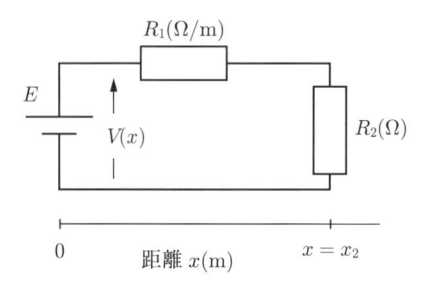

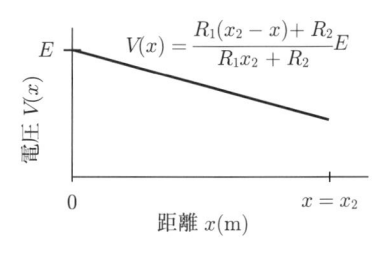

(b) 地点 x での電圧 $V(x)$

図 13.2 分布定数回路の例

13.3 伝送線路の分布定数回路モデル

伝送線路とは，電力や電気信号を送る配線である．実在する伝送線路は，インピーダンス成分があり，そこに電流が流れると電圧の低下などが発生する．この特性を解析するためには，分布定数回路モデルが用いられる．

図 13.3 は，伝送線路の特性解析で，一般的に用いられる分布定数回路モデルである．このモデルは，抵抗 $R(\Omega/\mathrm{m})$，コイル $L(\mathrm{H/m})$，コンダクタンス $G(\mathrm{S/m})$，コンデンサ $C(\mathrm{F/m})$ で構成されている．なお，これらの回路定数は，単位距離当たりである．

> コンダクタンス $G(\mathrm{S})$ は，電気の流れやすさを示し，抵抗 R の逆数である．
> $$G = \frac{1}{R}$$

13.3 伝送線路の分布定数回路モデル

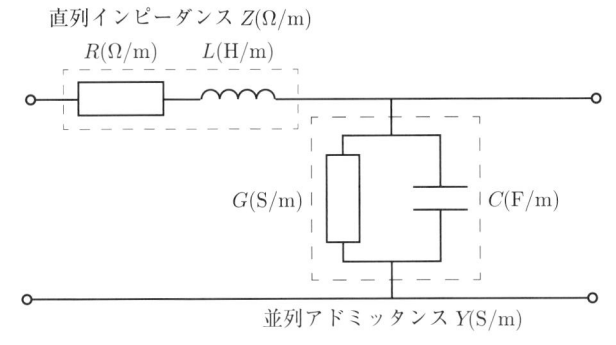

図 13.3 伝送線路の分布定数回路モデル

この分布定数回路モデルでは，以下の直列インピーダンス Z と並列アドミッタンス Y を定義し，その伝送線路の特性を解析する．

直列インピーダンス

$$Z = R + j\omega L \ (\Omega/\text{m}) \tag{13.1}$$

並列アドミッタンス

$$Y = G + j\omega C \ (\text{S/m}) \tag{13.2}$$

アドミッタンス Y は，電圧と電流での位相差を生じさせる電気の流れやすさを示し，インピーダンス Z の逆数である．

$$Y = \frac{1}{Z}$$

図 13.3 の分布定数回路モデルでは，直列インピーダンス Z と並列アドミッタンス Y を，ともに単位長さ当たりで示す．

【例題 13.1】直列インピーダンスと並列アドミッタンス

図 13.3 で示す伝送線路の分布定数回路モデルが，抵抗 $R = 1.017$ (Ω/m)，コイル $L = 0.685(\text{mH/m})$，コンダクタンス $G = 0(\text{S/m})$，コンデンサ $C = 0.00173(\mu\text{F/m})$ で構成されているとき，直列インピーダンス Z，並列アドミッタンス Y を求めよ．なお，周波数は $f = 50(\text{Hz})$ とする．

【例題解答】

(a) 直列インピーダンス Z を求める

直列インピーダンスは，抵抗 $R = 1.017(\Omega/\text{m})$，コイル $L = 0.685$ (mH/m) から，式 (13.1) を用いて求められる．

$$\begin{aligned} Z &= R + j\omega L = 1.017 + j2\pi \times 50 \times 0.685 \times 10^{-3} \\ &= 1.017 + j0.215 \ (\Omega/\text{m}) \end{aligned} \tag{13.3}$$

(b) 並列アドミッタンス Y を求める

並列アドミッタンス Y は，コンダクタンス $G = 0(\text{S/m})$，コンデンサ $C = 0.00173(\mu\text{F/m})$ から，式 (13.2) を用いて求められる．

$$Y = G + j\omega C = 0 + j2\pi \times 50 \times 0.00173 \times 10^{-6}$$
$$= j5.43 \times 10^{-7} \text{ (S/m)} \tag{13.4}$$

13.4 分布定数回路の電圧と電流の変化

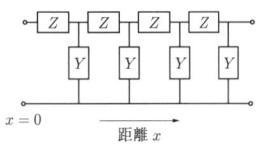

図 13.4 の分布定数回路で表す伝送線路の入力側に交流電圧 E を印加した．この回路で，電圧源から距離 x 離れた地点での電圧 V と電流 I を求める．

分布定数回路では，距離 x によって電圧，電流が変わる．ここでは，それらの代数記号を V, I とする．

図 13.4 の回路図では，直列インピーダンスと並列アドミッタンスが 1 つずつであるが，実際の回路ではそれらが繰り返し接続（分布）されていると考える．

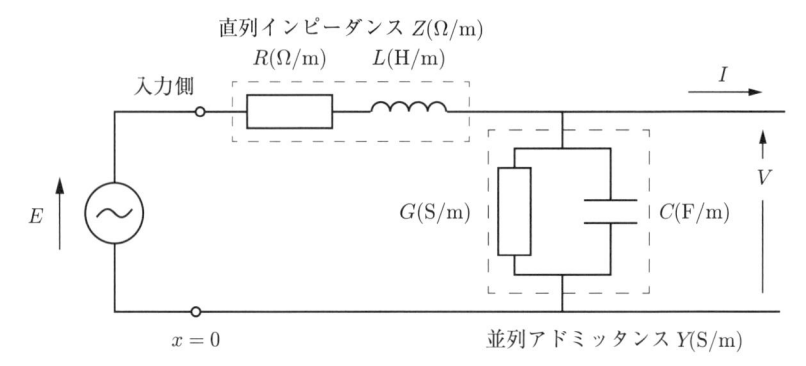

図 13.4 伝送線路の分布定数回路モデル

図 13.4 に示す分布定数回路では，距離 x の増加による線間電圧 V と線電流 I の減少が以下のように起こる．

① この回路の出力側には負荷が接続されていないが，回路内に並列アドミッタンス Y が存在するため，伝送線路には線電流 I が流れる．
② 直列インピーダンス Z に線電流 I が流れるため，そこには電圧 ZI が発生する．このことで，線間電圧 V が減少する．
③ 並列アドミッタンス Y には線間電圧 V が印加されているので，そこには電流 YV が流れる．このことで，線電流 I が減少する．

以上の過程によって，距離 x が増加すると，線間電圧 V，線電流 I が減少する．距離が dx だけ増加した場合に減少する電圧および電流を dV, dI とする．このとき，それぞれの関係は以下の式となる．これらの式は，分布定数回路の基礎方程式と呼ばれる．

直列インピーダンス Z と並列アドミタンス Y 前後での電圧，電流の関係は以下の図となる．

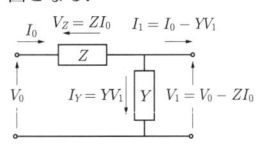

式 (13.5) の $\dfrac{dV}{dx}, \dfrac{dI}{dx}$ は，距離 x の変化による電圧 V および電流 I の変化量を示している．また，式 (13.5) は以下のように変形できる．

$$-dV = (Zdx)I$$
$$-dI = (Ydx)V$$

これらの式は，微小距離 (dx) 間の直列インピーダンス Z に電流 I が流れることで，電圧が微小量減少する ($-dV$) ことを示している．なお，電流の変化についても，電圧の変化と同様である．

$$\frac{dV}{dx} = -ZI \qquad \frac{dI}{dx} = -YV \tag{13.5}$$

基礎方程式 (13.5) を距離 x で微分するとそれぞれ以下となる．

$$\frac{d^2V}{dx^2} = -Z\frac{dI}{dx} \qquad \frac{d^2I}{dx^2} = -Y\frac{dV}{dx} \tag{13.6}$$

微分した結果 (式 (13.6)) の右辺に基礎方程式 (13.5) を代入すると，電圧または電流のみの基礎方程式に変形できる．

分布定数回路の基礎方程式

$$\frac{d^2V}{dx^2} = ZYV \qquad \frac{d^2I}{dx^2} = ZYI \qquad (13.7)$$

13.5 距離による電圧，電流の変化

図 13.5 に示す分布定数回路には，入力側に定電圧源 E が接続されている．この回路で，電圧源 E からの距離が x である地点での電圧 V，電流 I を求める．

> 図 13.5 では，抵抗 R，コイル L は直列インピーダンス Z として，コンダクタンス G，コンデンサ C が並列アドミッタンス Y として示されている．

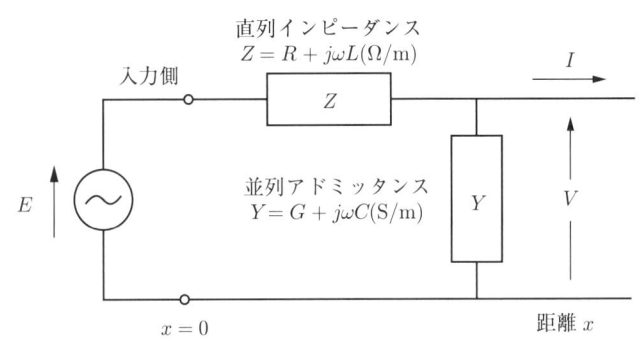

図 13.5 伝送線路の分布定数回路モデル

電圧源からの距離が x である地点での電圧 V を以下と仮定する．

$$V = Ae^{\gamma x} \qquad (13.8)$$

この仮定した電圧 V を分布定数回路での電圧の基礎式 (式 (13.7)) に代入すると以下となる．

$$\frac{d^2V}{dx^2} = \frac{d^2 Ae^{\gamma x}}{dx^2} = \gamma^2 Ae^{\gamma x} = \gamma^2 V \qquad (13.9)$$

この電圧の仮定 ($V = Ae^{\gamma x}$) が正しくなるように，未知数 A および γ を決定すると，地点 x での電圧 V を求められる．そのためには，式 (13.9) の計算結果が，分布定数回路での電圧の基礎式 (式 (13.7)) の右辺と等しくする必要がある．

$$\frac{d^2V}{dx^2} = \gamma^2 V = ZYV \qquad (13.10)$$

それゆえに γ (伝搬定数) は以下となる．

$$\gamma = -\sqrt{ZY} \qquad (13.11)$$

以上によって伝搬定数が $\gamma = -\sqrt{ZY}$ と決まり，電圧の基礎式（一般解）は以下となる．

> 式 (13.8) の e は，自然対数の底 ($e = 2.71828\cdots$) である．
>
> 式 (13.8) では A および γ が分からない．本節の目標は，これらの値を決定することで，地点 x での電圧を求めることである．なお，γ は伝搬定数と呼ばれる．
> A は，微分方程式の積分定数である．
>
> 数学的には，式 (13.10) の解は，$\gamma = \pm\sqrt{ZY}$ である．しかし，γ が正の場合，$V = Ae^{+\sqrt{ZY}x}$ となる．この式は，電気を遠くに送ると，電圧が上昇することを示している．本考察の範囲では，そのようなことがあり得ないため，γ は負のみとする．
>
> ただし，反射などの分布定数回路の詳細な特性を知るためには，γ が正の場合も考慮する必要がある．

電圧の基礎式

$$V = Ae^{-\sqrt{ZY}x} \tag{13.12}$$

本回路では，地点 $x = 0$ での電圧は，電圧源 E である．このことから，式 (13.12) に距離 $x = 0$ を代入し，その結果が電圧源 E となるように，A の値を決定する．その結果，A の値は電圧源の電圧値 E と等しくなる．

$$V = Ae^{-\sqrt{ZY}x} = Ae^{-\sqrt{ZY}0} = A$$

$$\therefore A = E \tag{13.13}$$

以上によって，伝搬定数 γ および積分定数 A が決定され，図 13.5 に示す分布定数回路で，定電圧源 E から距離 x 離れた地点での電圧 V は，以下となる．

距離と電圧の関係

$$V = Ee^{-\sqrt{ZY}x} \tag{13.14}$$

基礎方程式 (13.5) は以下である．

$$\frac{dV}{dx} = -ZI$$

次に，地点 x での電流を求める．電流 I は基礎方程式 (13.5) から以下のように求められる．

$$I = -\frac{1}{Z}\frac{dV}{dx} \tag{13.15}$$

距離と電流の関係は，以下のように求められる．

$$I = -\frac{1}{Z}\frac{dEe^{-\sqrt{ZY}x}}{dx}$$
$$= -\frac{-\sqrt{ZY}}{Z}Ee^{-\sqrt{ZY}x}$$
$$= \sqrt{\frac{Y}{Z}}Ee^{-\sqrt{ZY}x}$$

この式に，式 (13.14) に示す距離 x と電圧 V の関係を代入すると，距離 x と電流の I の関係が求められる．

距離と電流の関係

$$I = \sqrt{\frac{Y}{Z}}Ee^{-\sqrt{ZY}x} \tag{13.16}$$

電流 I は，電圧 V を特性インピーダンス $Z_0 = \sqrt{\frac{Z}{Y}}$ で割ることで求められる．

$$I = \sqrt{\frac{Y}{Z}}Ee^{-\sqrt{ZY}x}$$
$$= \sqrt{\frac{Y}{Z}}V = \frac{1}{\sqrt{\frac{Z}{Y}}}V$$

図 13.6 に，電圧源からの距離 x での電圧 V および電流 I を示す．距離と電圧の関係は，$V = Ee^{-\sqrt{ZY}x}$ であるため，電圧源が存在する場所 $x = 0$ では，電圧が $V_{x=0} = E$ となる．電圧は距離 x の増加によって $e^{-\sqrt{ZY}x}$ で減少する．

距離と電流の関係は，$I = \sqrt{\frac{Y}{Z}}Ee^{-\sqrt{ZY}x}$ であるため，距離が $x = 0$ の地点での電流は，$I_{x=0} = \sqrt{\frac{Y}{Z}}E$ となる．電流は距離 x の増加によって $e^{-\sqrt{ZY}x}$ で減少する．この減少の割合は，電圧と同じである．

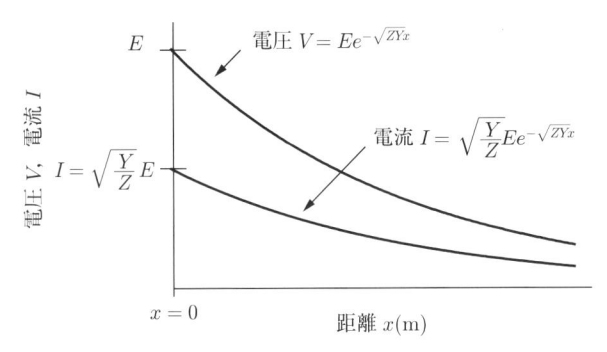

図 13.6　電圧源からの距離 x による電圧 V および電流 I の変化

距離と電圧および電流の関係のグラフは，直線にはならないことに注意.

13.6 無限長線路での特性インピーダンスおよび伝搬定数

図 13.7 に示す分布定数回路で，各地点での電圧 V と電流 I は，地点 $x = 0$ にある電圧源 E にくわえ，伝送線路の先に接続されている負荷（終端状態）の影響を受ける．本節では，無限に長く続いている伝送線路（無限長線路）について，その伝送線路の (a) 特性インピーダンスと (b) 伝搬定数を考える．

伝送線路が，特性インピーダンス Z_0 で終端されている場合，電気回路的にはその線路が無限に続いているとみなせる．

(a) 特性インピーダンス

特性インピーダンス Z_0 は，伝送線路上の任意の地点での電圧 V と電流 I の比 $\left(Z_0 = \dfrac{V}{I}\right)$ である．

直列インピーダンス Z と並列アドミッタンス Y で構成されている無限長線路を考える (図 13.7)．この無限長線路の地点 $x = 0$ には電圧源 E が接続されている．

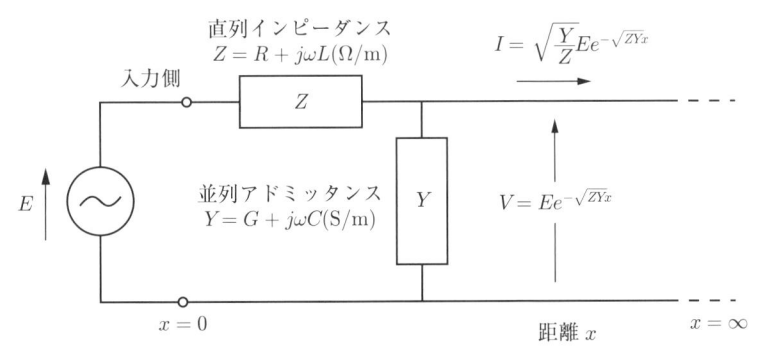

図 13.7　無限長線路の分布定数回路

地点 x での電圧 V および電流 I は，以下の式で求められる．

$$V = Ee^{-\sqrt{ZY}x} \qquad I = \sqrt{\dfrac{Y}{Z}} Ee^{-\sqrt{ZY}x}$$

特性インピーダンス Z_0 は，電圧 V と電流 I の比 $\left(\dfrac{V}{I}\right)$ であるから，以

式 (13.17) は地点 x の関数でないため, 特性インピーダンスは線路上の全ての場所で同じ値となる.

下の式で求められる.

特性インピーダンス

$$Z_0 = \frac{V}{I} = \frac{Ee^{-\sqrt{ZY}x}}{\sqrt{\frac{Y}{Z}}Ee^{-\sqrt{ZY}x}} = \sqrt{\frac{Z}{Y}} \tag{13.17}$$

特性インピーダンス Z_0 は, 距離の関数ではないため, その単位は Ω となる.

(b) 伝搬定数

伝搬定数は, 地点 x での電圧を $V = Ae^{-\gamma x}$ と仮定した式 (13.8) の γ である. 図 13.7 に示す分布定数回路の解析では, 地点 x での電圧は以下の式となる.

$$V = Ee^{-\sqrt{ZY}x}$$

このことから, 伝搬定数 γ は式 (13.18) で示される. 直列インピーダンス Z および並列アドミッタンス Y は複素数であるため, 伝搬定数 γ も複素数となる. 式 (13.18) では, 伝搬定数 γ を実数部 α と虚数部 β に分けて記した.

伝搬定数

$$\gamma = \sqrt{ZY} = \alpha + j\beta \tag{13.18}$$

電気回路では, 複素数を以下のように変換できる

$$Ae^{j\theta} = A\angle\theta$$

このことから, 電圧の式 (13.19) は以下のように変換できる.

$$V = Ee^{-\alpha x} \cdot e^{-j\beta x}$$
$$= Ee^{-\alpha x}\angle -\beta x$$

この式の α および β は, 地点 x での電圧 V の大きさ ($Ee^{-\alpha x}$), および位相 ($-\beta x$) の変化を示している.

実数部と虚数部に分けた伝搬定数 (式 (13.18)) を電圧の式 (13.8) に代入すると以下となる.

$$V = Ee^{-\sqrt{ZY}x} = Ee^{-(\alpha+j\beta)x}$$
$$= Ee^{-\alpha x} \cdot e^{-j\beta x} \tag{13.19}$$

電圧の式 (13.19) で, 実数部 α および虚数部 β は, (b)-1 減衰定数, (b)-2 位相定数と呼ばれる.

(b)-1 減衰定数

減衰定数は, 伝搬定数 $\gamma = \alpha + j\beta$ の実数部 α である. 減衰定数 α は, 地点 x での電圧 V および電流 I の大きさを決定する. 減衰定数 α が大きい場合, 距離 x の増加によって, 電圧および電流は急激に減少する (図 13.8).

13.6 無限長線路での特性インピーダンスおよび伝搬定数　217

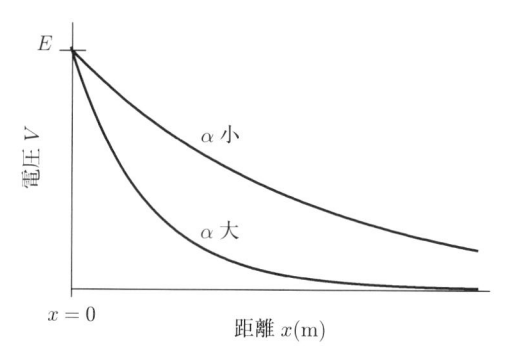

図 13.8　減衰定数 α と電圧 V の減少量の関係

(b)-2 位相定数

位相定数は，伝搬定数 $\gamma = \alpha + j\beta$ の虚数部 β である．位相定数 β は，地点 $x = 0$ にある交流電圧源 E と地点 x での電圧 V との位相差を求めるために用いる．

図 13.9 は，ある時間での交流電圧源からの距離 x と電圧 $v(x)$ の関係を表している．ある時間の電圧 $v(x)$ は，距離 x を関数とする正弦波 (sin) である．ただし，電圧の大きさは，$Ee^{-\alpha x}$ の関数で，距離 x の増加によって減少する．

図 13.9 に示す電圧は，ある瞬間の電圧であり，距離 x を関数とする瞬時電圧を示している．そのため，この電圧の代数記号は $v(x)$ とする．

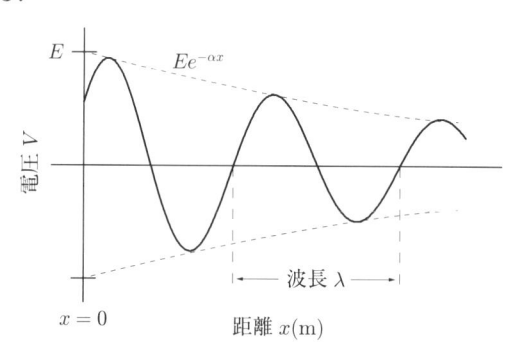

図 13.9　ある時刻の距離 x と瞬時電圧 $v(x)$ の関係

図 13.9 に示した距離 x と瞬時電圧 $v(x)$ の関係は，以下の式で表すことが出来る．

$$v(x) = Ee^{-\alpha x}\sin(\omega t - \beta x) \tag{13.20}$$

瞬時電圧 $v(x)$ で，位相が $2\pi (360°)$ 遅れる距離は，波長 λ と呼ばれる．波長 λ は，式 (13.20) 中の βx が 2π となる距離 x であるから，以下の式で求められる．

$$\beta\lambda = 2\pi \quad \therefore \quad \lambda = \frac{2\pi}{\beta} \tag{13.21}$$

次に電圧が伝送線路を進む速度を考える．瞬時電圧 $v(x)$ の全体の位相は，以下で示される．

伝搬定数 $(\gamma = \alpha + j\beta)$ を用いて求めた分布定数回路の電圧 V を変形すると，以下となる．

$$V = Ee^{-(\alpha+j\beta)x}$$
$$= Ee^{-\alpha x} \cdot e^{-j\beta x}$$
$$= Ee^{-\alpha x} \angle -\beta x$$

この式を，瞬時値を表す式に変換すると，式 (13.20) が導かれる．

$$\theta = \omega t - \beta x \tag{13.22}$$

時間が dt 経過した時に，同じ位相の点は dx 進む (図 13.10)．また，同じ位相の点を考えているので，位相の変化は $d\theta = 0$ である．このことから，式 (13.22) は以下となり，同じ位相の点が移動する速度 $\dfrac{dx}{dt}$ が求められる．この値は，位相速度 v と呼ばれる．

位相速度
$$d\theta = \omega dt - \beta dx = 0 \quad \therefore \quad v = \frac{dx}{dt} = \frac{\omega}{\beta} \tag{13.23}$$

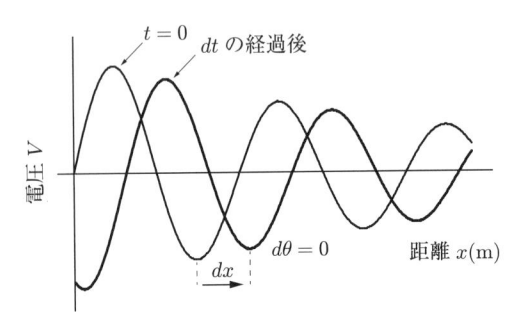

図 13.10　時間 dt 経過後の瞬時電圧 $v(x)$ の変化

【例題 13.2】特性インピーダンス Z_0 および伝搬定数 γ

図 13.11 の分布定数回路モデルで表す伝送線路がある．この線路の特性インピーダンス Z_0 および伝搬定数 γ を求めよ．なお，周波数は $f = 50(\text{Hz})$ とする．

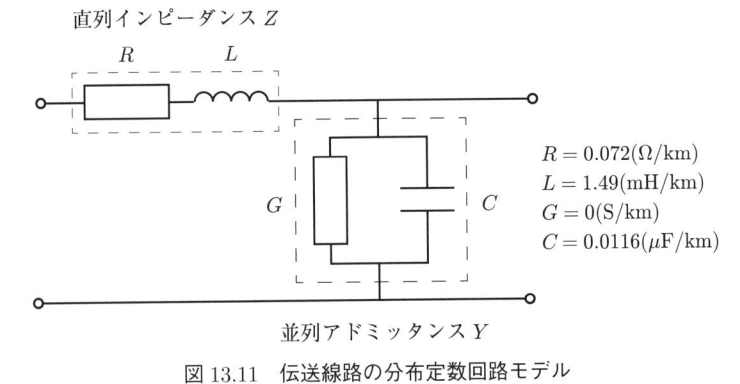

$R = 0.072(\Omega/\text{km})$
$L = 1.49(\text{mH/km})$
$G = 0(\text{S/km})$
$C = 0.0116(\mu\text{F/km})$

図 13.11　伝送線路の分布定数回路モデル

【例題解答】
(a) 直列インピーダンス Z を求める

直列インピーダンスは，抵抗 $R = 0.072(\Omega/\text{km})$，コイル $L = 1.49(\text{mH/km})$ から以下の式で求められる．

$$Z = R + j\omega L = 0.072 + j2\pi \times 50 \times 1.49 \times 10^{-3}$$
$$= 0.072 + j0.468 \ (\Omega/\mathrm{km})$$
$$= 0.474\angle 81° \ (\Omega/\mathrm{km}) \tag{13.24}$$

(b) 並列アドミッタンス Y を求める

並列アドミッタンス Y は，コンダクタンス $G = 0(\mathrm{S/km})$，コンデンサ $C = 0.0116(\mu\mathrm{F/km})$ から以下の式で求められる．

$$Y = G + j\omega C = 0 + j2\pi \times 50 \times 0.0116 \times 10^{-6}$$
$$= j3.64 \times 10^{-6} \ (\mathrm{S/km})$$
$$= 3.64 \times 10^{-6} \angle 90° \ (\mathrm{S/km}) \tag{13.25}$$

(c) 特性インピーダンスを求める

特性インピーダンス Z_0 は，直列インピーダンス Z と並列アドミッタンス Y から，式 (13.17) を用いて求められる．

以下の公式を用いて，平方根の計算を行なう．
$$\sqrt{r\angle\theta} = \sqrt{r}\angle\frac{\theta}{2}$$

$$Z_0 = \sqrt{\frac{Z}{Y}} = \sqrt{\frac{0.474\angle 81°}{3.64 \times 10^{-6}\angle 90°}}$$
$$= \sqrt{1.30 \times 10^5 \angle -9°}$$
$$= 361\angle -4.5° \ (\Omega)$$
$$= 360 - j28.3 \ (\Omega) \tag{13.26}$$

(d) 伝搬定数を求める

伝搬定数 γ は，直列インピーダンス Z と並列アドミッタンス Y から，式 (13.18) を用いて求められる．

式 (13.27) から，減衰定数 α，位相定数 β は以下である．
$$\alpha = 1.04 \times 10^{-4}$$
$$\beta = 1.32 \times 10^{-3}$$

$$\gamma = \sqrt{ZY} = \sqrt{(0.474\angle 81°)(3.64 \times 10^{-6}\angle 90°)}$$
$$= \sqrt{1.73 \times 10^{-6}\angle 171°}$$
$$= 1.32 \times 10^{-3}\angle 85.5°$$
$$= 1.04 \times 10^{-4} + j1.32 \times 10^{-3} \tag{13.27}$$

第14章

過渡現象解析

前章までは，時間が経過しても電圧，電流が変化しない電気回路の解析方法を学んだ．本章では，電気回路のスイッチを入れた瞬間から，時間が経過して電圧，電流が安定するまでの変化を学ぶ．そのような変化は過渡現象と呼ばれ，それを解析する方法が過渡現象解析である．

14.1 時間による電圧，電流の変化

図 14.1 に示す定電圧源 E とコンデンサ C にくわえ，スイッチ S で構成されている回路がある．時刻が $t = 0$ の時，スイッチ S を入れ，その前後でのコンデンサの両端電圧 $v(t)$ および回路を流れる電流 $i(t)$ を考える．

スイッチを入れる前 ($t < 0$) は，コンデンサの両端電圧は $v(t) = 0$ である．スイッチを入れる ($t = 0$) と，その瞬間にコンデンサの両端の電圧は定電圧源の電圧と等しくなる ($v(t) = E$)．このような電圧変化を起こすために，コンデンサには定電圧源から無限大 $i(0) = \infty$ の電流が流れる．

(a) 定電圧源によるコンデンサの充電

(b) 電圧 $v(t)$ の時間変化

(c) 電流 $i(t)$ の時間変化

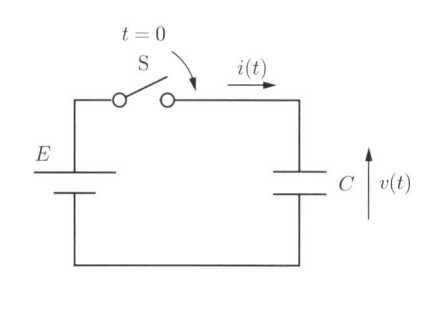

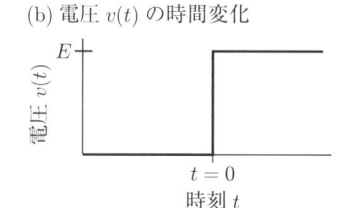

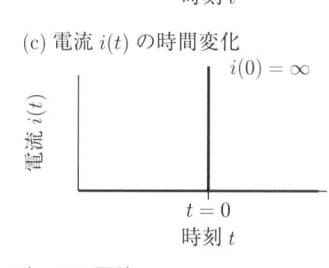

図 14.1 定電圧源とコンデンサの回路

> スイッチの回路記号は以下である． 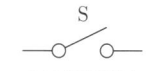
>
> スイッチは開閉器とも呼ばれ，電流が，流れる状態を閉，流れない状態を開と呼ぶ．上記の回路記号は開状態を示している．
>
> 過渡現象解析では，電圧，電流が時間とともに変化するため，それぞれの代数記号は小文字 $v(t), i(t)$ を用いる．
>
> 現実には，無限大の電流 $i(0) = \infty$ を出力できる電源が存在しないため，本解析は電気回路（理論）上のみで成り立つ

図 14.2 に示す定電流源 J，コンデンサ C，スイッチ S で構成されている回路において，時刻 $t = 0$ でスイッチを入れた場合のコンデンサに流れる電流 $i(t)$ および両端電圧 $v(t)$ を考える．

スイッチ S を入れると，コンデンサには電流 $i(t) = J$ が流れる．時刻 t

スイッチを入れる前にも定電流源は電流を出力するため，実際の回路には抵抗が必要である．

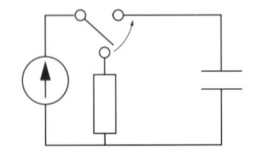

後には，コンデンサに電荷 $Q = J \cdot t$ が貯まる．このことによって，コンデンサの両端電圧 $v(t) = \dfrac{1}{C} J \cdot t$ は時間とともに増加する．このような時間とともに電圧または電流が変化する現象は，過渡現象と呼ばれる．

(a) 定電流源によるコンデンサへの充電

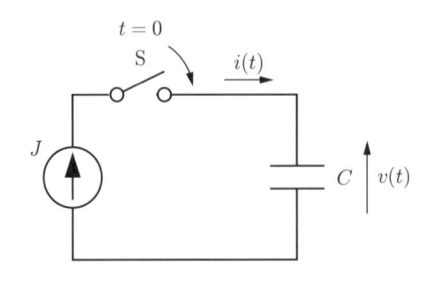

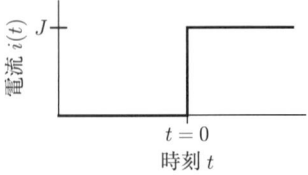

(b) 電流 $i(t)$ の時間変化

(c) 電圧 $v(t)$ の時間変化

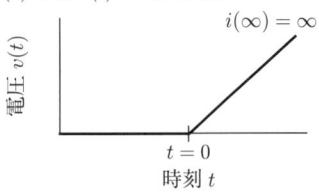

図 14.2　定電流源とコンデンサの回路

14.2　RC 直列回路の過渡現象解析

図 14.3 に示す定電圧源 E，スイッチ S，抵抗 R，コンデンサ C で構成されている RC 直列回路を考える．スイッチ S を入れる前のコンデンサには電荷が貯まっておらず，その両端電圧は $v_C(t) = 0$ とする．時刻 $t = 0$ でスイッチを入れ，この回路に流れる電流 $i(t)$ の時間変化を求める．

電流 $i(t)$ が流れたとき，コンデンサに蓄積される電荷 q は以下である．

$$q = \int i(t) dt$$

その電荷によってコンデンサ両端に発生する電圧 $v_C(t)$ は以下の式で求められる．

$$v_C(t) = \frac{q}{C}$$

回路を流れる電流 $i(t)$ とコンデンサに蓄積されている電荷 q には以下の関係がある．

$$i(t) = \frac{dq}{dt}$$

この関係から，RC 直列回路では以下の関係が成り立ち，この式を解くことで時刻 t での電流 $i(t)$ を求めることも可能である．

$$E = R\frac{dq}{dt} + \frac{q}{C}$$

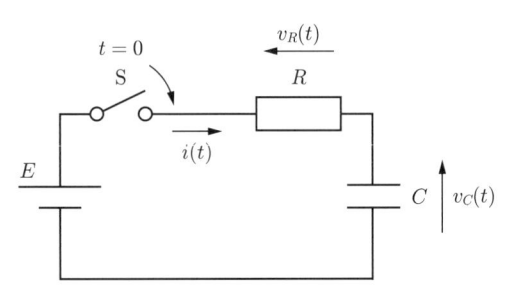

図 14.3　抵抗とコンデンサの回路 (RC 直列回路)

時刻 t での抵抗 R およびコンデンサ C の両端電圧をそれぞれ $v_R(t)$，$v_C(t)$ とする．時刻 t での抵抗の両端電圧 $v_R(t)$ は，その瞬間に抵抗 R に流れている電流 $i(t)$ によって決まる．一方，コンデンサの両端電圧 $v_C(t)$ は，電流 $i(t)$ が流れコンデンサに蓄積された電荷によって決定され，以下となる．

$$v_C(t) = \frac{1}{C} \int i(t) dt \tag{14.1}$$

スイッチ S を入れた後 $(t > 0)$，抵抗およびコンデンサのそれぞれの電

圧 $v_R(t), v_C(t)$ の和は，定電圧源 E の値と等しいため $(v_C(t) + v_R(t) = E)$，以下の式が成り立つ．

$$\frac{1}{C}\int i(t)dt + Ri(t) = E \tag{14.2}$$

この式を時刻 t で微分し，式を変数分離すると以下の微分方程式が導かれる．

$$\frac{i(t)}{C} + R\frac{di(t)}{dt} = 0$$
$$\frac{1}{i(t)}di(t) = -\frac{1}{RC}dt \tag{14.3}$$

この式の解は式 (14.4) になる．なお，A は積分定数であり，スイッチ S を入れた瞬間 $t = 0$ に流れる電流 $i(0)$ から決定される．

$$i(t) = Ae^{-\frac{1}{RC}t} \tag{14.4}$$

スイッチ S を入れた瞬間 $t = 0$ では，コンデンサの電圧は $v_C(0) = 0$ であるため，定電圧源の電圧 E は抵抗 R に印加される．そのため，RC 直列回路には電流 $i(0) = \frac{E}{R}$ が流れる．このことから，積分定数 A は以下となる．

$$i(0) = Ae^{-\frac{1}{RC}0} = \frac{E}{R} \qquad \therefore A = \frac{E}{R} \tag{14.5}$$

積分定数 A が決定されることで，時刻 t に RC 直列回路を流れる電流 $i(t)$ は式 (14.6) となる．また，コンデンサ両端の電圧 $v_C(t)$ は式 (14.7) で求められる．

$$\text{RC 直列回路に流れる電流：} i(t) = \frac{E}{R}e^{-\frac{1}{RC}t} \tag{14.6}$$

$$\text{コンデンサ両端の電圧：} v_C(t) = E - v_R(t) = E - Ri(t)$$
$$= E\left(1 - e^{-\frac{1}{RC}t}\right) \tag{14.7}$$

RC 直列回路に流れる電流 $i(t)$ およびコンデンサ両端の電圧 $v_C(t)$ の時間変化は，図 14.4(a),(b) となる．

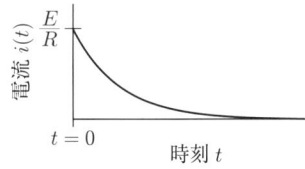

(a) 電流 $i(t)$ の時間変化　　(b) 電圧 $v_C(t)$ の時間変化

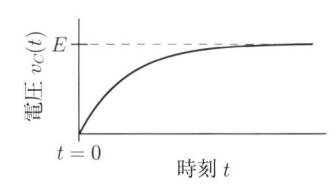

図 14.4　(a)RC 直列回路に流れる電流と (b) コンデンサ両端の電圧の時間変化

式 (14.4) の e は，自然対数の底 ($e = 2.71828\cdots$) である．

式 (14.4) の RC は時定数 τ とよばれ，過渡現象回路で電圧などの変化の速さを表す．単位は秒である．

図 14.4(a),(b) は，コンデンサに流れる電流は，充電初期に高く，時間とともに下がることを示している．また，コンデンサの両端の電圧は，時間とともに高くなる．
時間による電圧，電流の変化は一次関数（直線）ではなく，指数関数である．

> **【例題 14.1】** RC 直列回路の過渡現象解析
>
> 図 14.5 に示す RC 直列回路のスイッチ S を時刻 $t = 0$ のときに入れた。この回路で時刻 t に流れる電流 $i(t)$ の式を示せ。また、時定数 $\tau = RC$ を求め、スイッチ S を入れた後、時定数だけ時間が経過したとき $(t = \tau)$ に流れる電流 $i(\tau)$ を求めよ。

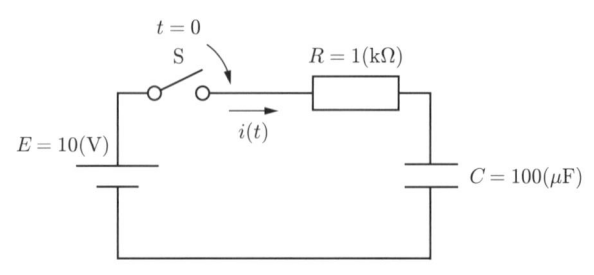

図 14.5 抵抗とコンデンサの回路（RC 直列回路）

【例題解答】

時刻 t のとき RC 直列回路に流れる電流 $i(t)$ は、式 (14.6) から以下となる。

$$i(t) = \frac{E}{R} e^{-\frac{1}{RC}t} = \frac{10}{1 \times 10^3} e^{-\frac{1}{1 \times 10^3 \cdot 100 \times 10^{-6}}t}$$
$$= 1 \times 10^{-2} e^{-10t} \text{ (A)} \tag{14.8}$$

時定数 τ は、抵抗 R とコンデンサ C から、以下で求められる。

$$\tau = RC = 1 \times 10^3 \cdot 100 \times 10^{-6} = 0.1 \text{ (秒)} \tag{14.9}$$

時定数 τ(秒) 後に流れる電流 $i(t)$ は、式 (14.8) の時間 t に時定数 τ を代入することで、以下となる。

$$i(t) = \frac{E}{R} e^{-\frac{1}{RC}\tau} = \frac{10}{1 \times 10^3} e^{-10 \cdot 0.1}$$
$$= 3.68 \text{ (mA)} \tag{14.10}$$

時定数は、時刻 $t = 0$ の時に RC 直列回路に流れる電流 $i(0) = \frac{E}{R}$ が、$\frac{1}{e}$ 倍まで減少するために必要な時間を表している。

14.3　RL 直列回路の過渡現象解析

図 14.6 に示す定電圧源 E、スイッチ S、抵抗 R、コイル L で構成されている RL 直列回路を考える。時刻 $t = 0$ でスイッチを入れ、この回路に流れる電流 $i(t)$ の時間変化を求める。

14.3 RL 直列回路の過渡現象解析

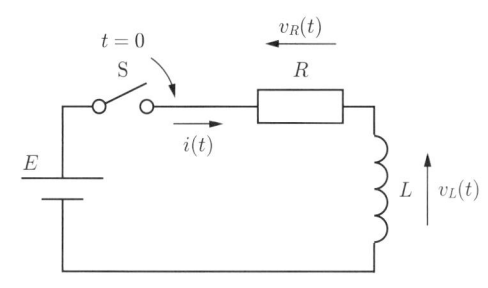

図 14.6 抵抗とコイルの回路（RL 直列回路）

時刻 t での抵抗 R およびコイル L の両端電圧をそれぞれ $v_R(t), v_L(t)$ とする．時刻 t での抵抗の両端電圧 $v_R(t)$ は，その瞬間に抵抗 R に流れている電流 $i(t)$ によって決まる．一方，コイルの両端の電圧 $v_L(t)$ は，コイルに流れる電流 $i(t)$ の時間微分によって決定され，以下となる．

$$v_L(t) = L\frac{di(t)}{dt} \tag{14.11}$$

スイッチ S を入れた後 $(t > 0)$，コイルおよび抵抗のそれぞれの電圧 $v_L(t), v_R(t)$ の和は，定電圧源 E の値と等しいため $(v_L(t) + v_R(t) = E)$，以下の式が成り立つ．

$$L\frac{di(t)}{dt} + Ri(t) = E \tag{14.12}$$

この式を変数分離すると，以下の微分方程式が導かれる

$$\frac{1}{i(t) - \frac{E}{R}} di(t) = -\frac{R}{L} dt \tag{14.13}$$

この式の解は式 (14.14) となる．なお，A は積分定数であり，スイッチ S を入れた瞬間 $t = 0$ に流れる電流 $i(0)$ から決定される．

$$i(t) = \frac{E}{R} + Ae^{-\frac{R}{L}t} \tag{14.14}$$

スイッチ S を入れる以前 $(t < 0)$ は，コイルに流れる電流は 0 であるため，スイッチ S を入れた瞬間 $(t = 0)$ も電流は $i(0) = 0$ である．このことから，積分定数 A は以下となる．

$$i(0) = \frac{E}{R} + Ae^{-\frac{R}{L}0} = 0 \qquad \therefore \ A = -\frac{E}{R} \tag{14.15}$$

積分定数 A が決定されることで，時刻 t に RL 直列回路に流れる電流 $i(t)$ は式 (14.16) となる．また，コイル両端の電圧 $v_L(t)$ は，式 (14.17) で求められる．

$$\text{回路を流れる電流：} i(t) = \frac{E}{R}\left(1 - e^{-\frac{R}{L}t}\right) \tag{14.16}$$

$$\text{コイル両端の電圧：} v_L(t) = E - v_R(t) = E - Ri(t)$$
$$= Ee^{-\frac{R}{L}t} \tag{14.17}$$

式 (14.4) の $\frac{L}{R}$ は時定数 τ とよばれ，過渡現象回路で電圧などの変化の速さを表す．単位は秒である．

スイッチを入れた瞬間に電流が，0 からある電流値に不連続（急激）に変化すると仮定すると，コイルの両端の電圧は定電圧源の値を超える $(L\frac{di(t)}{dt} > E)$ という矛盾を生じる．そのため，コイルに流れる電流は，スイッチを入れた後，連続的に増加する．

図 14.7(a),(b) は，コイルに流れる電流は，時間とともに上がることを示している．また，コイルの両端の電圧は，時間とともに低くなる．時間による電圧，電流の変化は一次関数（直線）ではなく，指数関数である．

RL 直列回路を流れる電流 $i(t)$ およびコイル両端の電圧 $v_L(t)$ の時間変化は，図 14.4(a),(b) となる．

(a) 電流 $i(t)$ の時間変化

(b) 電圧 $v_L(t)$ の時間変化

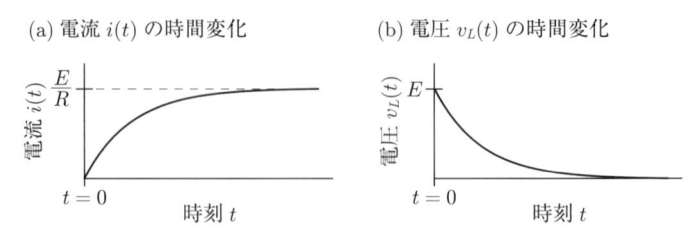

図 14.7 (a)RL 直列回路に流れる電流と (b) コイル両端の電圧の時間変化

【例題 14.2】RL 直列回路の過渡現象解析

図 14.8 に示す RL 直列回路のスイッチ S を時刻 $t = 0$ のときに入れた．この回路で時刻 t に流れる電流 $i(t)$ の式を示せ．また，時定数 $\tau = RL$ を求め，スイッチ S を入れた後，時定数だけ時間が経過したとき $(t = \tau)$ に流れる電流 $i(\tau)$ を求めよ．

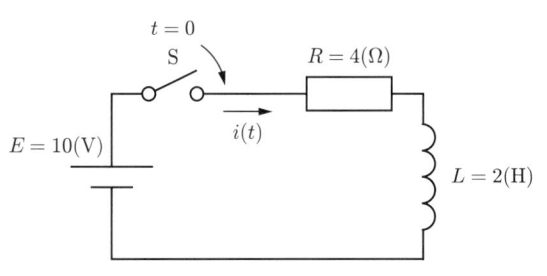

図 14.8 抵抗とコイルの回路（RL 直列回路）

【例題解答】

時刻 t のとき，RL 直列回路に流れる電流 $i(t)$ は，式 (14.16) から以下となる．

$$i(t) = \frac{E}{R}\left(1 - e^{-\frac{R}{L}t}\right) = \frac{10}{4}\left(1 - e^{-\frac{4}{2}t}\right)$$
$$= 2.5\left(1 - e^{-2t}\right) \text{ (A)} \qquad (14.18)$$

時定数は，時刻 $t = \infty$ の時に RL 直列回路に流れる電流 $i(\infty) = \dfrac{E}{R}$ の $(1-e^{-1})$ 倍まで，増加するために必要な時間を表している．

時定数 τ は，抵抗 R とコイル L から，以下で求められる．

$$\tau = \frac{R}{L} = \frac{4}{2} = 2 \text{ (秒)} \qquad (14.19)$$

時定数 τ(秒) 後に RL 直列回路に流れる電流 $i(t)$ は，式 (14.18) の時刻 t に時定数 τ を代入することで，以下となる．

$$i(t) = \frac{E}{R}\left(1 - e^{-\frac{R}{L}\tau}\right) = \frac{E}{R}\left(1 - e^{-1}\right)$$
$$= 1.58 \text{ (A)} \qquad (14.20)$$

索　引

■あ
網目電流法, 29

位相, 57
位相速度, 218
インダクタンス, 61

影像インピーダンス, 202
枝, 19
枝電流法, 20
F パラメータ, 195
F パラメータの縦続接続, 199

オームの法則, 3

■か
開回路, 19
角周波数, 56
重ね合わせの定理, 179
過渡現象解析, 221

虚数の記号, 81
キルヒホッフの電圧則, 18
キルヒホッフの電流則, 17

コイル, 61
合成インダクタンス, 61
合成抵抗, 5
合成容量, 62
交流電圧源, 61
コンダクタンス, 101
コンデンサ, 62

■さ
最大電力供給の条件, 49, 126
最大値, 56
サセプタンス, 101

三相交流回路, 149
三相負荷の変換, 159

自己インダクタンス, 133
実効値, 60
時定数, 223, 225
周期, 56
集中定数回路, 209
周波数, 56
瞬時値, 56
瞬時電力, 117
初期位相, 58

正弦波交流, 55
静電容量, 62
節点, 19
Z パラメータ, 189
Z パラメータの直列接続, 192

相互インダクタンス, 133
相互誘導回路, 133
相互誘導回路の等価回路, 139

■た
対称三相電圧, 150
対称三相電圧源の変換, 158
対称三相電流, 150
対称三相負荷, 150
対称三相負荷の変換, 160
単相交流回路, 149

中性線, 149

抵抗, 2, 84
定電圧源, 40
定電流源, 44
テブナンの定理, 175

Δ-Δ 平衡三相交流回路, 155
電圧, 2
電気回路, 1
電磁誘導, 61

伝達定数, 203
伝搬定数, 216
電流, 2
電力, 3

特性インピーダンス, 215

∎な
内部抵抗, 40, 44

二端子回路, 189
二端子対回路, 189

ノートンの定理, 176

∎は
皮相電力, 123

フェーザ軌跡, 109
フェーザ図, 109
フェーザ表示, 81
複素アドミッタンス, 101
複素インピーダンス, 84
複素数表示, 81
複素電力, 125
複素平面, 82
ブリッジ回路, 181
分圧の定理, 11
分布定数回路, 209

分布定数回路の基礎方程式, 213
分布定数回路モデル, 210
分流の定理, 12

閉回路, 19
平均値, 60
平衡三相交流回路, 150
平衡三相交流で消費される電力, 152
閉路方程式, 29

補償の定理, 184

∎ま
密結合変成器, 142
ミルマンの定理, 178

無効電力, 122

∎や
有効電力, 122
誘導性リアクタンス, 66

容量性リアクタンス, 68

∎ら
リアクタンス, 84
力率, 121, 122
理想変成器, 143

∎わ
Y パラメータの並列接続, 195
Y-Y 三相交流回路, 149
Y-Y 平衡三相交流回路, 150

memo

memo

著者紹介

庄　善之（しょう　よしゆき）
1996 年　東海大学大学院 工学研究科電子工学専攻（博士課程後期）卒業
現　在　東海大学 工学部 電気電子工学科教授・博士（工学）

テキスト 電気回路	著　者　庄　善之　ⓒ 2012
Electric Circuits Textbook	発行者　南條光章
2012 年 9 月 25 日　初版 1 刷発行 2022 年 2 月 15 日　初版 5 刷発行	発行所　共立出版株式会社 東京都文京区小日向 4 丁目 6 番 19 号 電話　東京（03）3947-2511 番（代表） 〒 112-0006／振替口座 00110-2-57035 番 URL　www.kyoritsu-pub.co.jp
	印　刷　大日本法令印刷
	製　本　協栄製本
	一般社団法人 自然科学書協会 会員
検印廃止 NDC 541	
ISBN 978-4-320-08568-8	Printed in Japan

JCOPY ＜出版者著作権管理機構委託出版物＞
本書の無断複製は著作権法上での例外を除き禁じられています．複製される場合は，そのつど事前に，
出版者著作権管理機構（TEL：03-5244-5088，FAX：03-5244-5089，e-mail：info@jcopy.or.jp）の
許諾を得てください．

■電気・電子工学関連書

www.kyoritsu-pub.co.jp　**共立出版**

次世代ものづくりのための 電気・機械一体モデル（共立SS 3）	長松昌男著
演習 電気回路	庄 善之著
テキスト 電気回路	庄 善之著
エッセンス電気・電子回路	佐々木浩一他著
詳解 電気回路演習 上・下	大下眞二郎著
大学生のための電磁気学演習	沼居貴陽著
大学生のためのエッセンス電磁気学	沼居貴陽著
入門 工系の電磁気学	西浦宏幸他著
基礎と演習 理工系の電磁気学	髙橋正雄著
詳解 電磁気学演習	後藤憲一他共編
わかりやすい電気機器	天野耀鴻他著
論理回路 基礎と演習	房岡 璋他共著
エッセンス 電気・電子回路	佐々木浩一他著
電子回路 基礎から応用まで	坂本康正著
学生のための基礎電子回路	亀井且有著
本質を学ぶためのアナログ電子回路入門	宮入圭一監修
マイクロ波回路とスミスチャート	谷口慶治他著
大学生のためのエッセンス量子力学	沼居貴陽著
材料物性の基礎	沼居貴陽著
半導体LSI技術（未来へつなぐS 7）	牧野博之他著
Verilog HDLによるシステム開発と設計	高橋隆一著
デジタル技術とマイクロプロセッサ（未来へつなぐS 9）	小島正典他著
液晶 基礎から最新の科学とディスプレイテクノロジーまで（化学の要点S 19）	竹添秀男他著
基礎制御工学 増補版（情報・電子入門S 2）	小林伸明他著
実践 センサ工学	谷口慶治他著
PWM電力変換システム パワーエレクトロニクスの基礎	谷口勝則著
情報通信工学	岩下 基著
新編 図解情報通信ネットワークの基礎	田村武志著
電磁波工学エッセンシャルズ 基礎からアンテナ伝送線路まで	左貝潤一著
小形アンテナハンドブック	藤本京平他編著
基礎 情報伝送工学	古賀正文他著
モバイルネットワーク（未来へつなぐS 33）	水野忠則他監修
IPv6ネットワーク構築実習	前野譲二他著
複雑系フォトニクス レーザカオスの同期と光情報通信への応用	内田淳史他著
有機系光記録材料の化学 色素化学と光ディスク（化学の要点S 8）	前田修一著
ディジタル通信 第2版	大下眞二郎他著
画像処理（未来へつなぐS 28）	白鳥則郎監修
画像情報処理（情報工学テキストS 3）	渡部広一著
デジタル画像処理（Rで学ぶDS 11）	勝木健雄他著
原理がわかる信号処理	長谷山美紀著
信号処理のための線形代数入門 特異値解析から機械学習への応用まで	関原謙介著
デジタル信号処理の基礎 例題とPythonによる図で説く	岡留 剛著
ディジタル信号処理（S知能機械工学 6）	毛利哲也著
ベイズ信号処理 信号・ノイズ・推定をベイズ的に考える	関原謙介著
統計的信号処理 信号・ノイズ・推定を理解する	関原謙介著
医用工学 医療技術者のための電気・電子工学 第2版	若松秀俊他著